辽河流域水污染综合治理技术集成与工程示范研究

（第一阶段）

中国环境科学研究院
辽宁省生态环境厅　编
吉林省生态环境厅

中国环境出版集团·北京

图书在版编目（CIP）数据

辽河流域水污染综合治理技术集成与工程示范研究. 第一阶段/中国环境科学研究院，辽宁省生态环境厅，吉林省生态环境厅编. —北京：中国环境出版集团，2019.8

ISBN 978-7-5111-4074-6

Ⅰ. ①辽…　Ⅱ. ①中…②辽…③吉…　Ⅲ. ①辽河流域—水污染防治　Ⅳ. ①X522.06

中国版本图书馆 CIP 数据核字（2019）第 182735 号

出 版 人　武德凯
责任编辑　葛　莉
责任校对　任　丽
封面设计　彭　杉

出版发行　中国环境出版集团
（100062　北京市东城区广渠门内大街 16 号）
网　　址：http：//www.cesp.com.cn
电子邮箱：bjgl@cesp.com.cn
联系电话：010-67112765（编辑管理部）
发行热线：010-67125803，010-67113405（传真）

印　　刷　北京中科印刷有限公司
经　　销　各地新华书店
版　　次　2019 年 8 月第 1 版
印　　次　2019 年 8 月第 1 次印刷
开　　本　787×1092　1/16
印　　张　18.5
字　　数　394 千字
定　　价　75.00 元

本书编委会

主　　编：宋永会　杨凤林

副 主 编：（排名不分先后，以姓氏笔画为序）

王　彤　白　洁　乔　琦　全　燮　朱教君

李　趋　何兴元　张耀斌　陈明辉　郎咸明

赵　军　高会旺　郭书海　梁冬梅

编写人员：（排名不分先后，以姓氏笔画为序）

丁立国　马继力　王　阳　王延松　王冠颖

田智勇　白　琳　代秀兰　年跃刚　向连城

孙启宏　刘兰岚　刘景洋　苏　丹　杜　强

李　冬　李　刚　李　何　李凤梅　李玉平

李爱民　李海波　肖宏康　张　勤　张临绒

张捍民　陈　欣　周集体　郑西来　项学敏

赵　恒　赵阳国　段　亮　钱　锋　夏广锋

梁红叶　彭剑峰　董德明　傅金祥　曾　萍

雷　炎　满　瀛　蔡九菊　魏　健

序

辽河是我国七大江河之一，改革开放以来，经济社会快速发展造成了严重的水污染，流域水环境形势严峻，长期以来辽河流域综合污染指数居全国七大流域前列。作为重化工业密集的老工业基地，辽河流域集中体现了我国东北寒冷地区水资源匮乏河流的流域性、区域性和结构性污染特征，复合型、压缩型水污染问题，以及流域内污染类型多、河流高度受控、河流跨省和省内水系独立等特点。自国家“九五”计划以来，辽河流域被列为重点治理的“三河三湖”之一，经过10余年的治理，水污染加剧的趋势得到一定遏制，但是流域水环境状况改善缓慢。

“十一五”期间，国家启动实施水体污染控制与治理科技重大专项（以下简称“水专项”），辽河流域作为重化工业重污染型河流被列为重点示范流域之一；同时，辽河流域特别是作为流域水污染治理主要区域的辽宁省加大了水污染治理力度，治理投入和管理措施均得到加强；在国家和地方的组织协调下，水专项研究和流域治理迎来了相互配合、相互协同的良好契机。水专项辽河流域水污染治理项目研究团队，针对辽河流域区域性、行业性污染特征，统筹全流域进行了项目和课题设计，主要针对流域重点城市区域和重点行业污染等问题开展技术攻关；围绕控源减排技术目标开展了技术研发、集成和示范，突破了冶金焦化、石化、制药、造纸、印染行业污染控制，污水处理厂改造和农业面源污染控制，以及河流水环境修复等一批关键技术；还进行了流域水环境调查、问题诊断和分区域治理方案，行业清洁生产技术，以及水质水量联合调度的研究。以上技术成果经过示范和应用，为辽河流域工程减排、管理减排和流域综合管理提供了有力的技术支持。实践证明，辽河流域的水污染治理是一项极富挑战性的系统工程，国家和地方的水污染防治规划和资金投入是前提，而科学方案和关键技术，尤其是系统的集成技术是必不可少的支撑和基础。“十二五”期间辽河流域特别是辽宁省的水污染治理攻坚行动取得了重要突破，水专项等科研项目的实施发挥了重要作用。

流域水污染治理和水环境质量改善需要持续努力、久久为功，专项研究同样如此。本书是对水专项辽河流域水污染治理项目及其各课题第一阶段主要技术成果的总结，对控源减排等关键技术进行了梳理和提炼，并介绍了技术的示范应用，具有鲜明的流域特色，为今后的技术发展和系统化奠定了基础。国家《水污染防治行动计划》和流域水污染防治规划等对辽河流域水污染治理不断提出新的、更高的要求，希望水专项的研究不断取得新进展，并不断总结凝练技术成果，形成系统的技术体系，积极开展技术的应用和推广，为流域水污染治理和水质改善提供持续的科技推动力。

中国工程院院士

前 言

辽河流域自国家“九五”计划以来被列为重点治理的“三河三湖”之一，其后经过10余年的治理，在水污染物总量减排等方面取得了重要进展，但是由于流域特有的重化工业结构性污染特征和流域环保基础设施薄弱等问题，以及我国东北寒冷地区水资源缺乏等自然禀赋特点，流域水环境质量改善进展缓慢。随着国家东北老工业基地振兴战略的实施，流域经济社会发展和水环境保护之间的矛盾更趋突出，流域水污染治理和水环境保护形势严峻。

针对辽河流域以重化工业为主要污染特征的河流水污染问题，“十一五”时期国家科技重大水专项将辽河流域作为重点示范流域之一，在河流主题下设立了“辽河流域水污染综合治理技术集成与工程示范”项目（以下简称“辽河流域水污染治理项目”），以控源减排技术研发和集成、构建流域水污染治理技术体系为主要技术目标，进行流域统筹和顶层设计，开展分区分类治理技术研究和示范。针对全辽河流域，开展流域水污染控制总体方案、节水减排清洁生产、水质水量优化调配等研究；针对源头区域，开展水质改善和水生态修复研究；针对入海河口区，开展区域陆源污染阻控和大型湿地生态修复研究；针对辽河、浑河、太子河干流城市区域，着重开展工业污染控制等研究。项目组和各课题组数年的努力，研发了冶金焦化、石化、制药、造纸、印染行业污染控制，污水处理厂改造和农业面源污染控制，以及河流水环境修复等一批关键技术，提出了分区域治理和水质水量联合调度等方案。国家“十一五”下半段至“十二五”上半段，正是辽河流域加大水污染治理力度的时期，各课题结合流域治理工程开展了技术示范；在辽宁省“十二五”初期开展的流域治理攻坚战中，水专项团队基于“十一五”即第一阶段的研究成果并结合管理需求，提供了科学适用的区域攻坚方案，为流域治理和水质改善做出了贡献。“十一五”辽河流域水污染治理项目初步构建了辽河流域水污染治理技术体系，支持了“三大减排”和流域治理攻坚战重大行动，提出了持续减负修复、控制氨氮等三项重大建议，完成了项目目标、任务和考核指标，于2013年顺利通过国家验收。

随着国家《水污染防治行动计划》的实施，辽河流域水污染治理进入新阶段，流域治理面临着更多、更高的科技需求。水专项“十一五”研究尽管取得了一些进展，但是技术尚需深化、系统化、规范化，流域水污染治理技术体系尚待完善；从“十三五”开始，水专项着眼于总体目标的实现，着手总结凝练标志性成果，需要对专项实施以来的成果进行系统总结和梳理。经过数年的积累和沉淀，本书总结了水专项在辽河流域第一阶段研究的技术成果，包括项目和各课题的技术成果、关键技术、技术示范工程和标准规范等，希望能为流域治理、专项成果凝练、成果转化应用和推广提供参考和借鉴。

辽河流域水污染治理项目汇聚了来自国家和地方科研院所、高等院校和企业的优势团队，大家不仅在项目课题研究阶段通力协作、并肩作战，在本书撰写过程中更是密切配合、严谨务实完成各项工作，因此本书是集体力量和智慧的结晶。需要特别提出的是，本项目是在国家水专项实施管理办公室，辽宁、吉林两省环境保护厅的有力领导下完成的，两省环境保护厅和所属各处（办）的领导、技术研究和示范工程所依托地市领导，以及相关企业的领导和同事对水专项的研究和示范工作给予了大量的指导、支持和帮助；两省环境保护厅科技处与项目技术牵头单位联合组织了本书的编撰工作。因此无论是项目课题的实施，还是本书的编写，都体现了“政、产、学、研、用”紧密结合的特点和精神，而这也正是流域水污染综合治理所需要的。

由于编者水平所限，书中错误之处在所难免，恳请各界同仁批评指正。

编　者

2018 年 10 月

目 录

第二篇 关键技术

第三篇 技术验证与示范工程

第四篇 标 准 规 范

第一篇

项目与课题成果概览

1　辽河流域水污染综合治理技术集成与工程示范项目

1.1　项目目标和任务

1.1.1　项目研究目标

针对辽河流域重化工业水污染严重、寒冷、缺水等流域特点，突破流域水污染治理关键技术，为“十一五”辽河流域 COD 削减、干流水质消灭劣Ⅴ类、城市河段水质达到功能要求的目标提供技术支持，从共性技术研发和区域性技术验证示范两个层次，研发辽河流域水污染控源减排、水质改善关键技术，并开展技术集成和验证示范，构建流域水污染治理技术体系。在共性技术研发方面，重点研究流域水污染治理总体方案、清洁生产集成技术、河流水质水量调控及生态流量保障技术；在区域性技术验证示范方面，开展辽河上游，浑河中游，太子河，辽、浑河源头，河口区等区域的重点行业水污染控制与水质改善技术研发与示范，通过技术示范与推广应用，支撑流域控源减排、改善水质。

1.1.2　项目研究任务

基于辽河流域主要河流的水生态环境、经济社会与产业发展特征，针对区域水污染治理的难点和技术需求，将辽河流域划分为 6 个污染控制单元：浑河沈抚段、辽河上游段、太子河辽本鞍段、吉辽跨省界段、浑河上游段、河口段（图 1-1）。

相应地，项目设置了 10 个课题：

课题 1：辽河流域水污染控制总体方案研究

课题 2：辽河流域重化工业节水减排清洁生产技术集成与示范研究

课题 3：浑河中游工业水污染控制与典型支流治理技术及示范研究

课题 4：太子河流域典型工业水污染控制技术与示范研究

课题 5：辽河上游水污染控制与水质改善技术及示范研究

课题 6：辽河源头区水质改善与生态修复技术及示范研究

课题 7：浑河上游水质改善与水生态修复维系关键技术及示范研究
课题 8：辽河河口区陆源污染阻控与水质改善关键技术与示范研究
课题 9：辽河河口区大型湿地生态修复关键技术与示范研究
课题 10：辽河流域水质水量优化调配技术及示范研究

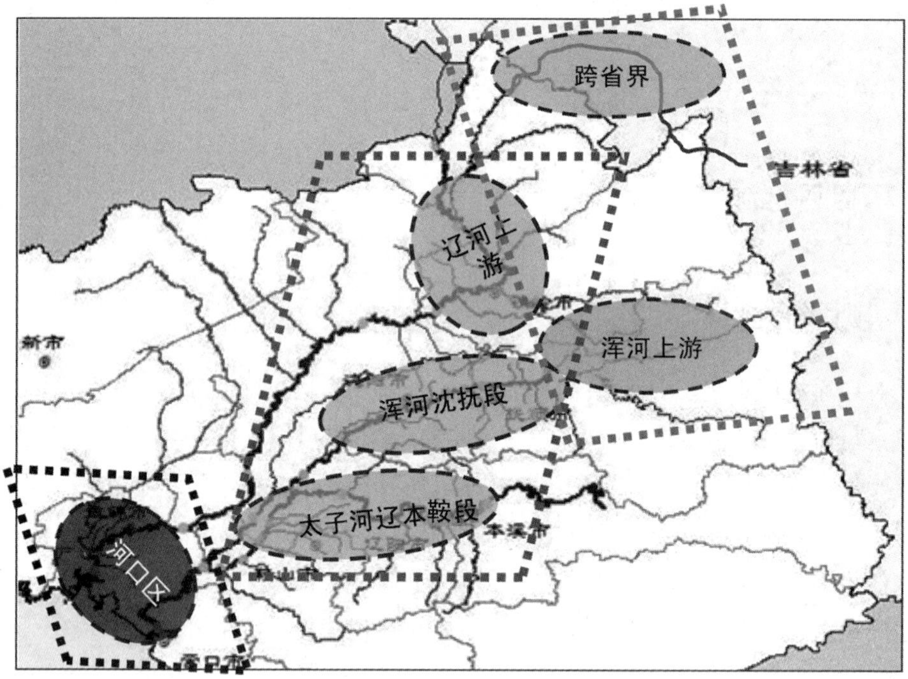

图 1-1　辽河流域污染控制单元示意图

1.2　项目主要成果

辽河流域是我国北方典型重化工业污染河流，是国家重点治理的“三河三湖”之一，也是水体控制与治理国家科技重大专项（以下简称“水专项”）最重要的示范流域之一。本项目按照流域统筹、分区治理、重点突破的技术思路，针对辽河流域石化、冶金、制药、印染等重污染行业废水难降解、极端 pH、高氨氮、有毒有害等污染治理瓶颈，突破了以清洁生产、过程控制、强化处理为核心的全过程污染控制关键技术 75 项；这些技术在流域 30 余项工程中验证示范，工程规模达到年处理污水过亿吨、减排 COD 1.6 万 t；形成了辽河流域 6 大污染控制单元和全流域污染防治的系统方案，技术支持了辽河流域“结构减排、工程减排、管理减排”措施，国家重点流域辽河流域水污染防治“十二五”规划，辽宁省辽河保护区生态环境治理和保护，以及流域地方“十二五”摘掉“重污染流域帽子”的重大工程和行动计划。

1.2.1　项目研究背景

辽河流域是我国七大流域之一，地跨河北、内蒙古、吉林、辽宁 4 个省区，流域总面积 21.9 万 km^2。辽河流域包括辽河水系和大辽河水系。由于长期粗放型的经济发展模式，导致辽河流域污染十分严重，1996 年被国家列为重点治理的“三河三湖”之一，“十一五”初期辽河流域劣Ⅴ类水体超过 50%，呈现出流域性污染；浑河中游、太子河、辽河上游等 6 大区域是经济社会发展的重点区域，COD 负荷占比 90%以上，呈现出区域性污染；造纸、石化、冶金、医药、印染、化工等重点行业污染负荷高，结构性污染特征明显。

以实现“十一五”时期辽河流域 COD 削减 15%～20%、干流水质消灭劣Ⅴ类、城市河段水质达到功能要求的治理目标为导向，本项目从共性技术研发和区域性技术验证示范两个层次，研发辽河流域水污染控制与水环境持续改善关键技术，旨在构建流域水污染治理技术体系。在共性技术研发方面，重点研究流域水污染治理总体方案、清洁生产集成技术、河流水质水量调控及生态流量保障技术；在区域性技术验证示范方面，根据辽河流域主要河流的自然、社会与产业特征，开展辽河上游，浑河中游，太子河，辽、浑河源头，河口区等区域的重点行业水污染控制与水质改善技术研发与示范，通过技术验证示范与推广应用，支持流域控源减排和改善水质。

1.2.2　项目主要成果

1.2.2.1　创新集成形成辽河流域重点行业水污染控制技术系统

（1）石化行业

石化行业是辽河流域的支柱产业，也是一种高污染行业。石化废水具有高浓度（＞1 500 mg/L）、难降解、高氨氮、高盐（TDS 为 3 315 mg/L）、高毒（氰化物＞190 mg/L，丙烯腈为 20～260 mg/L）的特点，长期以来成为行业废水治理的难点。针对石油开采、原油炼制、石油化工产业链各环节水污染特点，课题组提出“清污分流、节水降耗；污污分流、分质处理”的石化产业链全过程行业控污策略，突破“曝气生物滤池（BAF）—超滤/反渗透（UF/RO）”“絮凝沉淀—多介质过滤—双膜法”等关键技术 9 项，形成基本覆盖辽河流域石化全产业链的水污染控制技术系统；技术支持建成 4 项示范工程，各示范工程出水 COD 浓度均小于 50 mg/L，总氮（TN）小于 10 mg/L，出水水质均符合辽宁省综合污水排放标准和石化行业污水排放一级标准；实现日处理废水 13.6 万 t，年累计减排 COD 3 100 余 t；示范工程废水回用率均在 80%以上，年累计回用水 565 万 t，回收石油 1 300 t，累计经济效益超 1 000 多万元。

（2）冶金行业

针对冶金焦化废水毒性大（酚为 500～7 000 mg/L、氰化物为 50～100 mg/L），难降解（BOD/COD 比为 0.18～0.25）等问题，课题组突破“陶瓷膜预处理除油—强化短程硝化反硝化—臭氧非均相催化氧化焦化废水处理”等 3 项关键技术，实现焦化废水达标排放，出水 COD 从原来传统工艺的 150～200 mg/L 降低到 20～50 mg/L，成本较传统工艺降低 20%以上。技术成果应用于鞍钢 5 个技改工程，并推广至沈煤及攀钢集团焦化废水处理。

（3）制药行业

课题组针对辽河流域制药行业废水高浓度（COD 每升达几千至几十万毫克）、高毒性（抗生素）、极端 pH 等特点，按照清洁生产、清污分流、强化预处理脱毒、资源回收的思路，研发了“无机陶瓷膜高效分离 VC 发酵醪液渣中古龙酸钠”“含铜黄连素废水铁碳微电解处理回收铜”“低浓度磷霉素钠废水水解酸化-接触氧化”等 6 项关键技术。无机陶瓷膜高效分离 VC 发酵醪液渣中古龙酸钠技术可实现年减排 COD 258 t，古龙酸增产 9 347.7 kg，年创经济效益 126 余万元；含铜黄连素废水铁碳微电解处理回收铜技术可减少 COD 排放 300 kg/d、吨水处理可回收 18～19 kg 铜，年实现经济效益 430 余万元。

（4）印染行业

纺织印染是太子河流域的典型行业，该行业主要采用以水为媒介的湿法加工工艺，耗水、排水量大。印染废水 COD 浓度高、色度高、有机物降解性差，属于典型的难处理废水之一。传统的印染废水处理采用厌氧—好氧—混凝沉淀技术，厌氧的主要目标是还原脱色、提高可生化性，但是新型染料的不断合成与应用，增加了废水处理难度。针对上述问题，课题组研发了“零价铁强化厌氧处理”“铝镁盐复配絮凝剂制备与应用”等 3 项关键技术。零价铁强化厌氧技术使废水 COD 去除率提高 20%～30%、脱色率提高 30%～40%。研制的新型聚合铝镁絮凝剂明显提升絮凝效果，使出水 COD 稳定在 55～60 mg/L、色度为 20 倍，出水水质优于现有絮凝剂聚合氯化铝（PACl）处理效果（80 mg/L，30 倍色度）。技术支持建成 2 项示范工程，通过冷凝水回收工程示范，削减 COD 排放 15%以上，出水 COD 和色度达到辽宁省地方要求，年减排 COD 5 000 余 t。

（5）造纸行业

造纸厂多以稻草或者芦苇为原料，采用碱法制浆，在生产过程中耗费大量新鲜水，产生的黑液含有大量木质素和半纤维素等有机物，碱性强、色度大、难处理；同时，中段水排放量大，水资源浪费严重。目前，造纸废水的处理方法主要有混凝沉淀-生化法、化学处理-混凝沉淀法等技术，但都存在许多不足之处，难以满足日益严格的废水排放标准。针对以上问题，按照源头控制、过程减排基本思路，提出基于流域清洁生产潜力分析的草浆造纸废水循环回用清洁生产技术模式，形成废水闭路循环和苇-纸生产一体化。其中，研发的芦苇造纸清洁制浆技术，将强碱性物质 KOH 与 H_2O_2 发生剧烈反应并释放热能的原理应用于制浆，实现生产吨干浆排放的 COD 降低 53%，制浆过程无黑液产生，从根本上解决了黑液污染严重、处理难度大的问题；苇田湿地深度处理造纸中段水及水回用技术，实现出水 COD 小于 50 mg/L，辽宁振兴生态造纸有限公司实现年削减 COD 1 200 t，吨纸新鲜水消耗量由原来的 130 t 降低到 40 t 以下。

1.2.2.2　创新流域水环境修复与管理技术

针对辽河流域生态退化严重，62%的支流为劣Ⅴ类水体的问题，突破“北方寒冷地区 A/O-人工湿地组合工艺污水处理”“接触氧化-傍河塘-模块化生物浮岛组合城市支流河生态净化”等关键技术 21 项，建成水环境修复技术验证与示范工程 5 项。通过源头区水源涵养林调控，增加水源涵养量 15%，减少水土流失量 10%以上；研发河岸植被缓冲带构建与恢复、折流式浮动生物反应器-植物床组合水体修复工艺，实现支流河 COD、氨氮分别去除 50%以上；研发的高抗逆性芦苇植株培育技术，实现河口区单位面积芦苇生物量增加 48%以上。

完成辽河流域六大污染控制单元问题诊断，提出综合整治方案，研发形成辽河流域产业结构调整与布局优化方案，成果应用到“辽宁省工业经济发展‘十二五’规划”，为流域“十二五”及“十三五”结构减排提供了技术支持。

研发水质水量优化调度技术，在太子河流域，以水库群结合河道闸坝联合调度技术为支撑，实现了调度技术研究—调度管理机制调整—调度运行规则的全过程优化，实现了库群闸坝联合优化调度，达到了预期的水质改善效果；太子河流域考核断面流量提高 29%以上，COD 和 NH_4^+-N 浓度下降均超过 23%；在太子河示范流域提前实现了Ⅳ类水质目标，技术的推广应用为辽河“摘帽”提供了有力技术支持。

1.2.3　项目成果应用

1.2.3.1　技术支撑三大减排，推动辽河流域消除劣Ⅴ类

“十一五”期间，辽河水污染治理项目围绕冶金、石化等 5 大行业，在水污染控制、清洁生产、生态修复等领域突破关键技术 75 项，申请国家发明专利 128 项；在辽河流域六大污染控制单元 30 个工程中进行技术验证示范，实现污水减排 85 万 t/d，削减 COD 排放 1.6 万 t/d 以上，有效地支持了辽河流域示范区污染物减排。

在辽河流域污染特征及环境问题诊断研究的基础上，完成流域重污染行业管理现状

及评估，制定《辽宁省污水综合排放标准》（DB 21/1627—2008）、《辽宁省水库供水调度规定》等标准/规范 14 项，支持流域实现结构减排，为流域造纸、糠醛等行业产业结构调整提供了科学依据。

水专项技术支持和推动辽河流域实施控源减排工程，“十一五”中后期辽河流域COD水质逐渐改善，2009 年年末实现辽河全流域干流 COD 消灭劣Ⅴ类；2010 年辽宁省干流COD 持续好转，43 条支流消灭劣Ⅴ类水质。

1.2.3.2 综合支撑与引领，推动流域“摘帽”重大行动

为了巩固辽河干流治理成果，实现可持续发展的长远目标，辽宁省在 538 km 长的辽河干流上划定我国第一个大型河流保护区——辽宁省辽河保护区，建立了辽宁省辽河保护区管理局，本项目全面支撑了辽河保护区生态建设，依托水专项科研成果，项目核心团队完成了《辽河保护区“十二五”治理与保护规划》等工作，通过土地利用模式划分技术、生态系统修复技术、河道综合治理技术、生态示范区建设技术、保护能力建设技术 5 大专题，研发了 30 余项单项技术，按照技术特点和类型进行了集成，建立了我国大型河流保护区治理理论体系与集成技术，对于探索我国河流保护区治理模式具有重大的理论和示范意义。研发的流域水库群和闸坝调度等水质水量联合调配技术在太子河示范流域实施流量提升 29%以上，白石砬子考核断面 COD 和氨氮浓度下降了 22%以上，达到水功能区Ⅳ类水质目标要求，实现了预期的水质改善效果。

课题组支持了辽河“摘掉重度污染流域帽子”的行动计划，编制了《辽宁省辽河流域“摘帽”总体规划》，明确辽河流域治理、生态恢复各阶段目标和任务。通过水专项重大科技攻关与技术集成，有针对性地解决辽河流域治理中遇到的技术和管理问题，支持辽河流域水污染防治实现历史性突破，2012 年年底辽河干流按地表水环境质量标准进行 21 项指标考核，达到了Ⅳ类水质标准，提前摘掉了重度污染帽子。

1.2.3.3 形成治污系统方案，支撑流域持续治理

在辽河流域单元环境问题诊断的基础上，开展了针对污染控制及水环境质量改善的结构减排、工程减排、管理减排等综合集成技术研究，建立了“分区控制、系统集成”的辽河流域水环境质量改善集成技术系统，提出各控制单元污染控制方案、水质控制目标、总量控制目标和重点污染工业源治理方案，根据各控制单元的污染特征建设不同的污染控制示范区，全面改善水环境质量。应用优选出的行业污染治理技术，对医药、纺织、造纸、饮料、石化、冶金、食品等行业制定重点污染源治理方案，筛选出工业 COD 重点治理示范项目 77 个、工业氨氮重点治理示范项目 37 个，实现年减排工业 COD 5 万余 t。

以水专项成果为技术支撑，受原环保部委托，课题组主持编制了《辽河流域水污染防治“十二五”规划》，提出“一库、一区、一界，两口、两面、两源头、两群”的规划空间格局，划分了23个控制单元，形成了单元控制方案，规划了500多个项目、500多亿元投资，实现“十二五”末辽河流域“干流水质达到Ⅳ类、重点区域水生态恢复”的目标。

“十二五”期间，辽河流域仍是水专项最重要的技术验证示范流域之一，项目重点开展重化工行业污染持续控制，开展氨氮、有毒有害污染物、农业面源污染负荷削减，湿地恢复与保护，支流河综合整治等技术研发和综合示范，形成完善的辽河流域水污染治理技术体系，为流域减负修复提供稳定可靠的技术支撑，推动辽河生态流域的建设。

1.3　项目重大建议

辽河流域是我国北方典型的重化工业污染河流，是国家重点治理的“三河三湖”之一，也是国家科技重大水专项最重要的示范流域之一。“十一五”期间，辽河流域水污染治理技术集成与工程示范项目按照“流域统筹、分区治理、重点突破”的技术思路，针对辽河流域石化、冶金、制药、印染等重污染行业研发以清洁生产、过程控制、强化处理为核心的全过程污染控制集成技术体系，研发了重污染河流修复、面源污染控制成套技术，以及产业结构和布局调整、水质水量联合调度治污技术，突破结构减排、工程减排、管理减排关键技术75项；技术验证与示范工程30项，年处理污水过亿吨、年去除COD 5.1万t、年减排COD 1.6万t；形成辽河流域6大污染控制单元和全流域污染防治的系统方案，支撑了国家“十二五”辽河流域水污染防治规划编制、辽宁省辽河保护区生态环境治理和保护，以及“十二五”实施的辽河流域“摘掉重污染流域帽子”的重大工程和行动计划。

进入“十二五”时期，按照建设生态辽河、美丽辽河的理念；以强化减负修复，构建完善的辽河流域水污染治理技术体系为核心目标和任务；为建设辽河生态流域，实现流域水生态系统健康，提出“十二五”辽河流域水污染治理的重大建议，具体如下：

1.3.1　持续减负修复，推进生态流域建设

通过“九五”至“十一五”时期的不懈努力，辽河流域水污染得到有效控制，水质得到明显改善，2009年年末实现辽河全流域干流消灭劣Ⅴ类水质（COD指标）；2010年辽宁省干流COD持续好转，43条支流消灭劣Ⅴ类水质，2012年年底辽河干流按21项指标考核达到Ⅳ类水质标准，一级支流水质全面消灭劣Ⅴ类，提前摘掉了重度污染河

流的帽子。然而，辽河流域 COD、氨氮排放量仍超过水环境容量，总量控制压力依然很大，尤其是氨氮超标问题凸显，应作为重点控制指标。因此，在“十二五”期间，辽河流域应持续减负修复，严守辽河干流Ⅳ类水质底线，大力开展河流生态修复，推进生态流域建设。

（1）以重点行业控源减排为核心，推进点源污染控制

辽河流域受传统东北老工业基地重化工业布局影响，行业结构性污染突出，石化、冶金、制药及造纸等主要行业污染排放比重大，废水排放量及 COD、氨氮排污负荷分别占工业总量的 57.2%、79.0%和 66.5%。因此，建议按照“治污先治厂”的方针，加强重点行业工程减排、结构减排和管理减排。

首先，以石化、冶金、制药、造纸和农副产品加工五大行业为重点，加强工业源工程治理，通过科技攻关，解决行业废水高浓度、高毒性、生化性差、处理难度大等问题，使行业废水稳定达标排放和回用。同时，大力推进清洁生产，对重点行业污染进行原料、生产、加工、消费、循环的全过程控制，并大力推进再生水回用。

其次，需要更加突出结构减排，建议加强对产业布局、结构和规模的统筹，完善落后产能退出机制，加快淘汰落后产能，包括进一步提高化工、冶金、制药、印染、造纸、轻工等重污染行业的环境准入门槛，淘汰造纸、酒精、味精、柠檬酸等落后产能，通过污染减排的“倒逼机制”传导到结构调整和经济转型上来，促进辽河流域产业的结构调整和经济发展方式转变。

最后，要完善管理减排，使污染减排与区域环境质量改善紧密衔接，探索建立“减排目标着眼于环境质量、减排任务立足于环境质量、减排考核依据环境质量”的责任体系和工作机制；加强监管，提高废水处理设施运行率。

（2）以污水处理厂建设和运行为重点，强化生活源治理

在辽河流域城市集群中，截至 2010 年年底，辽河流域共建成城镇污水处理厂 106 座，形成约 546.62 万 t/d 的污水处理能力，实际处理水量为 413.97 万 t/d，基本达到设计出水水质标准，但与地方水质标准要求仍有一定差距；同时，随着经济社会的发展，辽河流域城镇化率将大幅度提升。建议针对已有污水处理厂排水不能达到《城镇污水处理厂污染物排放标准》（GB 18918—2002）一级 A 排放标准的问题，通过科技攻关，解决技术瓶颈问题，全面推进污水处理厂提标改造，并大力推进再生水回用；在没有污水处理设施的乡镇，加强污水处理厂建设，在流域内实现镇镇有污水处理设施并保证其稳定运行，排水水质达到一级 A 排放标准。

（3）以河流功能恢复为重点，推进流域生态修复

目前，辽河流域仍存在生态系统退化、生物多样性减少、自净能力弱、生态恢复保障措施匮乏等实际问题。建议以建设生态河流目标为导向，在流域内全面实施退耕还河、

增加生态水量、建设河岸生态阻隔带、河道湿地恢复与建设等工程，形成具有自我修复功能的河流生态系统，修复辽河生态廊道功能，将辽河建成生态河流。

1.3.2 控制氨氮和特征性污染物，保障流域水环境健康

（1）加强氨氮污染控制

“十一五”期间，辽河流域开展了控源减排、重污染河道生态修复、流域面源治理等系统技术研究和应用示范。在辽河流域水环境治理过程中，加强了对 COD 的污染控制，促使 2009 年流域断面 COD 达标率首次达到 100%。但是，近 6 年的流域断面氨氮达标率为 15.4%～38.5%，严重影响了个别断面和饮用水水源地的水环境质量。另外，流域内水库处于中营养水平，个别存在总氮超标的现象。建议加大对氨氮、总氮的控制，防治水体富营养化，改善水环境质量。

（2）加强特征性污染物控制

“十一五”期间，虽然辽河流域综合水质正在逐年改善，但是，特征性有毒有害污染物的削减还没有进行系统研究，其中相当一部分表现为 POPs 和 EDCs 特征性有机物，对水生态系统构成严重威胁。按照现行标准，有的行业废水 COD 已经达标，但出水中仍含有大量难降解有毒有害物质，具有生态毒性，目前浑河和太子河均已检测出重污染行业特征性有毒有害污染物。因此，从建设生态型健康河流的角度出发，必须对有毒有害物污染加以有效控制和管理。建议采取如下措施：①完善优先控制的有毒有害化学品排放清单，实施优先管理。针对辽河流域典型行业开展有毒有害物污染源及污染负荷的调查，查清污染物来源、排放情况、环境保护措施、周围环境敏感受体，建立完整的污染源成分谱等，明确辽河流域优先控制污染物，建立辽河流域典型行业有毒有害物的污染源清单和优先控制有毒化学品清单；建立毒性评价方法，阐明毒性削减过程中毒性变化规律，构建有毒有害污染物的环境监管体系，提出针对性防控对策，建立基于流域尺度的特征性有毒有害化学品的各项管理制度和政策法规。②加强有毒有害化学品控制技术研发，建立控制技术体系。基于污染源的排放特性与水体污染特征的相关性，建立宏观和微观层面的源-汇响应关系，有的放矢地控制排放源，重点突破石化、化工、制药等典型行业有毒有害废水高效处理关键技术；开展典型行业有毒有害污染物治理技术评估和集成，形成控制技术体系。

1.3.3 培育战略性新兴环保产业，支撑流域生态文明建设

“十二五”期间，辽河流域将全面开展生态文明建设，亟须技术支撑，辽河流域应以环境领域的科技重大专项带动大创新，培育战略性新兴环保产业，探索出适合辽河流域水污染治理与水环境修复，集技术研发、工程设计、装备制造、安装调试、售后服务

“五位一体”的“产、学、研”联合开发模式，推进环保产业全面升级，形成一个门类齐全、装备先进、富有活力的环保产业体系，进而形成新的市场化治污模式。

建议优先培育重点行业有机废水治理技术及配套设备、小型生活污水处理技术及一体化处理设备、高效人工湿地成套技术及配套设备等产业。促进废水治理技术和设备的系列化、标准化和产业化，提升行业污水资源化技术整体水平，形成可以在农村地区推广的整装成套设备产业化，解决居住分散地区及市政管网收集难度大的生活污水处理问题，为加大辽河流域污染防治力度、促进流域生态文明建设提供支撑。

2 辽河流域水污染控制总体方案研究

2.1 课题目标和任务

2.1.1 研究目标

系统研究辽河流域水环境质量与水污染特征，剖析辽河水污染过程和机制，评估水环境质量和水污染形势发展趋势。结合辽河流域的水环境保护规划，用系统论的方法，以“分区、分级、分类、分期”的多维水环境管理技术体系为框架，研究辽河流域水污染控制管理支撑技术，形成辽河水污染治理综合方案。为改善河流水体水质功能、恢复健康水生态系统功能提供创新模式和管理决策依据，以及国家水污染防治技术支撑。探明流域水环境污染特征及其成因，提出流域水污染控制总体方案；配合地方环境治理规划，提出针对辽河流域典型重污染行业的水污染控制和治理行动方案。初步形成一套适合辽河流域各行业的水污染治理技术，有效改善辽河流域水污染状况。

2.1.2 研究任务

本课题主要任务分解为 5 个子课题：

子课题 1：辽河流域水环境质量演变及其驱动力研究

子课题 2：辽河流域产业结构调整与布局优化减排研究

子课题 3：辽河流域水污染治理技术集成体系

子课题 4：辽河流域水污染减排管理技术与方案

子课题 5：辽河流域水污染控制综合决策支持平台

2.2 课题主要成果

“辽河流域水污染控制总体方案研究”课题，按照“分区、分期”的指导思想，将辽河流域划分为七大控制单元，系统研究了不同控制单元的水污染特征并进行水体污染源解析，全面系统诊断了辽河流域水环境问题；开展了辽河流域社会经济发展与水环境负荷之间的定量关系研究，提出了辽河流域产业结构调整与布局优化方案；对流域冶金、石化、制药等重点行业污染治理关键技术进行分析、筛选、耦合和集成，形成了辽河流域水污染控制技术集成体系；构建了流域不同控制单元水污染治理方案。课题开展三大减排综合技术集成研究，为国家《重点流域水污染防治“十二五”规划》（环发〔2012〕58号）的颁布实施提供了技术支撑。

2.2.1 研究背景

辽河是我国七大江河之一，综合污染指数居全国七大流域前列，集中体现了我国重化工业密集的结构型、区域型水污染特点，1996年国务院将辽河列为国家重点治理的“三河”之一，十几年来也制定了相关治理方案，以往没有将河流水系按照不同污染特征划分控制单元，也没有将产业结构调整、行业治理技术和管理在方案中系统体现，为了加强流域综合性治理，设置“辽河流域水污染控制总体方案”这一课题，针对流域性水环境综合管理、重污染行业水污染治理等技术研究与集成，提出了解决辽河流域水环境问题的总体方案，以期为辽河流域的长治久安提供科学依据和方案。

2.2.2 研究成果

近4年来课题组对辽河流域浑河、太子河、辽河、大辽河4个水系涉及的8个地市、26个干流断面、60多个支流断面，以及冶金、石化、造纸等6大行业、80个重点企业开展了社会经济、行业治理技术调研，并对污染指标在不同水期的水体样品进行了采集和监测，统计分析了近20年社会、经济、水文、气象、水质、污染源、水环境等数万个数据。在模型建立和评估、评价方法等方面开展了大量的科学研究工作，为课题开展流域工程减排、技术减排、管理减排研究奠定了坚实基础。

研究成果主要体现在“4321”四个方面，即进行了辽河流域的4条河流（浑河、太子河、辽河、大辽河）分类差异分析，探明了不同河流的水环境污染特征及其成因，全面系统诊断了流域水环境问题；首次开展了3大减排（结构减排、技术减排、管理减排）兼顾的应用技术研究；形成了“分区控制、系统集成”的治理与管理两大措施并举的辽河流域水污染控制技术集成体系；提出了1个以水质改善为目标的流域统筹的辽河流域污染控制综合治理方案。

（1）成果一：研发污染源解析与控制单元水环境问题诊断技术，探明了4条河流水环境污染特征及其成因

课题将辽河流域所涉及的35个县市划分为7个控制单元，以控制单元为基础研究流域水环境质量演变规律，识别流域4条河流水污染特征、诊断单元环境问题，并进行

源解析研究，综合分析表明，氨氮（NH_3-N）成为流域主要控制的污染源，流域污染控制的重点体现为：持续削减 COD；从干流到支流重点控制 NH_3-N；重视对有毒有害有机污染物、重金属等特征性污染因子的控制。

课题根据近 20 年辽河流域水质和污染排放数据并结合现场监测进行水质评价和驱动力分析，揭示了流域水环境质量演变规律，并从自然和人为两方面因素分析流域污染时空分布特征及变化规律。结果表明：辽河流域“十一五”期间水质总体上得到改善，COD 改善效果显著。2009 年辽河流域全部干流断面 COD 消灭劣Ⅴ类，COD 水质达到Ⅰ～Ⅲ类的断面由 2006 年的 15.4%上升到 2010 年的 53.8%。NH_3-N 水质无明显改善，成为辽河流域的主要污染因子，支流河污染较重，主要污染时期为枯水期（图 2-1）。

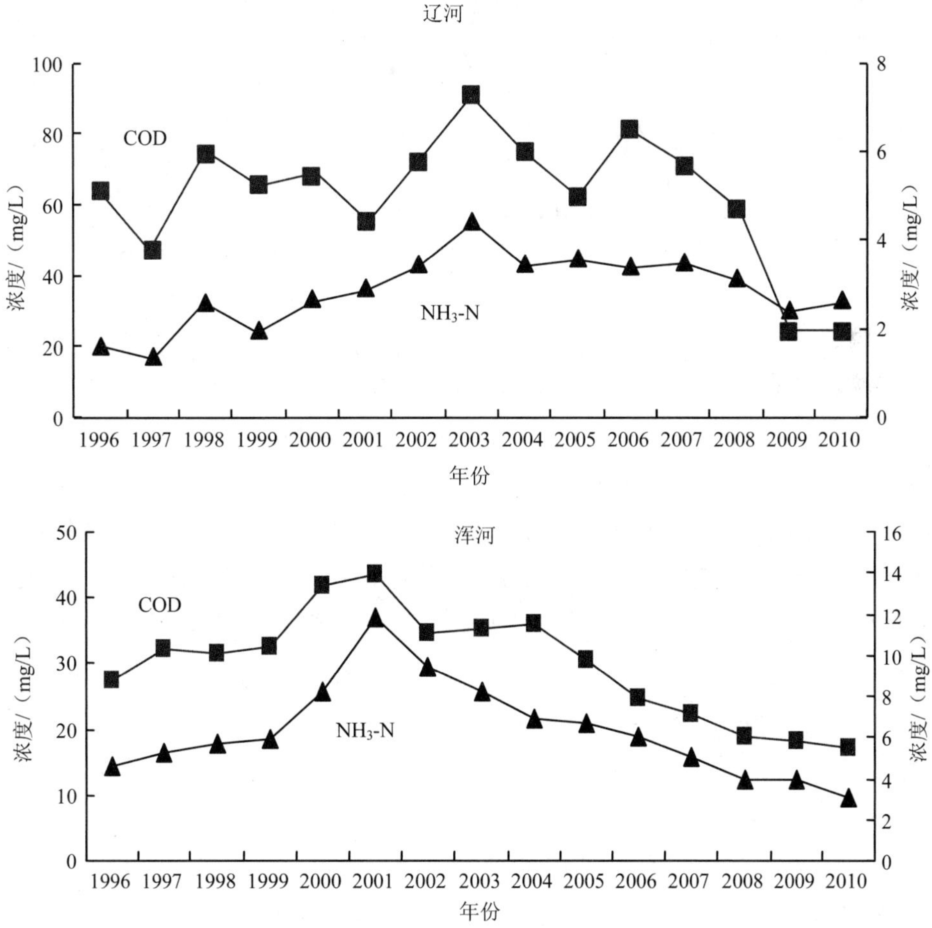

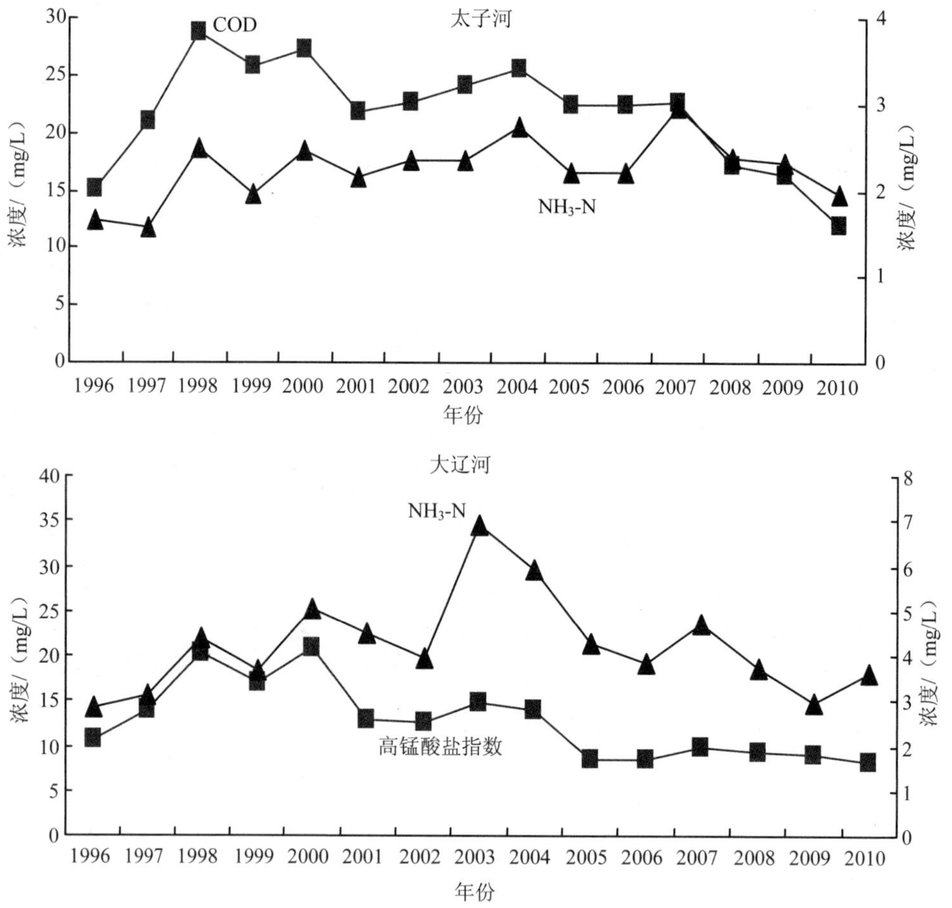

图 2-1 1996—2010 年辽河流域水质变化图

对辽河流域的干流（辽河、大辽河、浑河、太子河）及典型支流（南沙河），分丰水期、平水期、枯水期 3 个水期进行了为期 2 年的水质定位监测，采用因子分析法和多元线性回归分析法开展源解析技术研究，从理论上解决了适合辽河流域实际的源解析方法，进一步探明流域污染主要来源及流域各单元的污染排放特征。研究结果表明，辽河及大辽河的主要污染物质为 BOD_5、COD_{Cr} 和 NH_3-N，污染物质的可能来源分别为农业废弃物、工厂排放的耗氧性有机污染物、农副产品加工企业所排放的含氮废水；浑河枯水期 PAHs 主要来源于石油，丰水期主要来源于石油和燃烧源，平水期主要来源于石油和热解的复合污染；太子河地表水 PAHs 污染严重，具有明显的季节分布特征，丰水期远高于枯水期，主要来源为石油和燃烧；支流河 COD、NH_3-N 等污染严重，太子河下游鞍山段重金属污染严重，南沙河重金属污染中 Hg、Pb 污染较为严重，有机污染物主要为酚类、醛酮类、烃类，主要来源为冶金锻造、建筑和化工，因此支流和流域下游应作为下一步污染治理的重点。

（2）成果二：研发辽河流域产业结构调整与布局优化技术，提出了结构减排优化方案

课题组开展辽河流域社会经济发展与水环境负荷之间的定量关系研究，系统探讨污染减排、产业结构优化与经济发展方式转变的关联性，形成辽河流域产业结构调整与布局优化方案，优化后辽河流域“十二五”和“十三五”期间工业 COD 排放将分别减少 30.4%和 20.5%，工业 NH_3-N 排放量分别减少 41%和 15.2%。

综合分析近年来产业结构、城市化率、水质、污染排放等社会经济及环境指标的变化情况，运用多元线性回归分析，定量研究了辽河流域水环境演变与流域内社会经济发展之间的关系。研究结果表明：1998—2009 年工业总产值、总人口、非农人口对 COD 的影响显著，并且呈正相关关系；NH_3-N 与人口和农业关系显著并呈正相关；生活源和工业源对水体中 COD 浓度影响较大，要加强对工业、城镇污水厂达标排放管理；农业面源污染和人类生活源的污染排放是 NH_3-N 的主要来源，进行农业面源生态综合治理，控制水土流失、减轻有机质流失、提高农业灌溉效率，促进城市、乡镇污水集中治理与氮、磷控制，是降低 NH_3-N 排放、改善水环境质量的关键措施。

建立了基于水资源环境约束的工业结构调整优化模型，针对资源、经济和环境协调发展目标，通过系统分析和动态分析手段，确定了 3 种不同情景方案。研究结果表明：按照优化方案配置，辽河流域工业用水总量年均以 1.5%的速度增加，万元工业增加值新水用量年均降低 10%左右，节水强度降低较大的行业主要为电力、医药和造纸；万元工业增加值的 COD 和氨氮的排放量分别以年均 7%和 6.5%的速度下降，COD 减排量较多的行业有造纸、冶金、建材、电力等，NH_3-N 排放量减排较多的行业有石化、冶金、食品等。工业 COD 削减量主要集中在大辽河和太子河流域，可削减量较大的城市为营口和本溪。工业 NH_3-N 削减主要集中在辽河水系，削减量贡献较大的城市为盘锦市。课题提出了流域各市的产业结构调整优化方案，完成的《辽河流域水环境质量目标与产业结构优化研究》获 2011 年度辽宁省科技进步三等奖。

（3）成果三：研发辽河流域管理减排技术，形成辽河流域水污染治理综合整治方案

在系统研究辽河流域水环境质量与水污染特征的基础上，以切实改善河流水质为目标，开展辽河流域持续控源减排、河流水生态修复等研究。综合结构减排、技术减排、管理减排等手段，构建了辽河流域不同控制单元水污染治理综合方案。辽河流域水污染治理综合整治方案主要包括辽河流域水污染控制思路、原则和目标，水环境问题诊断，产业结构调整与布局优化方案，重化工行业污染治理技术方案，管理减排方案，重点支流治理方案和保障措施。

辽河流域中长期控制路线是控源减排、减负修复和综合调控。课题采用单位 GDP 排放强度法评估了流域主要污染物新增量，分析了辽河流域水环境压力，测算出流域工业减排潜力。结果表明：“十二五”期间辽河流域工业和生活源可新增 COD 5.4 万 t、

NH_3-N 4 829 t，分别比 2009 年排放总量增加 19.8%和 12.5%。全流域需新增污水处理能力 55 万 t/d。流域工业污染集中在冶金、石化、造纸、饮料、医药、纺织和食品七大行业。

应用水质目标分期控制技术，结合辽河流域划分的 7 个控制单元，共选取 13 个控制断面，提出了流域各控制单元近、远期水质控制目标。根据控制单元水质目标，2010 年各控制断面劣Ⅴ类水质所占比例为 54%，到 2015 年各控制断面消灭劣Ⅴ类，Ⅲ、Ⅳ类断面由 2010 年的 8%上升到 2015 年的 54%，到 2020 年各断面均满足水功能区划要求。

辽河流域各单元污染控制方案及辽河重点支流治理方案重点包括：①辽河源头单元应重点增加城镇污水处理能力，提高污水管网覆盖率；重点治理畜禽养殖和农业面源污染；重点治理纺织、造纸和食品加工行业。②辽河上游单元应重点治理畜禽养殖污染和农村面源污染；开展生态示范区建设，包括支流汇入口湿地建设、河流生态恢复、铁岭城市景观段建设等。③辽河河口单元应重点建设城镇污水收集管网，增加城镇污水收集率，加快污水厂提标改造；开展河口人工湿地生态系统修复、城市段景观化建设，建设生态城市。④浑河上游单元应重点建设城镇污水处理设施，增加污水处理能力，提高污水处理率；提高集约化畜禽养殖规模化程度，削减流域内城镇和农村对大伙房水库的污染负荷输入，解决水库氮、磷超标问题，开展大伙房水库风险防范与应急能力建设，保障水源地水质安全。⑤浑河沈抚单元应重点加快单元内污水处理厂升级改造，提高生活污水 NH_3-N 去除率，提高工业污水集中处理率，重点解决城市段生活污水 NH_3-N 超标严重，工业废水排放量大，石化、医药、饮料行业超标排放的问题；开展支流河及农村环境综合整治，恢复河道正常生态功能。⑥太子河单元应重点新建城镇污水处理厂，增加污水处理能力，加快污水处理厂提标改造，提高工业污水集中处理率，重点解决城市段生活污水 NH_3-N 超标严重，工业废水排放量大，冶金、纺织、医药以及石化行业超标排放问题；重点开展汤河、千金沟特征污染物风险管理能力建设，解决排入千金沟的焦化废水挥发酚超标严重，以及汤河铁矿采选废水污染严重问题。⑦大辽河单元重点应加快营口西部污水处理厂提标改造，提高工业废水集中处理率，重点解决造纸和纺织行业超标排放问题。图 2-2 为重点支流河招苏台河、长钩子河整治方案示例。

2.2.3　成果应用

课题研究的主要成果目前已经在辽河流域污染治理工作中得到了应用。

（1）应用一：课题“控制单元水环境问题诊断技术的研究成果”在国家重点流域规划编制中全面应用，规划经国务院批复已颁布实施

国家在编制《重点流域水污染防治“十二五”规划》过程中，借鉴和采纳了辽河流域水环境问题诊断、单元控制方案的内容，建立流域—重点地区—控制单元构成的水环境分区管理体系，实施分区污染防治，确定了优先控制单元和治理任务。课题提

出的辽河流域综合整治方案也在“辽河流域摘掉重污染帽子治理方案”中得到应用，辽宁省政府已组织实施。

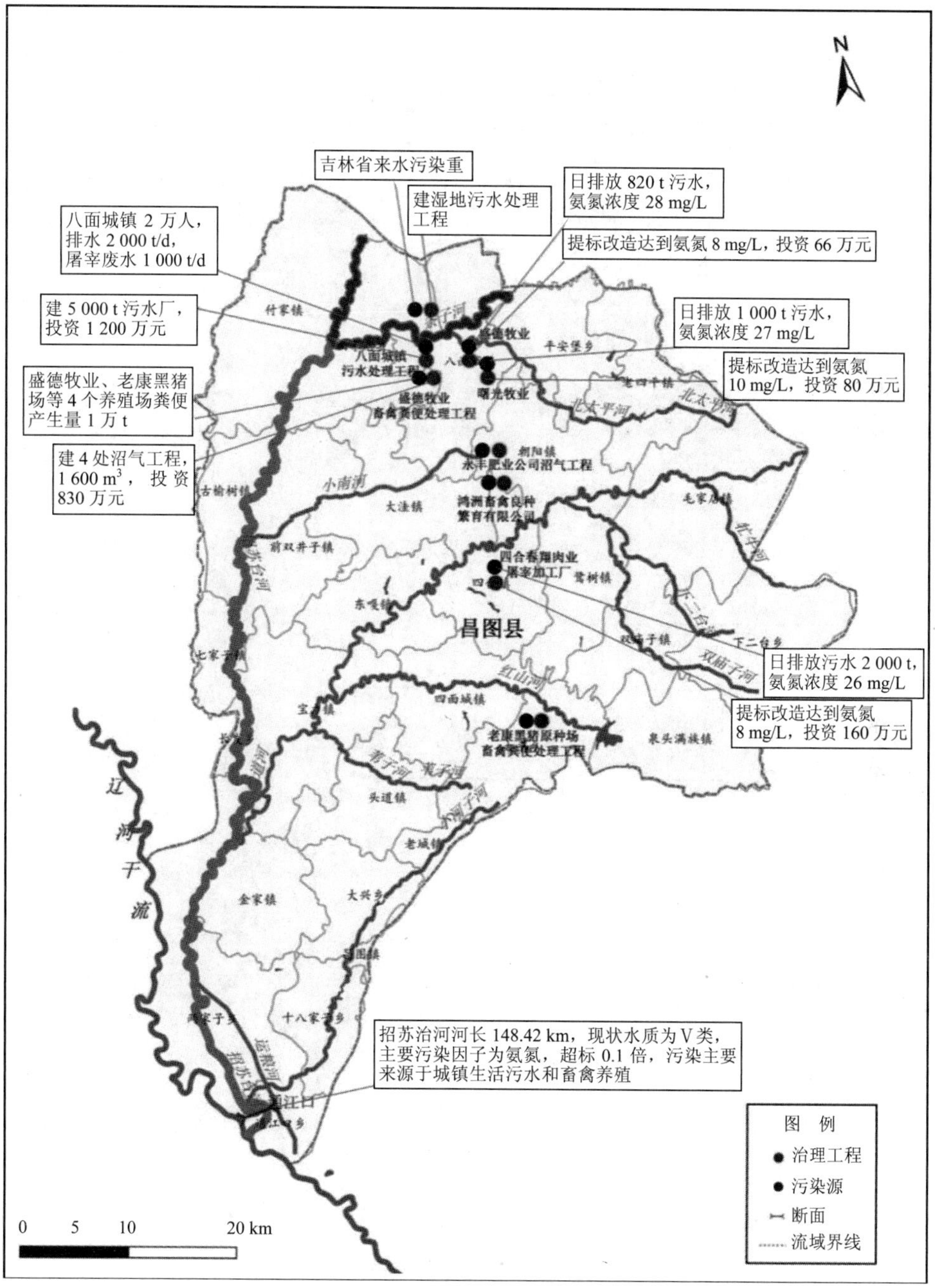

招苏台河整治方案

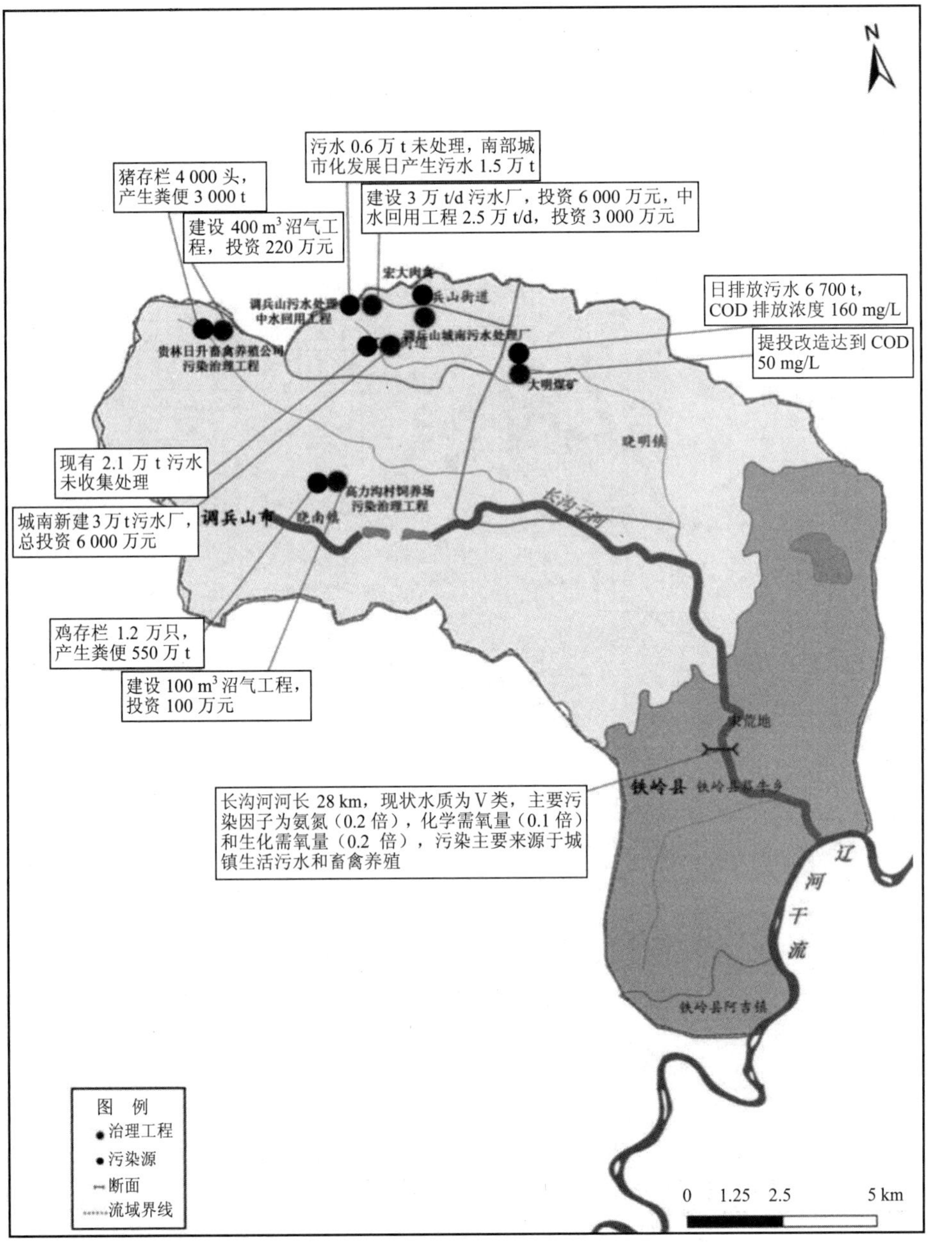

长沟子河整治方案

图 2-2 重点支流河整治方案示例（招苏台河、长沟子河）

（2）应用二：课题“关于辽河流域管理减排技术研究成果”在《辽宁省辽河流域水污染防治条例》修订中应用，条例经省人大审议通过

辽宁省政府在《辽宁省辽河流域水污染防治条例》的修订过程中借鉴和采纳了流域管理减排研究和水污染治理技术集成体系研究的成果，并将其写入条例中，由 1997 年

原实施的 33 条条例增加到修订后 40 条，扩展了治理保护内容。《辽宁省辽河流域水污染防治条例》修订稿已由辽宁省第十一届人民代表大会常务委员会第二十一次会议于 2011 年 1 月 11 日审议通过，公布施行。

（3）应用三：课题“关于辽河流域水体污染源解析技术研究成果”为辽河流域长远治理提供了技术支撑

辽河流域水体污染源解析技术研究成果提出了流域治理下一步应重视对有毒有害有机污染物、重金属等特征性污染因子的控制。国家水体污染控制与治理科技重大专项在“十二五”研究任务中，借鉴和采纳了源解析研究成果，设置了“辽河流域有毒有害物污染控制与应用示范研究”课题，并已论证通过启动实施，为辽河流域长远治理提供了技术支撑。

3 辽河流域重化工业节水减排清洁生产技术集成与示范研究

3.1 课题目标和任务

3.1.1 研究目标

针对辽河流域重化工业等重污染行业清洁生产水平制约流域水污染控制成效的现状，提出流域重点水污染行业污染源头减量与过程控制的技术思路和整体方案；建立流域重点水污染行业清洁生产发展机制和综合管理建议；通过重点行业的研究与示范，突破流域节水减排和水循环利用清洁生产关键技术，开展清洁生产技术集成，构建流域重点水污染行业清洁生产技术支撑体系，从而促进辽河流域水体污染控制目标的实现。

3.1.2 研究任务

本课题主要研究任务分解为 8 个子课题：

子课题 1：辽河流域工业节水减排清洁生产潜力分析和技术评估

子课题 2：冶金行业节水减排清洁生产关键技术研究

子课题 3：造纸行业节水减排清洁生产关键技术研究

子课题 4：石化行业节水减排清洁生产关键技术研究

子课题 5：啤酒行业节水减排清洁生产关键技术研究

子课题 6：制药行业节水减排清洁生产关键技术研究

子课题 7：印染行业节水减排清洁生产关键技术研究

子课题 8：废水处理工艺验证平台建设和应用示范

3.2 课题主要成果

“辽河流域重化工业节水减排清洁生产技术集成与示范研究”课题的核心是“节水

减排”和“清洁生产”，它立足于源头减量和过程控制。从流域和企业两个层面构建了清洁生产潜力分析模型（SDM-BCPP 模型）。依据该模型识别流域清洁生产关键影响因素，针对 6 个重化工行业（冶金、造纸、石化、啤酒、制药和印染）的不同特征，在已建立的 6 个示范工程应用系统中进行核算和分析，发现模型测算的结果与实际运行的数据非常吻合，对分别构建清洁生产技术评估方法、流域清洁生产的实际操作和控制具有非常重要的意义。在以上模型的基础上，针对各个行业的共性问题，研发并形成了传统工艺与膜技术相结合的流域节水减排清洁生产集成技术，实现了污染物过程控制和水的再生循环回用。通过 6 个示范工程实现了辽河流域年节水量 1 600 万 t 以上，COD 年减排量 17 200 t 以上，达到了 48%的循环节水率和 18%的 COD 减排率，显著降低了末端处理的压力。课题形成的辽河流域冶金、造纸、石化、啤酒、制药和印染行业的技术成果及“节水减排清洁生产最佳可行技术导则”，已应用于指导辽宁省相关企业的清洁生产审核评估。

3.2.1 研究背景

辽河流域综合污染指数居全国七大流域前列，其特点集中体现了我国重化工业（冶金、造纸、石化、啤酒、制药和印染）等重污染行业密集的老工业基地水体结构性、区域性污染特点，充分反映出辽河流域因水环境污染引起的区域性水资源匮乏的问题。2008 年，辽河流域重化工企业的废水产生量占整个流域工业行业废水产生总量的 84.18%；其 COD 产生的总量占整个流域工业行业 COD 产生总量的 54.66%。由于技术、体制和管理等，辽河流域水资源使用效率较低，辽宁省万元产值水耗 63.2 t，是国内先进水平的近 3 倍。辽河流域水污染防治是一项长期的工作，该课题的目标是开发一条适用于该流域重化工行业特点的节水减排模型和可操作的传统工艺及膜技术相结合的清洁生产路线，实现源头减量和全过程控制，从而保障水污染控制和水资源化的可持续性和长效性。通过本课题的实施，辽河流域可充分利用国家的政策支持，采用新思路、新工艺、新技术和新模式向各个企业推广应用，并通过“产、学、研、用”相结合，加快成果转化，实现以科技示范带动辽河流域重化工行业清洁生产技术水平的整体提升，同时可为我国其他流域水污染控制和水资源化提供经验，在全国流域水环境保护领域都将具有较大的示范意义。

3.2.2 研究成果

该课题立足于“源头控制，过程减排”基本思路，针对辽河流域重化工业清洁生产水平制约流域水污染控制成效的现状，通过“产、学、研、用”联合攻关，建立了切实可行适合于辽河流域 6 个重点水污染行业节水减排的清洁生产技术体系和模型；通过重点行业节水减排清洁生产关键技术研究、模型的建立、传统方法与膜分离技术的集成与示范，构建了流域重点行业节水减排清洁生产技术支撑体系。该课题的研究成果全面指导了流域清洁生产工作，有效推动了行业清洁生产和节能减排。

（1）成果一：建立了适合于流域清洁生产的分析测算模型并得到验证

首次系统地提出了流域清洁生产的内涵和分析方法，综合考虑流域社会经济和环境系统之间的相互影响，结合产业结构调整和水质改善目标，同时兼顾流域的环境、社会、经济、政策体系的配套管理，构建了基于系统动力学的流域清洁生产潜力分析模型（SDM-BCPP 模型）；通过流域清洁生产诊断识别和流域清洁生产趋势分析两个辅助模块解决了该模型主体模块中行业选择和参数确定两大技术难点；模型研究结果表明，到 2015 年，辽河流域辽宁省清洁生产技术和末端治理技术在 COD 减排和 NH_3-N 减排过程中的贡献占比分别为 66∶34 和 73∶27。构建了辽河流域重点工业清洁生产技术评估指标体系，研究编制了辽河流域冶金、草浆造纸、石化、啤酒、制药和印染 6 个行业“节水减排清洁生产最佳可行技术导则（征求意见稿）”，有效指导了流域清洁生产工作的开展。

（2）成果二：有效地形成了在流域水污染控制和水资源化过程中切实可行的节水减排传统工艺与膜分离技术相结合的路线

通过对重点行业生产过程节水减排与清洁生产诊断，针对冶金、石化、造纸、啤酒、制药和印染等重点行业水资源消耗和污染物产生、排放的重点环节，用水排水系统的水平衡、污水处理与回用需求，研发了系列清洁生产过程控制技术和节水减排技术等单体技术近 20 项，形成流域行业节水减排清洁生产集成技术 6 项。申报国家发明专利 15 项。通过示范工程的运行，实现辽河流域年节水量 1 600 万 t 以上，年减排 COD 1.72 万 t 以上，显著降低了末端处理压力。

1）冶金行业全流程优化循环用水及节水代水集成技术。针对冶金行业新鲜水耗量大、用水水质多元化，污水排放量大、排水水种多样化，造成严重的水资源消耗及环境污染等问题，按照流域清洁生产潜力分析模型（SDM-BCPP 模型），对冶金企业进行节水减排关键节点测算分析评估，建立生产过程的排污和水流模型，并结合节水回用水系统形成清洁生产评价指标体系，研发和集成了密闭式循环用水技术、串级供水技术、双膜法中水回用技术、干熄焦节水型技术、导热油替代技术、焦化废水减量减污化技术、高炉渣热回用技术等，形成了全流程优化循环用水及节水代水集成技术。

利用“全流程优化循环用水及节水代水集成技术”建设了鞍钢节水减排清洁生产示范工程（22 万 t/d），在源头和过程中提高水的循环率、控制水的用量、减少水的排放量，实现 COD、NH_3-N 减排 25%以上，水重复利用率达到 95.1%。

2）草浆造纸节水减排清洁生产集成技术。草浆造纸生产过程中新鲜水耗量大，产生的黑液含有大量木质素和半纤维素等有机物，碱性高、色度大，难处理；中段水排放量大，水资源浪费严重，按照流域清洁生产潜力分析模型（SDM-BCPP 模型）对草浆造纸生产过程进行测算分析，形成适合于草浆造纸废水循环回用的清洁生产工艺技术模式，形成废水闭路循环及苇纸生产一体化，其具体内容包括：①黑液资源化：通过三段挤压两段置换的黑液提取技术，实现黑液提取率达到 85%以上。黑液合成木质素磺酸钙黏合剂技术，实现废物资源化；黑液制备脱硝催化剂技术，脱硝效率达到 90%以上，实现造纸厂内以废治废。②中段水苇田湿地深度处理与示范 3.5 万 t/d：通过苇田湿地对中段水进行深度处理后回用到造纸工艺同时灌溉苇田，经过混凝—氧化沟—气浮—氧化塘—苇田湿地处理后，出水 COD 降到 50 mg/L 以下，实现示范企业——辽宁振兴生态造纸有限公司年削减 COD 9 900～14 800 t，年减排污水 990 万～1 190 万 t。吨纸新鲜水耗量由原来的 130 t 降低到 40 t 以下。③中段水强化脱色：利用中段水处理过程中产生的剩余污泥制备生物絮凝剂技术，对中段水进行脱色处理，色度去除率达到 70%以上，提高了中段水回用可行性。④草浆造纸无黑液清洁制浆工艺：以 NaOH 和 KOH 对现有的草浆造纸工艺进行制浆改进（已获得专利：201110296726.0），生产吨干浆排放 COD 降低了 53%，制浆过程无黑液产生，从根本上解决了黑液污染量严重、处理难度大的问题。

3）石化乙烯行业高盐高有机废水节水减排集成技术。针对乙烯外排废水量大、有机物和盐含量较高特点，采用流域清洁生产潜力分析模型（SDM-BCPP 模型）对整个工艺的 COD 和废水排放量进行测算分析。研发了 BAF-UF/RO 耦合工艺集成技术，BAF 有效去除高浓度有机物，UF/RO 耦合工艺去除盐类物质，通过工艺参数优化和各处理单元耦合集成，大大提高了处理系统的效率，降低了处理成本。在抚顺石化乙烯化工厂建设了 7 200 t/d 废水深度处理与回用示范工程，处理后的出水满足抚顺乙烯石化厂对循环冷却水补水要求，吨水处理成本约 2.25 元，实现示范企业废水回用率达 80%，年节约新鲜水用量 200 万 t 以上。

4）啤酒行业清洁生产关键技术优化集成。针对现有啤酒清洁生产技术在使用过程中存在的效率低下、缺乏全生产流程控制及过程耗水量大等问题，采用流域清洁生产潜力分析模型（SDM-BCPP 模型）对啤酒生产过程中的污染、耗水关键生产节点进行测算和分析，利用相关的数据和测算模型从啤酒生产源头来设法减少生产过程中污染物排放和提高水资源化效率。在以上清洁生产模型的指导下，采用废碱液强化常压过滤回收利用技术减少啤酒生产中碱液的消耗和排放量，降低其对企业周边环境的污染和对末端污水处理设施的冲击；针对灭菌水废水进行再生与循环利用，提高啤酒生产过程中灭菌工艺的水循环利用率，减少啤酒生产过程中高温热水的消耗量，实现热能和水资源的回收；提出序批式反应器处理高有机氮含量的啤酒综合废水的最佳滗水比，提高了对啤酒综合废水中有机物、有机氮的去除效率，提高企业末端处理设施的处理效率。示范企业经清洁生产改造后，在产量增加的情况下，企业年耗新鲜水量由 90 万 t 降至 73.5 万 t，千升啤酒耗水量由原先的 11.6 m^3 降至 7.69 m^3，其中新生产线单位产品耗水量降至 3.6 m^3，年节水 50 余万 m^3，减排 COD 1 095 t，年节约生产成本近 186 万元。

5）制药行业节水减排清洁生产关键技术。制药行业新鲜水消耗和废水排放量大，废水成分复杂、处理难度大，通过单一末端治理难以解决该行业废水污染问题。我们采用流域清洁生产潜力分析模型（SDM-BCPP 模型）对制药生产全过程节水减排进行测算分析，形成清洁生产技术评价指标体系和评价方法，利用测算的相关因子对制药行业节水减排清洁生产各个关键节点进行定量化对比排查，针对水质相对较好的大量凝结水直接回收后，开发出“制药凝结水膜分离原位再生技术”，将凝结水制备为纯水作为生产用水，解决了能源和水资源两不浪费的问题，利用这一测算模型和膜分离技术的收益大大减少了纯水消耗和废水排放量，而且也实现了热能回收，比外购纯水降低成本 5.04 元/t，减少能耗 105 kJ/t；针对制药生产过程中，原絮凝-沉淀工艺对有效成分分离效果差、回收效率低、废水和废渣排放量大等问题，研发了“无机陶瓷膜高效分离维生素 C 发酵醪液渣中古龙酸钠”技术，新工艺稳定性好，料液分离质量和产品回收率大幅提升，示范工程产品收率比原工艺提高了 20.64%，每年可以多产古龙酸钠 9.3 t，创经济效益 126.2 万元，COD 排放量降低了 38.91%。

6）印染行业清洁生产过程控制和节水减排关键技术。印染生产主要采用以水为媒介的湿法加工工艺，生产中使用较大量的清洁水，排放出较大量的含有一定色度及不同污染物含量的有害废水，导致印染废水难治理，末端处理负荷大。采用流域清洁生产潜力分析模型（SDM-BCPP 模型）先对生产工艺过程进行测算分析，从工艺上引进膜分离技术来开发并将单体技术集成进行工程示范，具体做法是：①采用印染退浆、染浴废水的射流超滤分离技术。采用射流进水，减少了染料、PVA 等污染物在膜表面的富集、延长了过滤时间、提高超滤膜的通量和超滤膜使用寿命。对含 PVA 的高浓度退浆废水和染料废水，分别选用截留分子量为 100 K 和 10 K 的超滤膜，降低印染废水的有机负荷 30%～40%，同时浓缩后的废液可以回收，具有经济价值。②基于水封法的冷凝水回收技术。采用一定高度的静水压力来抵抗排输水管内气压变化，防止管内蒸汽泄漏，消除闪蒸汽，提高冷凝水回收率 3%～10%。③印染废水的自絮凝技术。将各种印染混合废水按照一定比例混合后，将 pH 调整到 10 左右时，形成了良好的自絮凝作用，沉淀后 COD 去除率平均达到 20.6%，水质明显优于进水。

利用“基于水封法的冷凝水回收技术”和“印染废水的自絮凝预处理技术”，在海城海丰集团的轧染车间和污水处理厂（4 万 t/d）进行了工程示范，削减 COD 排放量大于 15%，年减排污水大于 20%。

（3）成果三：建立了流域过程低浓度废水和循环水的节水回用膜技术验证平台

基于系统动力学的流域清洁生产潜力分析模型（SDM-BCPP 模型）和流域重点工业清洁生产技术评估指标体系，膜技术将在未来清洁生产应用中发挥出巨大潜力。课题研发了以 MF/UF 水回用技术和以膜生物反应器（MBR）技术为核心的水污染控制和水资源化系统，开发出高效低耗 MBR 组器、超/微滤膜设备、膜前预处理设备等，产品制备成本较国外同类产品降低 20%以上，运行成本降低 30%以上，并以此为基础，搭建了低浓度废水和循环水的节水回用膜技术验证平台。针对各重点水污染行业水质实际情况及回用需求，合理设计废水处理回用工艺，对处理工艺可行性进行快速验证，为膜技术在工业过程节水减排中大规模应用提供了重要技术支撑。

3.2.3　成果应用

该课题研究具体体现了我国“工业污染源头-过程控制的理念”。研究成果涵盖了辽河流域源头减排、过程控制及工业废水再生回用的节水减排清洁生产集成技术，部分研究成果达到国际先进水平，不仅可以全面指导流域清洁生产推进工作，而且也为其他清洁生产领域战略性研究做出了贡献。

（1）应用一：为我国清洁生产领域宏观战略研究做出了重要贡献

课题制定的基于系统动力学的流域清洁生产潜力分析模型（SDM-BCPP 模型）和清洁生产技术评估方法直接应用于中国工程院院士咨询项目“我国重点行业清洁生产技术评估与发展战略研究”，为向国家提供“我国重点行业清洁生产技术评估与发展战略报告”做出了贡献。

（2）应用二：研究成果作为技术规范和实用技术直接应用于重点企业清洁生产的实践与示范，推动了行业清洁生产和节能减排

课题形成的辽河流域冶金、造纸、石化、啤酒、制药和印染行业“节水减排清洁生产最佳可行性技术导则（征求意见稿）”，已用于指导辽宁省相关行业重点企业的清洁生产审核和评估工作，并纳入原环保部出台相关行业污染防治最佳可行性技术指南之中。课题研究的多项实用技术应用于企业节水减排清洁生产示范工程。通过工程示范，实现辽河流域年节水量 1 600 万 t 以上，年减排 COD 17 200 t 以上。

4 浑河中游工业水污染控制与典型支流治理技术及示范研究

4.1 课题目标和任务

4.1.1 研究目标

研发工业水污染控制关键技术，支撑浑河中游单元 COD 排放总量削减 15%～20%，支持干流 COD 水质消灭劣Ⅴ类，城市河段水质达到功能要求；研发典型支流综合整治关键技术，形成污染整治和生态修复技术方案；构建浑河中游单元水污染治理技术体系，为浑河中游单元水环境综合整治提供经济可行的科技支撑。

4.1.2 研究任务

本课题主要研究任务分解为 4 个子课题：

子课题 1：石化工业废水污染控制与资源化技术研究

子课题 2：医药制造业废水污染控制与资源化技术研究

子课题 3：工业综合废水深度净化工艺与升级改造技术研究

子课题 4：城市重污染河流综合整治技术研究

4.2 课题主要成果

“浑河中游工业水污染控制与典型支流治理技术及示范研究”课题，针对浑河中游工业集群区和工业水污染严重的问题，通过 4 年的科技攻关，研发了 30 余项单元污染控制技术，形成 6 套全流程组合工艺，应用于 5 个示范工程。其中，膜分离浓水臭氧高级氧化技术和“絮凝沉淀—多介质过滤—双膜法”工艺应用于 80 万 t 乙烯废水处理工程，该工程实现 COD 削减 4 240 t/a；水解酸化-接触氧化生物共代谢集成技术应用于 2 000 t/d 东北制药张士磷霉素钠废水处理工程，实现 COD 削减 420 t/a。课题成果有效支撑了《辽河流域水污染防治“十二五”规划》中浑河抚顺段和沈阳段两个重点优控单元治污方案的制定；初步构建了浑河中游水污染治理技术体系。

4.2.1　研究背景

浑河中游河段包括抚顺和沈阳市区，是重化工型城市群工业废水和生活污水的纳污水体，该区域石化和制药行业尤其集中，“十一五”初期两个行业 COD 排放量占该区域工业排放总量的 41.2%，造成浑河中游干支流水体污染情况十分严重，水质长期处于劣Ⅴ类，解决了石化和制药行业典型工业废水处理的技术瓶颈问题，成为削减区域工业污染负荷、改善浑河水质的关键。本课题着重针对石化、制药行业点源污染治理关键技术开展研发和技术示范，构建浑河中游水污染治理技术体系，为区域水环境综合整治提供经济可行的技术支撑，实现该单元 COD 排放总量削减 15%～20%、干流 COD 水质消灭劣Ⅴ类、城市河段水质达到功能要求的目标。

4.2.2　研究成果

课题研发 30 余项单元污染控制技术，形成 6 套全流程组合工艺，应用于 5 个示范工程，COD 削减能力 1.3 万余 t/a；提出“浑河单元水污染控制技术方案”1 套，有效支撑了《辽河流域水污染防治“十二五”规划》中浑河抚顺段和沈阳段两个重点优控单元治污方案的制定；初步构建了浑河中游单元水污染治理技术体系。建立现场联合研发基地 4 个、现场中试试验基地 4 个；申请发明专利 22 项，发表期刊学术论文 77 篇；获得科技部“‘十一五’国家科技计划执行优秀团队”奖 1 项、中国环境科学学会优秀青年科技奖 2 项；培养博士后 4 名、博士和硕士研究生 40 余名。形成了“政、产、学、研、用”紧密相结合的科技创新体系，培养了 1 个浑河流域污染治理优秀科研团队。

（1）成果一：典型难降解石化工业废水达标处理与资源化技术

针对浑河中游典型石化行业废水处理难题，在强化生物处理、物化高级氧化处理、膜分离资源化回用、膜分离浓水处理等方面开展技术创新，研发了多格室脱氮型 MBR 反应器、多技术协同催化臭氧高级氧化、纳滤及反渗透分离、浓水臭氧高级氧化、浓水亚硝化-厌氧氨氧化、浓水非均相电催化等多项达标排放与资源化关键技术，通过单元处理技术集成和全流程“物化-生化”工艺耦合，形成“MBR—O_3氧化—BAF”“NF—亚硝化—厌氧氨氧化”“絮凝沉淀—多介质过滤—双膜法”3 套难降解石化废水处理组合工艺。膜分离浓水臭氧高级氧化技术和“絮凝沉淀—多介质过滤—双膜法”工艺被应用于 80 万 t 乙烯废水处理示范工程，该工程实现 COD 削减 4 240 t/a。

对该成果起到重要支撑作用的关键技术主要有以下 4 项。

1）强化生化处理技术——多格室脱氮型 MBR 反应器。通过 A/O、接触氧化、氧化沟、泳动床等工艺与膜分离技术的综合集成，该反应器中兼具颗粒污泥、生物膜、活性污泥等多种生物形态，生物量持留量大，硝化和脱氮效果好（TN 去除率＞80%，NH_4^+-N 去除率＞97%），耐冲击性能较强，装备化程度高，运行管理简单，对于难降解石化工业废水而言具有很好的适用性和应用前景。

2）高效物化氧化处理技术——多技术协同微气泡臭氧（O_3）氧化技术。利用机械混合溶气泵，通过高速旋转的叶轮将 O_3 气泡与叶流充分混合、溶解、释放，将 0～30 μm 级的臭氧微气泡均匀地分散于水中，不但极大地强化了臭氧与水的接触氧化效果，而且具有气浮分离作用，增强了工艺对于较大颗粒物的物理分离去除效果。利用超声波的空化作用，使得微米气泡边界产生瞬时高温，创造了类似湿式氧化的特殊条件，可显著增强臭氧氧化效果。另外，紫外光的光解和催化作用、双氧水（H_2O_2）的辅助氧化作用，以及粉末活性炭催化作用等多种技术可灵活地与臭氧氧化进行耦合和集成。总之，该集成设备可根据处理水水质和工段位置，灵活设计成多技术协同催化的技术联用方案，从而最大限度地提高臭氧接触氧化塔的处理效果。另外，该集成设备在高效去除有机物的同时，还可有效地增强含氮杂环类及氨基化合物的氨化作用，解决难降解石化废水二级生化处理单元中生化性差和氨化过程难的瓶颈问题。

3）石化行业废水回用技术——“絮凝沉淀—多介质过滤—双膜法”集成工艺技术。针对抚顺石化大乙烯厂第一、第二循环冷却水场循环排污水及部分回用水水质特点，构建了絮凝沉淀—多介质过滤—超滤—反渗透组合技术，用于高效处理乙烯厂清洁下水后用于循环水补水。该集成技术中以絮凝沉淀完成污水中悬浮物和大部分有机物的初步去除；多介质过滤完成高效截留污染物；超滤—反渗透组合进一步脱盐、脱有机物，以达到废水回用目的。

4）纳滤及反渗透浓水的高效处理技术。反渗透浓水一直以来都是膜技术应用所无法避免的难点和障碍。研究提出以亚硝化/厌氧氨氧化-非均相电催化技术处理膜法浓水。其中纳滤单元完成氨氮与硝化抑制剂分离，使亚硝化单元能够完成氨氮氧化作用，以亚硝化/厌氧氨氧化单元实现高浓度氨氮无须外加碳源的自养脱氮，同时提出非均相电催化氧化技术，以负载型羟基氧化铁（FeOOH）作为固相催化剂和三维粒子扩展阴极，利用阴极区发生的异相 Fenton-like 反应生成的羟基自由基与反渗透浓水中的氨氮、难降解有机污染物发生快速链式反应。该技术可有效处理含高浓度氨氮的膜法浓水，运行成本低廉，具有广泛的应用价值。

（2）成果二：典型难降解抗生素类制药废水达标处理与资源化技术

针对浑河中游典型制药行业废水，研发了达标排放及资源化技术。突破了水解酸化-接触氧化生物共代谢、铁碳微电解回收铜、高级氧化-UASB-MBR、湿式氧化-磷酸盐固定化等多项达标排放与资源化关键技术，通过单元处理技术集成和全流程“物化-生化”工艺耦合，形成了多套组合工艺。其中水解酸化-接触氧化生物共代谢技术被应用于东北制药集团张士磷霉素钠制药废水处理示范工程，该工程实现 COD 削减 420 t/a。

对该成果起到重要支撑作用的关键技术主要有以下 4 项。

1）水解酸化-接触氧化生物共代谢集成技术。该技术将厌氧微生物控制在水解酸化的环境条件下，将难生物降解高分子复杂有机底物转化为易生物降解的低分子简单有机物，从而降低磷霉素钠生物毒性，改善和提高磷霉素钠废水可生化性的功能。生活污水同磷霉素钠废水的混合，可以为磷霉素钠的降解细菌提供维持生命的能量和基质；磷霉素钠的降解细菌的数量随着反应器的运行逐步增加，从而达到降解磷霉素钠废水的目的。

2）铁碳微电解回收铜集成技术。该集成技术以粉末态的炭粉与铁粉为反应原料，集活性炭吸附、Fe/C 微电解及 Fe 的氧化还原等作用于一体。废水经 Fe/C 微电解技术预处理后，具有生物毒性的黄连素结构被破坏，通过活性炭的吸附及絮凝沉淀作用去除大量有机物，提高废水的可生化性，降低了其对后续生化处理单元的冲击。同时高浓度的 Cu^{2+}经铁还原转化为单质 Cu。

3）高级氧化-UASB-MBR 集成技术。该技术采用高级氧化作为预处理技术，能对废水中有机物污染物具有较好的处理效果并改善废水的可生化性；通过 UASB 中厌氧颗粒污泥，固定化富集优势降解微生物，在强生物毒性的黄连素和连续流 MBR 水力条件的双重选择作用下，活性污泥絮体形成好氧颗粒污泥，通过厌氧好氧双颗粒污泥系统强化黄连素废水中有毒有机污染物的去除，并有效控制了膜污染。

4）湿式氧化-磷酸盐固定化集成技术。该集成技术是在湿式氧化条件下，利用分子氧破坏磷霉素废水中高浓度有机磷化合物 C—P 键，实现磷的无机化的同时，将废水中高浓度有机物转化为小分子有机酸，降低废水的生物毒性，提高可生化性，实现废水中有机磷转化率 99.0%以上。在此基础上采用磷酸钙和磷酸铵镁结晶回收技术实现了废水中磷元素的资源化回收，有效降低了废水中高浓度磷酸盐对后续生化处理的影响。

4.2.3 成果应用

课题研究的主要成果在浑河污染治理工作中得到应用，支撑了浑河中游单元 COD 排放总量削减 15%～20%，干流 COD 水质消灭劣Ⅴ类，城市河段水质达到功能要求，为浑河单元水环境综合整治提供了经济可行的技术支撑。

（1）应用一：膜分离浓水臭氧高级氧化技术和“絮凝沉淀—多介质过滤—双膜法”工艺应用于 80 万 t 乙烯废水处理工程

石化废水主要包括石油炼制和化学合成加工过程中产生的废水，主要类型有炼油废水、乙烯废水、丙烯腈废水、合成塑料废水、合成橡胶废水、合成纤维废水等。另外，丙烯腈—腈纶、己内酰胺、环氧氯丙烷、环氧丙烷、间甲酚、二丁基羟基甲苯、精对苯二甲酸、萘系列和催化剂生产等特殊类石化装置的废水属于难降解石化废水，我国将其外排水 COD 排放标准放宽至：一级标准 160 mg/L，二级标准 250 mg/L，但即使这样其污水处理厂出水仍经常超标，对环境造成极大危害。其中，乙烯废碱液、丙烯腈、腈纶等废水属于石化行业难降解废水中最为典型的有毒有害、难降解的有机废水，是目前水处理领域的一大难题，经常影响整个处理工艺的运行。本课题针对干法腈纶废水、丙烯腈废水、乙烯废碱液、乙烯综合废水等典型石化行业难降解有机废水危害大、难处理、不达标、用量大等关键问题，有针对性地从增强难降解有机物去除、石化难降解废水的资源化回用两个方面开展研究，所研发的生物强化技术、高效物化氧化技术、膜分离技术和浓水氧化处理技术，在难降解石化废水达标处理领域具有广阔的推广应用前景。其中膜分离浓水臭氧高级氧化技术和“絮凝沉淀—多介质过滤—双膜法”工艺被应用于 80 万 t 乙烯废水处理示范工程，形成 COD 削减能力 4 240 t/a。

（2）应用二：水解酸化-接触氧化生物共代谢集成技术应用于 2 000 t/d 东北制药集团张士低浓度磷霉素钠废水处理工程

化学合成类制药废水成分十分复杂，废水中常含有大量有机和无机组分，包括废溶剂、催化剂、反应物、一定量的反应中间体和产品等。废水的种类还与药物产品密切相关，如维生素废水、红霉素废水、头孢类废水、金霉素废水、金刚烷胺废水、黄连素废水、磷霉素废水等。其中抗生素合成制药废水又是化学合成类制药废水中较特殊的一种，废水中除含有大量有毒有害难降解有机物外。其中还存在大量成品抗生素及其前致物、中间体等强微生物毒性和抑制性的物质，其废水毒性大、COD 高、可生化性极差、废水的 pH 极端、水质和水量波动大。因此，抗生素制药废水的处理成为难点中的难点。目前，绝大多数的制药厂执行的是地方综合污水排放的三级标准，即 COD 小于 300 mg/L。在此标准下，仍然有残留的药物和药物中间体穿透城市污水处理厂排入水体，对水生态产生极大的危害。本课题针对黄连素成品母液废水、黄连素含铜废水、磷霉素钠废水等典型制药行业难降解抗生素有机废水危害大、难处理、不达标等关键性问题，有针对性地从提高废水的可生化性、增强难降解有机物去除，以及对制药抗生素废水中有用物质的资源化回用几个方面开展研究，所研发的水解酸化-接触氧化生物共代谢集成技术、铁碳微电解回收铜集成技术、高级氧化-UASB-MBR 集成技术、湿式氧化-磷酸盐固定化集成技术，在抗生素制药废水达标处理领域具有广阔的推广应用前景。其中水解酸化-接触氧化生物共代谢集成技术被应用于 2 000 t/d 东北制药张士低浓度磷霉素钠废水处理示范工程，形成 COD 削减能力 420 t/a。

5 太子河流域典型工业水污染控制技术与示范研究

5.1 课题目标和任务

5.1.1 研究目标

针对太子河流域单元重化工业密集的老工业基地结构性、区域性工业污染特征，选择钢铁冶金、化纤、印染等重点污染源的治理难题，重点突破有毒有害废水的物化-生化处理的系统集成技术；形成钢铁冶金、化纤、印染行业废水深度处理与循环利用技术，建立适用于典型行业废水处理与资源化利用的技术体系；通过典型工程示范，削减重化工业污染排放负荷。为太子河流域实现消灭劣Ⅴ类水体提供技术支撑和工程示范。

5.1.2 研究任务

本课题主要研究任务分解为 4 个子课题：

子课题 1：钢铁冶金焦化废水污染控制技术

子课题 2：钢铁冶金综合废水处理与回用处理

子课题 3：化纤污染控制与废水资源化技术

子课题 4：印染行业水污染控制技术

5.2 课题主要成果

“太子河流域典型工业水污染控制技术与示范研究”课题，针对太子河流域钢铁、化纤等典型工业行业的水污染问题，通过 4 年的科技攻关，课题研发了 10 项单元关键技术，并通过系统集成，形成了 4 项典型工业废水处理集成技术，部分成果应用于 4 个示范工程。其中，“陶瓷膜预处理—短程硝化反硝化—催化臭氧氧化处理技术”工艺应用于鞍山钢铁公司 220 万 t 焦炉配套焦化废水工程，该工程的焦化废水处理能力为 4 800 m^3/d，COD 削减量为 300 t/a，实现钢铁焦化废水的首次达标排放；“A/O 生物膜-微絮凝-接触过滤处理技术”应用于中石油辽阳石化公司 24 000 m^3/d 化纤废水处理与回用工程，实现 COD 削减 350 t/a。课题成果有力支撑了太子河水质目标的实现。

5.2.1 研究背景

太子河是辽河流域中部城市群的重要河段，是辽宁省中部的主要河流之一。河流长度 413 km，流域面积 1.39 万 km^2，年均径流 26.86 亿 m^3。她既是流域居民主要饮用水水源地，又是沿河城市和工业的纳污水体。流域内有辽阳市、鞍山市和本溪市等大中城市，并分布着许多工业聚集区，沿岸经济较为发达。经过半个多世纪的发展，太子河沿岸逐步形成了以钢铁冶金、化学纤维、纺织印染为支柱的产业布局，其排放废水具有明显的重化工业污染特征。据“十一五”初期调查，钢铁冶金、化学纤维、纺织印染等典型行业废水排放占全流域工业排放废水的 60%以上，COD 占工业排放废水的 70%以上，造成太子河干流水质长期处于Ⅴ类或劣Ⅴ类。钢铁、化纤等典型工业行业废水成分复杂、生化性差，处理难度大，缺乏有效的处理技术。因此，解决这些典型行业废水的处理难题，成为削减流域工业污染物负荷、改善太子河流域水质的关键。

5.2.2 研究成果

针对太子河流域的钢铁、化纤等典型工业行业水污染控制问题，课题组研发 10 项单元关键技术，形成 4 套集成处理工艺；部分成果应用于鞍钢焦化废水处理等示范工程，形成 COD 削减能力约 9 000 t/a；编制的“辽宁省污水排放新标准”建议稿，被辽宁省政府采纳，并颁布实施，标准名称为《辽宁省污水综合排放标准》（DB 21/1627—2008），为辽河流域水污染控制提供技术和法规依据。申请发明专利 17 项，发表论文 46 篇（其中 20 篇 SCI 论文）。培养硕士研究生 25 名、博士生 12 名、博士后 1 名；受教育部新世纪人才计划资助 1 人，引进海外博士后 2 人，获批教育部长江学者创新团队 1 个，建立了辽宁省工业生态与环境工程技术中心和中国科学院过程工程研究所-鞍钢集团公司钢铁行业“三废”无害化与资源化治理联合研发基地。形成标志性成果如下。

（1）成果一：钢铁行业焦化废水的达标排放处理技术

针对太子河流域钢铁行业焦化废水处理的难题，研发了钢铁焦化废水达标排放处理技术。本课题围绕焦化废水的预处理、生物处理和深度处理，开发了焦化废水的抗污染陶瓷膜除油预处理技术、短程硝化反硝化生物处理技术、催化臭氧氧化深度处理技术等单元关键技术，并结合实验室小试和现场中试，通过系统集成，验证了关键技术的可行性，优化了各集成工艺参数和条件，为技术的规模化应用奠定了基础。基于以上关键技术的集成工艺应用于鞍山钢铁公司 220 万 t 焦炉配套焦化废水工程中，取得焦化废水处理的技术突破，实现我国钢铁行业焦化废水的首次达标排放，该工程处理焦化废水能力为 4 800 m^3/d，年减排焦化行业难降解 COD 约 300 t。

对该成果起到重要支撑作用的关键技术主要有：

1）强化除油技术——焦化废水的抗污染陶瓷膜除油预处理技术。通过对陶瓷膜表面进行亲水改性和表面孔径调控，制备出陶瓷除油膜管。该膜管的孔道均匀，油的去除率和抗污染能力显著提高。同时，利用过滤器内置扰流部件提高了设备抗污染能力。利用所研发的抗污染陶瓷膜除油预处理技术实现分散油去除率大于 70%和悬浮物去除率大于 90%，有效克服了传统超滤膜除油成本较高的缺点。相对气浮除油，该技术除油率高，避免了空气将酚类氧化为醌类而降低了生化性。该技术不仅去除油类物质和悬浮物，而且对高分子量的多环芳烃类物质也有较高的去除率，降低了废水中难降解有机物含量。

2）强化生物脱氮技术——短程硝化反硝化生物处理技术。该技术在厌氧阶段，使部分难降解有机物水解为容易生物降解有机物，从而提高可生化性；在缺氧阶段，通过新型生物反应设备和过程动态实时控制实现废水中难降解有机物和（亚）硝态氮的高负荷脱除；在好氧一段实现碳氧化菌的高效截留与高活性生长，最大限度地脱除 COD，同时通过过程动态控制，实现硝化菌在线淘洗，从而使得亚硝化菌的高效截留与高活性生长；在好氧二段通过新型生物反应-沉淀一体式设备，实现完全硝化。相对于传统 A/O 和 A^2/O 生物脱氮工艺，该技术的耐污染物冲击负荷或水力负荷提高 30%，COD 去除效率提高 15%，色度去除率提高 50%，运行成本降低 20%，解决了现有生物脱氮工艺抗冲击能力差、处理成本高、处理效果差等问题。

3）高级氧化深度处理技术——催化臭氧氧化深度处理技术。成功开发长寿命的高效非均相催化剂和催化氧化反应设备，在提高有机物氧化效率和提高深度处理水质的同时大幅度降低臭氧使用量，从而降低处理成本。臭氧多相催化氧化技术能在中性条件下将难降解有机物选择性氧化分解，使处理后的废水 COD、色度、苯并芘等全部指标达到国家最新排放标准，处理成本低，有机物和色度去除率高，处理成本远低于 Fenton 等氧化技术。

（2）成果二：化纤行业综合废水达标处理与资源化技术

针对太子河流域化纤行业废水处理的难题，研发了化纤综合废水的达标排放及资源化技术。突破了化纤废水的 A/O 生物膜组合强化技术、化纤废水的微絮凝-接触过滤技术等达标排放与资源化关键技术，通过对以上单元关键技术的集成，结合现场试验，优化了各工艺单元的工艺参数和运行条件，为技术的规模化应用奠定了基础。形成的化纤综合废水达标处理与资源化技术应用于中国石油辽阳石化分公司化纤深度处理与回用工程，该工程处理能力为 24 000 m^3/d，实现 COD 削减 350 t/a。

对该成果起到重要支撑作用的关键技术主要有：

1）化纤综合废水的 A/O 生物膜组合强化技术。将传统化纤废水接触氧化-活性污泥处理工艺中的接触氧化池改造成为缺氧池，从好氧池回流混合液至缺氧池进行反硝化脱氮，利用反硝化脱氮功能与生物膜法处理速率高的优点，增强系统的脱出有机物和生物脱氮功能。该工艺表现出良好的除 COD 和除氮能力，并有较强的抗冲击负荷效果。A/O 生物膜处理出水的总氮从传统二级生化处理的 20 mg/L 降至 10 mg/L 以下，同时 COD≤50 mg/L、SS≤20 mg/L。

2）化纤废水深度处理的微絮凝-接触过滤技术。该技术通过加入一定量的絮凝剂在短时间内形成微小絮凝体，然后立即进入滤池，絮凝反应可在滤池中进行。该技术深度处理化纤废水二级生化出水，污染物去除率高、运行稳定、投药量少、反应时间短、出水可直接达标排放或回用。系统运行稳定、混凝速率快、停留时间短、污染物去除效率高，COD、总磷、浊度与悬浮固体去除率分别达到 59%、96.9%、92.6%与 78.4%；化纤废水二级生化出水经过絮凝-接触过滤工艺深度处理后满足“中石油初级再生水回用指标”。

5.2.3 成果应用

课题研究的主要成果在太子河流域典型工业水污染治理中得到应用，为太子河干流 COD 水质消灭劣Ⅴ类提供了可行的技术支撑。

（1）应用一：“陶瓷膜预处理—短程硝化反硝化—催化臭氧氧化处理技术”工艺应用于 220 万 t 焦炉配套焦化废水工程

焦化废水主要来源于煤干馏及煤气冷却和净化过程，含有高浓度的酚、氰化物、硫氰化物和氨氮，同时还含有难以生物降解的油类、吡啶等杂环化合物和联苯等多环芳香化合物，毒性大、处理难度大，一直是钢铁行业废水处理的难点。现有处理技术主要采用 A^2/O 与混凝沉淀集成工艺，处理水质无法达到国家排放标准或回用要求。我国每年产生焦化废水近 2 亿多 t，环境污染严重，使得钢铁焦化成为影响流域水环境质量的重要污染源，严重制约了钢铁和焦化行业的可持续发展。本课题针对钢铁焦化废水等典型工业行业难降解有机废水危害大、难处理、不达标、用量大等关键问题，从强化除油、增强生物脱氮、高级氧化深度处理等方面开展研究，所研发的焦化废水的抗污染陶瓷膜除油预处理技术、短程硝化反硝化生物处理技术、催化臭氧氧化深度处理技术，被应用到鞍钢化工三期 220 万 t 焦炉配套焦化废水工程完成工程示范。与原有 A^2/O 系统相比，出水水质大大改善，从原来的钢铁行业二级标准提高到国家焦化行业标准和辽宁省地方标准，在国内首次实现了焦化废水的达标排放，该工程的处理能力为 4 800 m^3/d，削减焦化废水 COD 300 t/a。形成焦化废水的“陶瓷膜预处理—短程硝化反硝化—催化臭氧氧化处理技术”，有广阔的应用前景。除了在鞍钢焦化中成功应用外，还应用于攀枝花钢铁公司、万通城市燃气公司的焦化废水处理工程中，产生显著的经济、社会和环境效益。

（2）应用二：“A/O 生物膜—微絮凝—接触过滤处理技术”应用于 2.4 万 t/d 化纤废水处理工程

化纤废水是指在化纤生产过程中产生的各类废水，其成分复杂、含毒性物质、有机物含量高、废水可生化性差、含氮量高。废水通常含醛类、氰类、苯类等有毒物质，易对微生物产生毒害作用，是一种典型的难降解有机工业废水。化纤综合废水是指化纤废水（包括 PTA 废水、聚酯废水、涤纶废水）和厂区内生活污水的混合废水，水量大、处理难度大。传统工艺对该废水的处理效果差，排出的 COD、氨氮和总氮等很难达标。本课题针对化纤废水处理中存在的生物降解性差、脱氮困难，以及化纤废水深度处理和回用率不足等问题，形成了“基于 A/O 生物膜与微絮凝/接触过滤组合技术的化纤废水处理集成技术”，在化纤废水处理领域具有广阔的推广应用前景。目前，该技术依托辽阳化纤 24 000 m^3/d 废水深度处理与回用工程完成技术的应用示范，解决了化纤综合废水生化系统出水 COD、总氮和总磷超标，以及出水不能回用的瓶颈问题，满足初级再生水回用的要求。目前回用规模 10 000 m^3/d，年减排 COD 350 t，不仅解决了化纤废水达标困难的问题，同时节约了淡水资源，有力支持了流域水质改善目标的实现。

6 辽河上游水污染控制与水质改善技术及示范研究

6.1 课题目标和任务

6.1.1 研究目标

以辽河上游单元为研究对象，针对农村及农业废弃物污染严重的问题，开展畜禽养殖粪污减量化、资源化关键技术；针对北方寒冷地区小城镇污水处理投资高、处理效率低，开展污水生物与生态结合处理关键技术研究。针对县（市）小城镇工业点源分散、污染重的特点，采用清洁生产循环经济手段，重点筛选糠醛等农副产品加工废水资源化控制关键技术，削减入河污染负荷；针对北方低温区河流污染，研究支流汇流区域水质改善生态技术。开展技术集成与应用示范，为实现辽河上游水质改善、辽河上游生态系统健康和生态安全提供技术支撑。建立辽河流域污染控制和治理综合示范区 1 个以上，综合示范区控制面积不少于 30 km^2，水质改善综合示范河段长度不小于 50 km；示范区入河主要污染物负荷量削减 15%以上，为辽河上游区域河流水质全面消灭劣Ⅴ类提供有力的技术支撑。

6.1.2 研究任务

本课题主要研究任务分解为 4 个子课题：

子课题 1：畜禽养殖粪污资源化关键技术研究与工程示范

子课题 2：北方地区中小城镇污水人工湿地处理关键技术研究与工程示范

子课题 3：污染支流复合人工强化生态系统技术与工程示范

子课题 4：糠醛厂废水处理与零排放技术研究与工程示范

6.2 课题主要成果

“辽河上游水污染控制与水质改善技术及示范研究”课题，立足于辽河上游农村地区污染治理，经过 3 年多的科技攻关取得重大突破与进展。研究形成了畜禽养殖粪污资源化技术及装备、中小城镇污水人工湿地处理技术及装备、污染河流治理技术等，并开展工程示范应用，初步构建辽河上游农村地区水污染防治技术体系。课题研究的中小规模城镇污水处理技术、寒冷地区畜禽粪污资源化技术在北方地区得到大规模推广应用，显现出较强的应用性和经济性，为确保辽河流域水质的持续改善发挥了重要作用。

6.2.1　研究背景

辽河上游区域（辽宁段）包括铁岭市全境及沈阳市康平县、法库县。该区域是辽宁省的重要产粮基地，农业和畜牧业发达，畜禽养殖等农业面源突出，COD 排放总量占辽河上游的 22%，氨氮排放总量占辽河上游的 32%，同时示范区内条子河承纳了上游城市的工业、生活污水，由于河道地表水渗入地下，地下水遭到了污染，使河流沿线农村人畜饮用水安全受到了严重的威胁。

水体污染控制与治理重大专项立足北方地区农村环境污染问题，针对示范区主要污染为畜禽养殖业废水和废物、农村及小城镇生活污水和垃圾，以及跨界河流污染，以建立辽河上游农村水污染治理技术集成体系为目的，通过工程示范，实现污染物的有效削减，为辽河流域水质的持续改善提供关键技术支撑。

6.2.2　研究成果

课题遵循“源头减排、生态修复”的主线，针对辽河上游流域冬季气温低、经济发展较为滞后等区域性特点，在畜禽粪便资源化、人工湿地低温运行，以及高效脱氮、污染河流人工强化生态处理等方面形成关键技术突破，着重解决了以上技术运行成本高、长期运行不稳定、低温环境运行等方面的问题，形成了辽河上游农村水污染治理技术集成体系（图 6-1）。该技术体系以提高农村水环境质量、保护饮用水安全、改善人居环境质量、解决部分农户能源需求为目标，建立以有机固体废物资源化技术为核心的村镇污染物资源化体系，建设以联合厌氧发酵技术为核心的沼气及有机肥站，解决村内畜禽粪便、果蔬大棚有机垃圾、污水处理设施剩余污泥问题，同时解决部分农户做饭能源问题、为养殖业及农田提供有机肥料。中小型污水处理技术与河流污染治理技术在低成本的基础上，解决农村水环境质量，保障饮用水安全。课题研究成果对辽河水质改善以及辽宁省农村环境连片综合整治工作的扎实推进起到了重要的科技支撑作用。

（1）寒冷地区大规模畜禽粪便资源化技术

课题通过多项关键技术的集成和创新，开发出适合辽河流域农村地区工程化应用的畜禽粪污沼气化技术及好氧堆肥技术。其中“寒冷地区大规模畜禽粪便沼气化技术与设备”研发畜禽粪便高效除砂除草工艺技术与设备，解决粪便中含砂含草量高、工艺管道易堵塞、沉砂在罐体沉积的问题。通过对传统 USR 反应器及 CSTR 反应器的结构原理进行比较分析，综合了两者的优点开发出了改进型 USR 反应器，已申请专利 6 项。进料含固率可达 12%以上，容积产气率可达 2.55 m^3/（m^3·d）。课题示范工程沼气项目设计容积产气率 1.0 m^3/（m^3·d），明显高于大中型沼气工程平均容积产气率 0.29 m^3/（m^3·d）（辽宁省能源办统计数据）。通过系统的能量平衡设计，整体工艺冬季产气率大于全年平均产气率的 70%，达到国内领先水平。该技术重点解决了寒冷地区沼气工程如何大幅增加发酵原料浓度、合理维持发酵温度、提高沼气工程的产气效率和能量输出等问题，进而提升了沼气工程在寒冷地区的可持续运行能力。

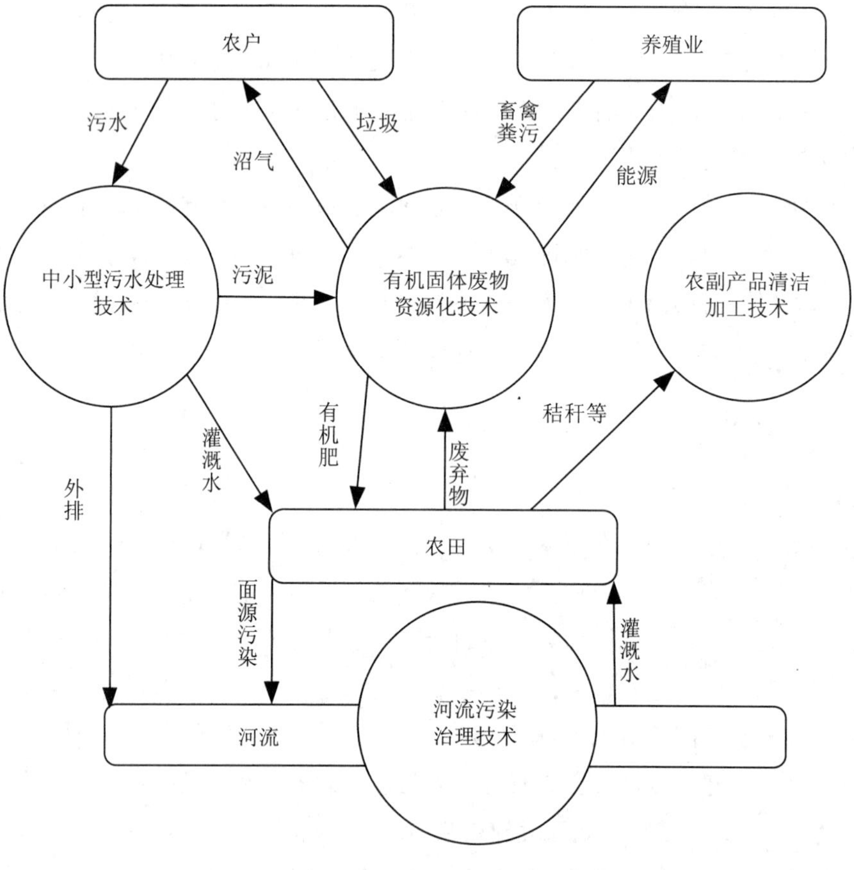

图 6-1　辽河上游农村水污染治理技术集成体系

（2）人工湿地冬季稳定运行与强化脱氮技术

研发基于 A/O 与人工湿地耦合、低温菌强化脱氮的农村生活污水生态处理技术，A/O 和人工湿地是生活污水处理的两个核心单元。A/O 是预处理单元，它是整个工艺长期稳定运行的基础，为后续处理的稳定运行提供保障；人工湿地是后续处理单元，是水质净化的保证。整体工艺有效地降低了运行成本、缩短了投资回收期、提高了氨氮去除率。本技术运行成本与传统 A^2/O 处理工艺相比，吨水运行费用降低了 40%，与传统人工湿地相比，氨氮去除率增加 10%～20%。同时该技术重点实现了辽河流域寒冷气候条件下人工湿地处理技术的稳定运行，冬季运行结果表明：温度在–20℃以下时出水浓度可满足《城镇污水处理厂污染物排放标准》（GB 18918—2002）一级 B 标准。该技术通过常规处理工艺与生态工艺的有机集合，针对北方地区，实现了冬季、夏季两套处理工艺，在低成本的前提下，保证了出水水质的稳定。

（3）污染河流生态治理技术

河道生态处理节能曝气技术，根据河道水文特征，沿程布置曝气管路，充分利用河水自然流向规律，反复形成好氧、缺氧、厌氧的循环区域，从而提高净化能力，有效增强脱氮效果，以最小的曝气量实现最优化的处理方案。该技术较传统平流式滤床的水力负荷提高 67%，较人工湿地占地面积减小 50%以上。通过节能曝气等技术的开发实现污染河水的高效、低耗处理，吨水处理成本小于 0.1 元。该技术通过经济合理、技术可行的新型工程技术手段，实现河流水质稳定提升，实现了低运行成本条件下的生态改善效果最大化。

6.2.3　成果应用

通过课题的实施，课题研究成果已在示范工程中得到应用，并带动了辽河流域一批污染治理项目，其中畜禽养殖污染项目 10 个，人工湿地项目 8 个；污染河流治理技术在辽河流域首次投入工程应用，具有重要的示范意义，必将进一步推动流域水质改善，同时为“十二五”水专项作出了有益的探索。

（1）应用一：畜禽粪便资源化技术与人工湿地冬季稳定运行技术在辽河流域得到大规模推广，有力地支持了辽河“摘帽”

寒冷地区畜禽粪便资源化技术在辽河流域农村环境综合整治项目中得到大规模应用推广。其技术核心为厌氧发酵制沼气及好氧发酵制有机肥，其主要应用领域为农村地区畜禽养殖粪污的治理。目前该技术在辽宁省内 10 项大型畜禽粪便治理项目中得到应用推广，年处理畜禽养殖粪污 20 万 t，年削减 COD_{Cr} 7 200 t、削减 NH_4-N 480 t，在流域水质改善与农村环境治理中起到了巨大的作用。

人工湿地冬季稳定运行与强化脱氮技术在辽宁省县级污水处理厂建设中得到大规模推广。课题承担单位承担了 27 座辽宁省县级污水处理厂建设任务，其中铁岭昌图县污水处理厂、喀左城市污水处理厂等 8 项污水处理项目均采用人工湿地技术，总处理规模约 14 万 m^3/d，年削减 COD 9 655 t，在辽河治理过程中起到了有效的技术支撑作用。

（2）应用二：污染河流生态治理技术在北方典型污染支流治理中得到首次应用

条子河是辽河流域污染最严重的辽河支流之一，复合生态滤床技术首次应用在条子河污染治理工程中，具有重要的示范意义。示范工程建成后，主要污染负荷削减 20%，年 COD 削减量 3 285 t，治理河道水体满足《地表水环境质量标准》V 类水质标准。从根本上解决了辽河上游 16 个乡镇（场）、66 个村、203 个自然屯、24 340 户、89 659 人及 38 814 头大牲畜的饮用水安全问题。为实现辽河上游水质改善、辽河上游生态系统健康和生态安全提供了技术支撑。

7 辽河源头区水质改善与生态修复技术及示范研究

7.1 课题目标和任务

7.1.1 研究目标

针对辽河源头区跨界、高污径比的特点，诊断水污染特征，揭示水环境容量，在满足跨界断面水环境质量目标的条件下，提出入河污染物总量及点源、面源污染负荷分配控制方案，构建北方地区跨界重度污染河流水环境质量综合管理体系；以节水减排为重点，开展重污染行业——粮食深加工废水污染特征研究，筛选识别最佳污染控制技术和中水回用技术，并进行示范；开展农业面源污染控制和源头区生态修复技术研究与示范，突破污染负荷削减关键技术，构建水质改善技术体系，为实现流域水质改善和污染物总量控制提供技术支撑。技术支持流域 COD 排放总量较 2005 年削减 10%，东辽河出境断面水质达到Ⅳ类，条子河出境河段 COD 控制在 100 mg/L 以内。

7.1.2 研究任务

本课题主要研究任务分解为 3 个子课题：

子课题 1：辽河源头区水污染特征及水污染控制总体方案研究

子课题 2：玉米深加工行业水污染控制与水循环利用技术研究

子课题 3：辽河源头区面源污染控制和河流生态修复关键技术及工程示范

7.2 课题主要成果

课题针对辽河源头区（辽河流域吉林省部分）跨界、高污径比、工业点源与面源污染并重的特点，全面系统分析了辽河源头区的水污染特征，研究了跨界河流水环境管理技术，构建了水环境管理信息平台。围绕“种植—粮食深加工”的区域特色产业链条，研发集成了 IC/A/O/MBR/RO 组合中水回用工艺技术和涵盖“田间—岸边”过程污染物阻控的农业面源污染治理技术，并建设相应的示范工程。研究成果为《辽河流域（吉林省部分）水污染防治“十二五”规划》治污目标及重点任务确定提供依据，为实现流域污染物总量控制及跨界水质目标提供了技术支撑。

7.2.1 研究背景

水体污染控制与治理科技重大专项“辽河流域水体污染综合治理技术集成与工程示范项目”根据流域污染控制对策，将辽河流域划分为六大控制单元，其中吉林省境内的辽河流域作为跨省界辽河源头区单元（以下简称源头区），具体包括东辽河源头—四双大桥（省界）、条子河源头—林家（省界）和招苏台河源头—六家子（省界），流域面积 11 283 km^2。该区域人口密度较高、水资源贫乏、河流天然径流量较小、土地利用程度较高、工农业生产需水量大、人均水资源占有量仅为全国的 1/4。源头区单元是吉林省重要商品粮生产基地，也是世界黄金玉米带的重要组成部分，工业以粮食深加工、化工、印染等为主。统计资料表明源头区面源与工业点源 COD 排放量占该区域 71%，其中玉米深加工行业废水排放量占源头区工业源的 33%，COD 排放量占 15%，选择的示范企业的废水排放总量及COD排放量约占区域同行业的35.6%和25.0%，同时流域的地貌特征和农业开发造成氮、磷等营养物质流失严重，造成辽河流域水质氮、磷本底偏高，六家子和林家出省境断面水质 COD 及氨氮长期处于劣Ⅴ类。

为此，本课题在辽河源头区选择典型重污染行业和重点治理区域，集成构建辽河源头区水质改善与生态修复关键技术体系，并通过工程示范进行系统集成，对实现流域跨界水质目标及促进流域内经济、社会、环境可持续发展具有极其重要的实践意义。

7.2.2 研究成果与应用

首次全面系统地对源头区全流域的环境问题与特征开展研究，具体涉及 2 个地市、16 个干流断面、20 多个支流断面及粮食深加工、化工等 5 大行业、30 多个重点企业开展的社会经济、行业治理技术等，对污染指标在不同水期的水体样品进行了采集和监测，统计分析了近 13 年社会、经济、水文、气象、水质、污染源、水环境、水生态等数万个数据，结合水污染特征研究提出该区域水环境主要问题，为课题开展污染控制技术与示范研究奠定了坚实基础。

课题围绕辽河源头区对环境管理及点源与面源污染治理技术需求，开展了相关研究工作，确定了“十二五”跨界水质目标，研发了适用于冷却循环水质要求的玉米深加工行业污染负荷削减及中水回用关键技术，集成了适用于北方的低建设成本、低维护费用的面源污染阻控及生态修复技术。课题突破关键技术 6 项，申请专利 8 项，发表论文 23

篇，建立了点源污染治理中试基地 1 处，面源试验基地 2 处。

（1）成果一：构建了跨省界河流水环境质量管理技术体系，服务于流域环境管理目标

基于本研究单元体现源头与跨省界的流域特征，要求研究内容与成果不同于辽河流域其他控制单元，需要在辽河源头区开展全方位、多层次的研究内容，提出的目标和方案需满足“跨界”要求，具体包括：以源头区污染特征研究为基础，以源头区主要水环境问题为现实依据，提出“十二五”各断面水质控制目标，基于目标开展容量和总量的核算，提出水环境管理与控制总体方案。以基于主因子分析、聚类分析和实验室模拟河道水质模型确定、污染源和通量估算等方法构建了水环境问题诊断技术，以基于水环境容量模型和水质输入相应模型的方法构建了跨界水质控制目标确定技术，以基于信息熵的 COD 总量分配和基尼系数法评估的方法构建了总量控制与分配技术。在以上技术的基础上，以地理信息系统与管理平台为依托，构建了由水环境问题诊断技术、水质目标确定技术、容量和总量的核算与分配技术组成的辽河源头区跨界河流水环境质量管理技术体系。

水环境问题诊断技术。课题研究了辽河源头区水污染特征，对控制单元主要水环境问题进行了诊断。以调查历史数据、实时监测和模拟实验为基础，研究了辽河源头区东辽河、条子河和招苏台河的水环境质量的时空演变规律，分析了优先控制指标的主要污染来源及其时空分布特征，筛选了跨界断面污染物通量计算方法，形成了流域水环境基础数据库，开发了“辽河源头区地表水环境地理信息系统”，提出了辽河源头区主要水环境问题，主要体现为不同水期城市中下游各河段有机污染和富营养化严重、二级支流污染严重、面源与城乡生活污水污染贡献大、水质呈季节性变化的水污染特征。

水质目标确定、容量和总量的核算与分配技术。利用输入响应模型计算辽河源头区各控制单元内上游断面、各支流和各主要纳污区段对下游各监测断面的响应系数，以及对各控制断面的浓度响应值。从而可以分析上游断面、各支流和各主要纳污区段对跨界断面水质的影响，提出水质控制目标。根据制定的水质目标，开展了典型流域分水期水环境容量核算方法和总量控制方案的研究。研究结果显示，剩余环境总容量为负值，为实现水质新目标，需对排污总量严格控制。同时通过对各地区 COD 总量进行分配计算，并对其可达性和目标合理性进行了分析，其中削减压力最大的是四平市区。

辽河源头区在水环境治理与水环境管理方面基础较薄弱、滞后，现有法规标准体系不健全。为确保“十二五”水质目标的实现，针对现存环境问题，形成了《辽河源头区水污染控制与水环境管理方案》《吉林省辽河流域水污染防治条例（草案）》《吉林省东

辽河流域玉米深加工行业水污染物排放标准》等环境管理技术成果。形成的相关方案、信息系统平台等研究成果被四平市和辽源市环境管理部门采纳，并列入地方“十二五”期间的污染防治工作计划中。提出的条例草案和标准建议稿通过了政府部门组织的专家咨询会并形成专家意见。在辽河源头区水污染特征、水环境问题和总体控制与管理方案等方面将所研究的成果纳入《辽河流域（吉林省部分）水污染防治“十二五”规划》相应章节，已获得批复。

（2）成果二：研发了玉米深加工行业污染负荷削减及中水回用成套关键技术，应用于玉米深加工行业循环冷却水的回用

针对辽河源头区玉米深加工废水水质复杂、来水波动性大、水资源循环利用低等特点，开展了 MBR、新型载体生物膜反应器(CBR)、BAF 三个单项技术的现场试验，确定了 MBR 工艺可实现玉米深加工废水处理系统的稳定运行，并保障较优的出水水质。因此将 MBR 工艺引入玉米深加工废水处理系统中，利用 MBR 反应器强化生物处理及膜组件截留过滤的物理特性，集成开发了 IC/A/O/MBR 工艺组合。通过中试研究对系统运行参数的调整与优化，确定系统在较优运行参数下，IC/A/O/MBR 组合工艺系统出水 COD 的平均去除率达到 95.3%，SS 平均去除率达到 100%；处理后出水 COD 平均浓度为 24.2 mg/L。同时根据玉米深加工废水水质特点以及回用水水质要求，首次将 MBR-RO 联用耦合工艺应用于玉米深加工废水处理及回用领域，经 RO 处理后，废水中有机物进一步去除，Cl^-、Ca^{2+}、Mg^{2+}等离子被高效截留，TN、TP 平均浓度分别为 0.51 mg/L 和 0.08 mg/L，挂片的腐蚀试验研究结果腐蚀速率最小为 0.002 7 mm/a。各项指标均满足循环冷却系统补水水质要求，RO 出水达到循环冷却系统补充水水质标准。

该工艺实现了物化、生化等工艺与膜分离技术的综合集成，将示范工程应用于中粮生化能源（公主岭）有限公司废水深度处理及回用，示范工程的处理能力达到 1 600 t/d，示范工程总投资 814.14 万元，新增运行成本 2.0 元/t 水，实现 COD 削减 46.72 t/a，减少企业废水排放量 43.8 万 t/a。运行效果表明集成的组合工艺可提高生物降解能力、减少剩余污泥排放，而且工艺系统废水耐冲击负荷能力强、运行管理简单，在水资源匮乏地区具有广阔的应用前景和推广空间。

（3）成果三：集成了农业面源污染控制及河流生态修复关键技术，应用于面源污染过程控制的示范工程

针对源头区坡耕地因地表径流引起的漫垄面蚀和断垄冲沟水土流失及面源污染现象，集成水土保持工程措施、生物工程措施和农业耕种措施等技术，控制水土流失及农业面源污染物流失，同时通过岸边植被净化带配置技术使农业面源污染物质进一步得到截留、过滤和吸收。在野外试验的基础上形成了“田间—岸边”多梯度、全方位治理小流域农业面源污染的技术体系。

1）坡耕地面源污染控制及水土流失治理技术集成。根据辽河源头区坡耕地土地利用情况，在坡度相近的情况下对比开展了传统种植方式与改垄以及基于改垄方式的水平梯田、地埂植物带等不同控制措施的野外试验，优选了地埂上、田坎上适宜的主生植物，确定水平梯田的田面净宽为 6 m、田坎坡度 60°，地埂植物带的截面结构为：$B \times L \times H$=0.5 m×1.5 m×0.5 m，埂间距为 10 m，以紫穗槐为主、原生万年蒿为辅组成优选复合植被群落，紫穗槐呈品字形栽植，株间距 0.3 m。野外试验研究结果表明，三种阻隔技术均具有较好去除效果，其中顺坡垄沿等高线改为横垄种植后，每年减少 COD 流失量 36%、NH_3-N 流失量 41%、TP 流失量 28%，在横垄的基础上实施地埂植物带、水平梯田等措施后，每年平均减少 COD 流失量 76%、NH_3-N 流失量 81%、TP 流失量 84%。

2）河岸植物群落净化带污染物降解体系配置技术。依据河岸现有植物及组成，在遵循生物多样性、适应性及乡土性等原则基础上，结合辽河源头区的地域特点及河岸植被净化带服务功能，在河岸边开展了乔木、灌木、草被不同组合的“三带”“双带”“单带”植被净化带野外试验，“三带”由岸边带、中间净化带及外围净化带组成，优选植物为：岸边带以当地速生、耐湿乔木柳树配置，中间净化带以紫穗槐配置为主，外围净化带以芦蒿及杂草配置；“双带”由乔木柳树—蒿草或紫穗槐—蒿草组成；“单带”由蒿草组成。试验研究结果显示，坡面径流经由不同组合河岸植被净化带后 COD 浓度平均削减 38.6%，NH_3-N 浓度平均削减 53.0%，TP 浓度平均削减 41.0%，其中“三带”植物配置对 COD 阻控效果最为显著，削减率达到 44.7%，以芦蒿为主的“单带”植物配置对 NH_3-N 的阻控效果最为显著，削减率达到 57.3%。

通过“田间—岸边”野外研究成果集成的农业面源污染控制及河流生态修复关键技术，在东辽河发源地——辽河源镇进行了工程示范，总投资 448 万元，示范区控制面积 26.2 km^2，河流长度 5.0 km，实现示范区 COD 削减 33%、NH_3-N 削减 32%、TP 削减 34%，同时可以结合当地农民耕作习惯对工程进行日常维护，占地面积少，通过收割植被可产生一定的经济效益，充分适应了北方农村的环境特点。

8 浑河上游水质改善与水生态修复维系关键技术及示范研究

8.1 课题目标和任务

8.1.1 研究目标

通过突破浑河上游水污染控制、源头区水源涵养能力提高、地表径流污染控制、农业面源与农村生活污染削减、矿区点源污染生态治理及入库河道强化自净等关键技术，到 2010 年，课题示范区内的污染负荷（TN、TP、COD）削减 15%～20%，大伙房水库的入库水质全部优于Ⅲ类，初步集成小流域水土流失生态治理、河岸植物缓冲带配置和生态恢复、分散式寒冷区污水生态处理方法的物化保障补偿、寒冷地区入库河道水质生物生态净化与生态恢复技术、典型矿区综合污水处理等系列技术，为达到削减浑河上游的污染负荷和改善浑河全流域水质的目的奠定基础；建立浑河上游水源保护地、水生态环境、水质改善技术及浑河上游河流健康生态评价技术体系，提出寒冷地区河流上游污染防控和生态治理综合技术方案，建立我国寒冷地区轻污染河流水质维持技术，为浑河上游水污染控制与水质改善下一个五年计划的实施奠定基础，为辽河流域水污染综合控制提供范式。

8.1.2 研究内容

本课题主要研究任务分解为 5 个子课题：

子课题 1：典型支流水质改善与生态水系维持技术及示范

子课题 2：农村固体废物与农业面源污染控制技术及示范

子课题 3：红透山铜矿区综合污水污染控制技术集成与工程示范

子课题 4：入库河道生态整治与水质保持关键技术与示范

子课题 5：浑河上游单元水环境问题诊断、评价与水污染控制方案研究

8.2　课题主要成果

国家水专项“浑河上游水质改善与水生态修复维系关键技术及示范”（2008ZX07208-007）课题针对浑河上游流域源头区水源涵养林破坏严重，水源涵养、水量调控功能锐减，流域内点源和面源污染加剧等问题，研发了源头区植被结构调控，点、面源污染负荷削减等关键技术，建设了典型支流污染防治与生态水系维持等综合示范工程。课题研究的水源涵养林结构优化与调控关键技术已经在浑河上游地区开展成果推广与应用，集成了浑河上游水源涵养能力提高、水污染控制与水质改善等配套技术，初步解决了水体污染持续恶化趋势，使浑河上游水体中 COD、TN、TP 等主要污染物含量明显下降，水质初步改善，课题成果有力支撑并促进了辽河流域水质改善目标的实现。

8.2.1　研究背景

浑河流域水环境安全是促进辽宁中部城市群平稳发展、振兴老工业基地的前提。浑河上游作为大伙房水库的主要水源涵养区，流域内水量的多少、水质的优劣，都对大伙房水库的生态安全具有重大影响，也关系着辽宁中部城市群的用水安全。浑河上游流域面积约 2 700 km^2，涵盖 7 个主要乡镇，140 余个村屯，流域内地形复杂，部分区域开发利用过度，由此使得流域内现有森林的水源涵养能力减弱，农田水土流失加剧，河流沿岸工业废渣、废水、村镇生活污水、垃圾等都对流域水质产生直接影响。为保障大伙房水库水生态安全，依据上游地区实地特点设置了本课题“浑河上游水质改善与水生态修复维系关键技术及示范”。同时，针对浑河上游汇水区水源涵养能力下降、流域内点、面源污染加剧的问题，通过源头区水源涵养功能诊断、点源和面源污染物特征监测、河道自净能力强化等关键技术研发，构建了森林水源涵养能力提高、面源污染阻控及重要点源污染综合整治等水量保持与污染防控关键技术体系，建立了符合当地实际特点、具有推广潜力的示范工程，实现了上游区水源涵养能力的提高与污染负荷的削减。为保障大伙房水库水源稳定、水质安全提供了关键技术支撑。

8.2.2　研究成果

课题立足于“以防为主，防治结合”基本思路，针对浑河上游植被类型多样、水文地质条件复杂和不同类型风险污染源强度多变等特点，以浑河上游风险污染源解析为基础，突破浑河上游水源地生态保护、水源涵养能力提高、面源污染负荷削减、工矿点源污染治理及入库河道自净能力强化等关键技术，形成上游区水质安全技术保障支撑体系；并通过示范工程的建设，集成示范浑河上游水污染控制与水质改善配套技术，提出寒冷地区上游水污染控制、水质维持技术对策与方案。目前，课题研究成果已经全面应用于浑河上游区域的水质改善与水生态修复工程建设，为建立健康、完整的浑河自然生态水系提供了技术支持。

（1）成果一：研发了源头水源涵养区植被生态恢复与河岸植被缓冲带构建关键技术

通过对浑河上游 193 km^2 范围内的 10 余个典型支流（清原县大苏河乡长沙村、钓鱼台村等，湾甸子镇的湾甸子村、大庙村等）现有森林植被水源涵养功能的调查分析，确定源头区植被类型与水源涵养能力的关系，针对现有植被结构简单、多样性低、水源涵养功能下降等问题，重点研究源头区河岸植被缓冲带建立和水源涵养区植被生态恢复技术，突破原有水源涵养林经营的技术规范，加大人工水源涵养林结构优化力度，建立人工水源涵养林抚育技术指标体系；应用林窗更新技术，研发天然水源涵养林原位更新，促进结构优化的林窗结构调控技术；系统集成河岸植被缓冲带构建技术，构建 3 套适合本区域的河岸植被缓冲带模式；编制完成“浑河上游水生态维系地方标准”建议稿，申报国家发明专利 3 项。

1）人工水源涵养林结构优化与调控关键技术。浑河上游水源涵养区内分布着 40%人工落叶松水源涵养林，针对其树种组成单一，林分结构简单，保水、蓄水能力相对较弱等问题。在上游典型支流内开展人工落叶松水源涵养林结构调控、优化树种组成技术攻关，以满足浑河流域水污染控制与治理对上游水质与水量的需求，符合“大浑太”流域综合治理的需求。

该技术针对源头区人工落叶松水源涵养林进行大强度间伐，同时保留珍贵阔叶树，将人工纯林培育成针阔混交林。提出不同生长过程人工落叶松水源涵养林抚育强度与抚育对象技术指标，突破现有落叶松人工林抚育标准，最后一次强度间伐由现有的保留密度 600 株/hm^2 下降到 350～400 株/hm^2。编制一套人工落叶松水源涵养林抚育技术体系。该技术通过培育针阔混交林而开展生态恢复，提高水源涵养功能，达到林地环境和经济效益同步增长的效果。监测表明：人工落叶松水源涵养林结构优化与调控 4 年后，林下植物生长旺盛，逐渐形成复层林，同时林分的植物多样性提高，水土保持能力提高，涵养水源量增加 15%左右。

2）天然水源涵养林结构优化与调控关键技术。针对浑河上游源头区的天然水源涵养林类型多样、更新不良、拦水和蓄水功能退化等现状，结合天然林更新特点，在天然水源涵养林内人工伐除非目的树种，形成人工林窗，通过促进天然林更新，达到优化水源涵养林结构和生态恢复的目的。

该技术是一种经济、简单、高效的源头区植被生态恢复技术，实现了小干扰、原生境、恢复快的效果，达到保证天然水源涵养林结构不变、水源涵养功能逐渐提高的效果。通过对源头区典型支流的示范与应用，提出人工控制林窗直径的标准为：$D=（2～3）\times L$

（D 为林窗直径，L 为林窗边缘木高度），同时提出兼顾林窗总面积不超过次生林总面积10%的指标，并与水源涵养林建设等相关技术相结合，明确了源头区天然林通过林窗调整结构的相关应用参数，据此申请国家发表专利两项。监测表明：天然水源涵养林在林窗更新后，早期下层木本植物物种丰富度随光照强度的增加而增高，且在林窗形成后的第 2、第 3 年均存在显著相关性；同时，该林分的水源涵养功能提高 5%～10%。

3）源头区河岸植被缓冲带构建与恢复技术。依托浑河上游河流两侧现有的天然植被，根据源头区河道堤防多为砂土、土质瘠薄的特点，选择了耐旱、耐瘠薄的植物。堤脚多选用根系发达、固土和抗冲刷作用比较好的树种，如杨树、柳树和榆树；堤防的迎水坡和背水坡选用能够涵养水分、有效防止水土流失的树种，如刺槐、紫穗槐、沙棘等灌木；坡面选择刺槐与沙棘间种，繁殖能力强，能够有效地防御人为因素及牲畜的破坏，两者互补，有效地起到了防护和固堤的双重效果；集成不同类型河岸带植被缓冲带构建技术。

通过对源头区典型支流河岸植被缓冲带的调查与监测结果，集成 3 种主要的河岸植被缓冲带构建模式，其一，控制和削减水土流失效果明显的灌-草河岸植被缓冲带（60%草+40%灌丛）；其二，对农村综合垃圾污染控制削减效果突出的乔-灌型河岸植被缓冲带（70%灌丛+30%乔木）；其三，削减 N、P 污染效果最佳的乔-灌-草有机结合的河岸植被缓冲带（20%乔+30%灌+50%草）。应用河岸植被缓冲带构建技术，建立的浑河源头典型支流水质改善与水生态恢复示范区内控制支流河道长度 6 km，控制流域面积 5 km^2，经过监测后分析结果显示，关键技术应用减少了示范区内支流水土流失量 10%～20%，N、P 污染降低超过 20%，示范区内水质达到Ⅱ类以上。

（2）成果二：研发了上游汇水区点、面源污染负荷综合削减关键技术

针对上游汇水区污染来源，分别按农业面源、工业（矿山）点源开展相关技术研发，削减污染负荷。

农业面源方面：对上游汇水区农田源、村镇源等面源污染的输出特征进行了实地监测，开展了流域水质调查，明确了区域面源污染发生特点及来源组成，确定了村镇生活是该地区面源污染负荷的主要来源，并依此为基础重点研发了农业固体废物的面源污染负荷削减技术。

矿山点源方面：针对浑河上游大型独立矿区对浑河水质污染问题，开展了矿区生活及生产废水的污染特征与污染控制研究，确定了达标外排与回用的污染控制目标，依此重点研发了生活污水的接触氧化处理技术与选矿废水有机物光解处理技术。

综合应用农业面源与工业点源污染负荷削减技术，于重点农业面源发生区及典型矿山开展了示范工程，从源头上减少面源污染负荷和选矿废水对流域水环境安全的威胁。申报国家专利 5 项，授权 2 项。

1）农业面源区农业固体废物综合削减技术。以寒冷地区农业固体废物循环利用为目标，研发了农业面源区农业固体废物综合削减技术。该技术集成应用了寒冷山区沼气池持续产气技术、沼气池发酵物料调控技术、发酵池体冬季保温（增温）技术及入河固体污染物截获技术等面源污染负荷综合削减技术，提高了上游汇水区固体废物资源转化效率，达到了从源头削减面源污染负荷的目的。

该污染负荷综合削减技术的关键在于寒冷山区沼气池持续产气，该技术通过发酵物料 C/N 调节及沼气池温度维持，稳定了沼气池内发酵条件，使示范区内沼气池由年产气不足 240 d 延长到 340 d，实现了全年持续产气的目标。

2）浑河上游大型独立矿区污水处理集成工艺。针对浑河上游大型独立矿区不同来源污水特征及污染减排目标，研发了达标排放及污水资源化回用技术。研发了化学沉淀-浅塘光降解、生物接触氧化-生物炭吸附等集成工艺，并通过采取分流截污措施，采用传统生物处理与生态工程处理结合的方式，实现生活污水的达标外排和工业选矿废水的资源化回用，初步解决水库上游工业典型污染问题，形成大型独立矿区污水处理与回用集成工艺，完成红透山矿区污水处理工程示范。

该成果的关键在于选矿水的回用工艺，利用浅塘光降解作用实现浮选药剂的分解转化及去除，通过自然富氧对废水中污染物进行降解，实现选矿废水回用目标，进而提高污水的资源化利用率和实现污染物减排控制目标。生活污水与选矿废水处理示范工程建成后，运行结果表明：年减排 COD 100 t 以上，平水期尾矿库污水可完全回用。

8.2.3 成果应用

本课题是“辽河流域水体污染综合治理技术集成与工程示范项目”中的重要组成部分，是保障大伙房水库水质安全的基础，是保证辽宁中部城市群可持续发展的关键。财政部、国家发展改革委、原环境保护部与辽宁省政府在沈阳共同签署《加快推进辽河流域水污染防治工作协议》，辽宁省将全面推动辽河流域水污染防治工作，本课题通过推广河流水生态修复技术，完善和创新流域水环境管理技术体系和水污染治理技术体系，为实现辽河流域水污染治理工作目标、全面持续提升浑河的水环境质量具有重大实践意义。

（1）应用一：水源涵养林结构优化与调控关键技术已经在浑河上游地区开展成果推广与应用，并取得较好的经济、生态和社会效益

除在浑河上游典型支流污染防治与生态水系维持综合示范区内实施 1.2 km^2 外，还将水源涵养林结构优化与调控关键技术推广到浑河上游的其他支流内（如大苏河、小苏河、沙河等），建立推广应用示范区示范 3 km^2，同时人工水源涵养林结构优化与调控关键技术还应用到国家科技支撑课题的示范区建设中；天然水源涵养林结构优化与调控关键技术在浑河上游的“辽宁省浑河源自然保护区”内开展了大面积的推广。近年来，先

后完成了浑河上游水源涵养林示范区建设 3 km^2，制造人工林窗 200 多个。经第三方检测机构（抚顺市环境中心监测站）对示范区建立前后典型断面监测结果表明，N、P 污染降低超过 20%。

（2）应用二：源头区河岸植被缓冲带构建与恢复技术应用于浑河上游的河道生态工程建设

河岸植被缓冲带构建与恢复技术实现了河岸带构建与水土流失控制技术的综合集成应用，该技术形成规范后，在浑河上游的清原县河道生态建设工程中得以应用。近年来，先后完成了浑河主干及部分支流河道的治理，现已修筑堤防 20 km，其中工程防护 10 km，生物护岸 12.7 km。其中在生物护岸工程中利用原有植被建立河岸植被缓冲带 5.7 km，新建植被缓冲带 7 km，建立的河道生态工程在防洪减灾中发挥了巨大作用，取得了较好的社会效益和生态效益。该成果有利于在北方河流源头区域推广应用，有利于改善河流源头流域水质，保护水源地生态环境，同时为水生态环境保护和水生态环境维系提供技术支持。

（3）应用三：农业面源与工业点源污染负荷削减技术分别应用于上游区农业面源整治与红透山矿污水治理工程

农业面源区农业固体废物综合削减技术具体体现在清原县农村能源工程的应用中，通过该技术的应用一改以往农业扶持项目重视初期实物给予，轻视后期管理的现状，在应用中真正做到符合当地农民需求。实现了寒冷山区沼气池冬季的持续产气，提高了沼气池应用效率，并通过示范工程应用中相关技术的整合，受用农户在应用相关技术实现沼气池持续产气的同时，间接提高了农业固体废物的循环利用率，削减了面源污染物入河量。示范工程落实后，形成农业面源污染负荷削减示范村一个，构建农户厕所、猪舍、日光温室、沼气池相结合的“四位一体”沼气池 27 座，年累计削减示范村固体废物总量 30%以上。

红透山矿污水治理工程，以传统生物方法与生态工程方法结合的方式，解决了水库上游大型独立矿区的废水处理问题。该工程是自红透山矿开采以来首次解决其生活生产用水的直排问题，具有重要的意义。示范工程建成后，每日减排工业废水 4 000 m^3 以上，生活污水达标外排 3 000 m^3。为保护大伙房水库水质、实现浑河水质改善提供了支持。

9 辽河河口区陆源污染阻控与水质改善关键技术与示范研究

9.1 课题目标和任务

9.1.1 研究目标

在系统分析河口区和上游河段污染物输入叠加效应的基础上，计算河口区河流入海污染物通量，研发联合化工废水、采油污水与含油污泥、农业面源污染物的减排与处置技术，研究典型河网地表水系的污染物削减与河流-湿地生态修复技术，初步构建河口区水污染综合防治技术体系；建立示范工程；示范区内 COD 削减量达到 30%以上，N、P 20%以上。

9.1.2 研究任务

本课题主要研究任务分解为 4 个子课题：

子课题 1：河口水污染特征及河流入海污染物通量

子课题 2：大型联合化工企业废水处理与资源化技术

子课题 3：石油污染控制与资源化技术

子课题 4：河口区河网生态修复与农业面源阻控技术

9.2 课题主要成果

“辽河河口区陆源污染阻控与水质改善关键技术与示范研究”课题，针对辽河河口单元联合化工、石油开采、水稻种植三个重点行业的污染问题，经过 4 年的科技攻关，研发了 6 项关键污染防治技术，突破了综合化工废水达标排放与回用、含油污泥资源化与安全处置、稻田面源污染减排与河流修复等关键技术，在大型联合化工企业——辽宁华锦集团、典型稠油开采区——中国石油辽河油田、农业集约化生产集团——盘锦鼎翔米业共完成了 3 项应用与示范，总投资 2.6 亿元，累计处理化工废水 2 710 万 t，处置含油污泥 7 820 t，生态修复示范控制面积 5.45 km^2。上述工程共减排 COD 11 700 t，N、P 700 t，回收石油类 1 300 t。课题取得的成果在“辽河流域水污染防治‘十一五’规划”的重点工程中得到应用，并对“辽河流域重污染摘帽”具有重要作用。

9.2.1　研究背景

辽河河口区是辽河流域污染治理最为重要的控制单元之一。区域内集中了辽河流域最大的综合化工企业、全国最大的稠油开采区、辽河流域最大的农业集约生产集团。该地区以大规模的联合化工、石油开采等点源污染和集约型水稻种植面源污染为主，其污染特征具体表现为：联合化工废水污染物浓度较高，年产 1 800 万 t，占所处双台子地区工业废水量 90%以上；辽河油田烃类污染物排放量大，地表水中石油类超标严重；集约化水稻种植引发的水网区 N、P 污染比较突出，约占河口区农田废水中 N、P 排放总量的 15%以上。上述问题导致辽河河口单元水体污染严重，主要支流和过境干流水质为Ⅴ类、劣Ⅴ类。本课题针对河口单元联合化工、石油开采、水稻种植等典型行业的污染特征及技术需求，研发污染治理的关键技术并进行技术集成，通过技术应用与工程示范，初步建立了河口区典型工业点源及集约型农业面源的污染物减排技术体系，为辽河流域全面消灭劣Ⅴ类、干流断面达到Ⅳ类的水质标准提供了技术与工程支撑。

9.2.2　研究成果与应用

针对辽河河口区控制单元内联合化工、石油开采、水稻种植等 3 个典型污染行业，课题研发了 6 项关键污染防治技术，申请专利 12 项（PCT 1 项，实用新型 1 项），完成了 3 个示范工程建设，应用于联合化工废水高标准排放与回用、含油污泥资源化处置和农业面源阻控-河网修复，形成了以控源-削减-修复为核心的辽河河口区水污染防治系统技术。其中，联合化工企业综合废水深度处理 A/O-BAF-UF/RO 集成工艺被评为国家重点环境保护实用技术（2010 年），采用该技术的示范工程已减排 COD 11 700 t，污水资源化回用 1 630 万 t。该成果不仅对河口区的节水减排贡献巨大，而且对国内大型化工企业及化工园区综合废水治理具有引领作用。

（1）成果一：联合化工废水达标外排与回用处理集成技术

针对大型联合化工废水超标准排放与资源化回用技术难等问题，在强化预处理、生物两段组合、双膜分离与废水回用等方面开展技术创新，研发了联合化工废水的絮凝-气浮除油、A/O-BAF 达标排放、UF/RO 资源化等关键单元技术，通过单元处理技术集成，形成了“联合化工废水 A/O-BAF-UF/RO 工艺”，实现了物化技术、生化技术的集成与协同，体现了集成创新性突出、实用性强的技术特点。

对该成果起到重要支撑作用的关键技术主要有：

1）联合化工复杂水质的高负荷强化预处理技术。针对联合化工废水 COD 较高、污染物成分复杂等特征，通过高强度的隔油-气浮预处理，削减 COD 负荷 20%以上，为后续生物与膜处理工艺段起到很好的保障作用。

2）难降解废水的 A/O-BAF 排放技术。针对联合化工废水水质可生化性差的特点，通过 A/O 处理技术，改善污水的可生化性，提高 B/C 至 0.3 以上；针对超标准排放 COD 的问题，组合了 BAF 工艺，可保障外排出水水质达到《辽宁省污水综合排放标准》（DB 21/1627—2008）。

3）UF-RO 双膜深度处理回用技术。在达标排放处理基础上，采用双膜联合工艺，实现 UF 系统去除溶解性有机物和高价离子、RO 单元去除 TDS（>99%）的技术目标。因此，双膜法出水水质稳定，可满足回用水的水质要求。

该成果在辽宁华锦集团新建污水处理工程中得到应用。华锦集团是以合成氨、尿素、聚烯烃树脂等为主导产品的大型联合化工企业，位于盘锦市双台子区，为辽河河口单元最大的化工类废水排放企业。该工程是“十一五”期间河口区最大的点源污水治理项目，采用 A/O-BAF-UF-RO 联合工艺，实现了联合化工废水的高标准达标排放（2 万 t/d）和污水深度处理回用（3 万 t/d）。自 2011 年下半年开始运行以来，示范工程共处理污水 2 710 万 t，回用水 1 630 万 t，达标排放 1 080 万 t，达到了《辽宁省污水综合排放标准》（DB 21/1627—2008），可实现年减排 COD 7 800 t、氨氮 470 t，对河口区水质改善具有重要作用。

（2）成果二：含油污泥资源化与安全处置技术

针对辽河河口区含油废物量大面广、长期以来严重污染地表水的难题，本课题在含油污泥集中处理、资源化利用等方面开展技术创新，突破了石油类污染物资源化回收和无害化处理等关键技术，通过单元处理技术集成和工艺组合，形成了一套含油污泥处理的组合工艺，实现了含油污泥资源化与安全处置。目前已处理含油废物 7 820 t，占同期该地区年产量的 20%左右，促进了河口单元采油区地表水的石油类达标。

对该成果起到重要支撑作用的关键技术主要有：

1）石油类污染物资源化分离与回收技术。针对含油污泥中不同组成组分的脱附特性，研发了具有强化搅浑、高效脱附的卧式回转淘洗设备及配套化学药剂，实现了在落地油泥与罐底油泥中石油类组分的高效回收。

2）废物无害化安全处置技术。针对难脱附高热值含油污泥的无害化处理问题，依据油泥中重质组分比例较高的特点，开发了立式旋转焚烧方法。通过设置二燃室，实现了固相对流预热，对挥发气进行导流后在二燃室内再次燃烧，尾气排放指标达到《危险废物焚烧污染控制标准》（GB 18484—2001），残渣热灼减率低于 5%，热能利用率超过

70%。在技术集成基础上，形成了适合稠油污泥处理的系统技术。

该成果在华油公司油泥处理工程中得到应用，处理工艺包括油泥清洗和尾泥焚烧两部分，直接投资 1 500 万元，处理规模 5 000 t/a，实现了所在绕阳河地区的含油污泥全部收集和资源化处理，综合技术指标达到国际先进水平，于 2010 年获得“辽宁省科技进步一等奖”。目前该成果已开始向吉林油田、胜利油田进行推广应用。

（3）成果三：辽河口稻田面源污染生态阻控与削减技术

针对辽河口稻田面源污染问题，在农业面源污染物阻控与农业排水修复等方面开展技术集成与创新，突破了稻田 N、P 外排的生态阻断、稻田内 N、P 输入与利用的水肥调控技术和河道 COD、N、P 污染物生态阻控与削减等关键技术，通过单元处理技术集成和工艺组合，形成了辽河口稻田面源污染生态阻控与削减技术。

对该成果起到重要支撑作用的关键技术主要有：

1）水肥管理-农艺措置联合阻控技术，在稻田面源阻控方面，研制了氮肥抑制剂和磷肥促释剂，研发了稻田外排水阻控沙箱及沿程布置方法，集成了 N、P 生态阻断和水肥调控技术，建立了基于田内、田间和田外“三位一体”的 N、P 污染物阻控工艺，实现了 N、P 污染物在源头优化利用、运移途中阻控、外排过程净化的全程控制。

2）脱氮生态基-复合植物床-FBBR 联合修复技术，在河网节点污染负荷削减的空间优化配置方面，根据自然条件选定待修复河段，在上游河道布设脱氮仿生材料、中游河道安装复合植物床、下游河道安装折流式浮动生物反应床（FBBR），以基质吸附、植物吸收转化、微生物降解为主要途径去除污染物，建立了分级削减河网 COD、N、P 的地表水修复方法。

该成果在鼎翔米业集团绿色农业生产中进行了推广应用。综合示范基地位于太平河—辽河鼎翔米业区段，总控制面积 5.45 km^2，其中稻田面源阻控单元 42.4 hm^2。据监测数据分析，2012 年该生态工程削减示范控制区 COD 32%、削减 N、P 23%，示范区内辽河一级支流太平河入辽河断面水质得到显著改善。

10 辽河河口区大型湿地生态修复关键技术与示范研究

10.1 课题目标和任务

10.1.1 研究目标

在认识河口湿地生态环境状况的基础上，揭示河口湿地生态退化机制，阐明河口湿地污染物转化途径和净化机制，建立河口湿地典型污染物高效净化方法，估算辽河口湿地的污染物净化能力。建立典型退化湿地生态恢复关键技术及工程示范，构建大型河口湿地生态保护综合方案与管理体系。实现示范区污染物 COD 削减 15%～20%的总体目标。

10.1.2 研究任务

本课题主要研究任务分解为 5 个子课题：

子课题 1：河口区大型湿地演化过程与退化机制研究

子课题 2：河口区生态用水河网调控关键技术

子课题 3：河口区典型退化湿地生态恢复技术研究及工程示范

子课题 4：河口区大型湿地污染物净化功能研究与工程示范

子课题 5：河口区大型湿地保护综合方案研究

10.2 课题主要成果

水体污染控制与治理科技重大专项课题“辽河河口区大型湿地生态修复关键技术与示范”，针对辽河河口区湿地生态缺水导致芦苇湿地生物群落严重退化、生态功能明显减弱的问题，经过近 5 年的科技攻关取得重大进展。课题研发了辽河河口区湿地水网调控技术、河口区高抗逆性芦苇植株培育技术、大型河口湿地典型污染物净化技术等 7 项关键技术，通过系统集成，形成了河口湿地水资源调控与生态修复关键技术体系，部分成果应用于 2 个示范工程。示范区单位面积生物量平均增幅 48.6%，污染物去除能力提高 30%。课题成果为辽河口湿地生态保护和辽河流域水体污染控制与治理起到了重要支撑作用。

10.2.1　研究背景

辽河河口区位于辽河流域最末端，是辽河流域的重要组成部分，河口区湿地面积 3 000 余 km^2，拥有亚洲最大的芦苇湿地，是我国重要的自然生态保护区。

上游来水、农田退水、苇田养殖、石油开采等多重影响导致的河口湿地营养盐、有机物、石油等复合污染严重是辽河口湿地水体污染的主要特征，河口湿地植被健康生长是保证其对上游来水和自身污染物有效去除的前提。然而，近年来由于上游来水水量减少和水质下降，造成辽河口湿地生态缺水、土壤盐渍化，导致湿地生态群落退化，苇场芦苇产量以每年 8%的速度递减，生态功能明显下降。

为实现辽河口湿地生态群落的恢复、保障湿地生态健康和生态功能，“水体污染控制与治理重大专项”立足辽河河口区湿地生态缺水、生态群落退化、生态功能下降问题，开展以满足湿地生态用水、恢复生物群落为目标的河口湿地生态恢复关键技术研究及工程示范，实现退化湿地的生态修复和污染物净化功能的提高，为“十一五”辽河流域水质改善目标的实现发挥了重要支撑作用。

10.2.2　研究成果

课题针对辽河河口区生态缺水导致芦苇湿地生物群落严重退化的重大环境问题，课题组研发 7 项关键技术，通过系统集成，形成了河口湿地水资源调控与生态修复关键技术体系，部分成果应用于 2 个示范工程，示范区单位面积生物量平均增幅 48.6%，污染物去除能力提高 30%。课题成果为辽河口湿地生态保护和辽河流域水体污染控制与治理提供了技术支撑。申请国家专利 13 项，发表论文 53 篇（其中 SCI、EI 论文 14 篇）、出版专著 2 部。培养硕士研究生 25 名、博士后 2 名；受教育部新世纪人才计划资助 2 人，进入辽宁省百千万人才工程千人层次 1 人，引进博士人才 2 人；首批获批“国家工程博士专业学位”授予单位 1 个。

（1）辽河河口湿地生态用水调控

该成果在确定生态补水量的基础上，建立了辽河口感潮河网水量-水质耦合模型，构建了辽河口湿地生态水文耦合模拟平台、提出了不同水平年湿地生态用水调度方案。成果突破了开放的湿地系统湿地尺度、边界范围、降水径流量、湿地水文过程等难以确定的技术难点，为芦苇湿地生态用水调控提供了理论依据和技术支撑。主要成果如下：

1）辽河口湿地生态水文耦合模拟平台。课题在对芦苇湿地蒸散发参数原位观测的基础上，结合湿地生态需水理论阈值，确定了在不同水平年和不同湿地保护目标下湿地的补水量，从流域尺度出发构建了统一物理机制下辽河口湿地生态水文耦合模拟平台，从流域尺度研究了河口湿地生态水文演变特征，得到了辽河口湿地生态水文格局演变规律以及湿地生态水文过程各因子相互影响关系，突破了在以往开放湿地系统研究中只重视湿地生态需水量的理论计算而忽略湿地实际水文过程的局限性。结合湿地理论的生态需水阈值，确定了在不同水平年和不同湿地保护目标下湿地的补水量，结果显示，辽河口湿地丰水年水量较充足、平水年总体缺水范围为 1.19×10^8～2.39×10^8 m^3/a；枯水年生态缺水严重，缺水范围为 1.15×10^8～3.90×10^8 m^3/a。

2）不同水平年湿地生态用水调度方案。在湿地水文-生态过程耦合模型和感潮河网水质-水量模型的基础上，结合流域来水分析和芦苇生长期灌溉特点，模拟了现有水利设施和规划扩建水利设施情景下湿地生态用水的水质和水量的时空分布，提出了湿地的丰水年、平水年、枯水年生态用水调控方案。方案采取双台子河—大凌河—河闸—橡胶坝联合调度方式，以上游来水为主，充分利用河闸、橡胶坝下游河口微咸水及河道区间径流，使灌溉水的含盐量保持在 4‰以下，可分别增加枯水年和平水年苇田生态用水达到 3.0×10^6 m^3 和 12.0×10^6 m^3。

该成果的创新点在于综合考虑了上游淡水来量和下游河段微咸水的混合过程，给出微咸水调水时机、可提取量，在理论上成功解决了枯水期芦苇湿地生态用水短缺问题，并将微咸水作为一种生态用水来源，确立了枯水年生态补水的优化方案。

（2）大型河口湿地典型植物群落恢复技术

课题通过对芦苇生长周期生理过程及对环境变化的响应机制研究，及其与环境因素和生物因素之间的相互关系研究，将前期研究的水力调控技术、高抗盐芦苇扩植技术、生物降盐技术进行技术集成，在辽河湿地高盐退化芦苇湿地进行芦苇生态恢复与工程的示范，建立了 3.1 km^2 的河口湿地生态恢复示范工程，示范区内生物量平均增长 48.6%。

1）河口区高抗盐芦苇植株培育技术。以当地高盐碱湿地生长的抗盐性较强的芦苇植株及其种子为种源及营养体库，建立盐度梯度驯化等高抗逆植株筛选方法，并获得芦苇抗性植株。该植株可在盐分为 15‰的土壤中正常分蘖和生长，突破了一般芦苇生长盐分不超过 10‰的限值。

2）水利调配与生物脱盐技术。通过水利调配与高抗芦苇植株的选用、土壤基质改良以及盐地碱蓬-芦苇间植排盐等手段降低盐度，使芦苇一次成活率近 80%，单位面积生物量增长 10%以上。

3）基质改良与水力调控技术。采用前期获得的芦苇抗性植株，结合建立的土壤基质改良、水力通道重构、淡水调控、边沟保水等技术，综合应用抗盐植株移植和碱蓬-芦苇间植除盐等技术，对辽河口退化湿地进行梯级降盐和植被恢复。

2008—2010 年，以植物生长最旺盛的 8 月所获取的 TM 影像资料并结合现场样方调查数据，获得恢复区内示范工程内的生物量年度变化情况。根据遥感影响结果显示，芦苇恢复区单位面积生物量由 2008 年的 0.32 kg/m^2（干重）增加到 2010 年的 0.55 kg/m^2（干重），生态恢复示范区内的生物量和生物覆盖度明显增加。

10.2.3　成果应用

（1）应用一："辽河河口湿地生态用水调控方案"在辽河河口区生态用水调度中得到部分应用，节约淡水资源、促进湿地生态恢复

"辽河河口湿地生态用水调控方案"提供的大型芦苇湿地补水量化方案和微咸水沿河泵站调度优化方案在盘锦辽河口生态经济区管委会下属苇场等相关部门进行应用，据现场调水实践证实，本技术方案切实可行，枯水年和平水年可分别增加微咸水 3.0×10^6 m^3 和 12.0×10^6 m^3；在目前辽河淡水资源严重短缺的背景下，为解决枯水期芦苇湿地生态供水、保证湿地生态健康提供了前期示范。

（2）应用二："河口湿地生态恢复关键技术"应用于河口湿地芦苇生态恢复示范工程，对退化芦苇湿地的生态恢复、提高湿地生态功能起到示范作用

"河口湿地生态恢复关键技术"在位于辽宁省盘锦市东郭苇场的"河口区芦苇湿地生态恢复示范工程"中得到应用。在东郭苇场 2008—2010 年芦苇产量以 8.5%的速度逐年递减的情况下，示范区单位面积芦苇生物量平均增幅 48.6%。植被覆盖率和生物量的提高，显著提高了河口湿地对来自上游和湿地自身污染物的自然净化能力。示范区芦苇湿地的污染物去除能力提高 30%，生态效益显著，示范带动作用明显，为实现辽河河口区及流域水体污染控制与治理提供了技术支撑。

11 辽河流域水质水量优化调配技术及示范研究

11.1 课题目标和任务

11.1.1 研究目标

针对辽河流域水资源调控程度高、水污染十分严重、河流健康状况日趋恶化的特点，在对辽河流域社会发展、水资源时空分异特点、水资源开发利用现状、水利工程建设和管理状况、水利工程和水污染耦合作用下的关键环境过程等方面进行系统分析的基础上，以流域河流健康为导向，以流域社会经济发展需求、满足生活与生产需水量及防洪等为重要约束条件，研究辽河流域水质水量优化调配模式和关键技术，为辽河流域河流水质改善和河流健康提供良好的水资源和水力基础条件和保障。针对辽河流域水污染事件频发的特点，研究辽河流域水污染突发事件应急水力调度关键技术，提出流域主要河流水污染突发事件应急调水技术和预案，为实现辽河水污染控制总体目标提供技术支撑。

11.1.2 研究任务

本课题主要研究任务分解为 4 个子课题：

子课题 1：辽河流域生态需水量与水资源优化配置关键技术研究

子课题 2：辽河流域水质水量优化调度关键技术研究

子课题 3：辽河流域水污染突发事件应急水力调度关键技术与示范研究

子课题 4：流域生态基流保障和水质改善的水量调配工程示范研究

11.2 课题主要成果

国家水专项“辽河流域水质水量优化调配技术及示范研究”（2009ZX07208-010）课题立足辽河流域水质改善，研究制定了辽河流域水质水量优化调配技术方案，研发了保障流域河流水质改善的库群联合调度及闸坝调控等关键技术，开展了太子河水质水量优化调配工程示范等。课题研究的辽河流域水质水量优化调配技术和流域水污染突发事件水力应急调度技术成果已在辽宁省涉及水行政管理的部门得到应用，方案在太子河示范河段的实施使干流水质得到改善，达到Ⅳ类水质标准。课题成果为辽河重度污染流域的“摘帽”提供了泄放生态用水的技术指导和科学依据。制定的河流水质水量联合调度法规导则《辽宁省水库供水调度规定》由辽宁省人民政府发布，已作为辽宁省水资源管理和水库调度的依据。

11.2.1　研究背景

辽河是我国重点治理的“三河”之一。流域水资源总量少、时空分布不均、供需矛盾十分突出；河流生态流量保障不足，部分河段甚至出现断流；河流水污染突发事件频发、处置难度大。针对辽河流域水资源及水环境存在的问题，国家水专项辽河项目设置了“辽河流域水质水量优化调配技术及示范研究”课题，通过调整和改变现有工程的调度运行方式，充分发挥大型水利工程的宏观调节与河道内闸坝的微观调节作用，实现流域内河流水质水量优化调配，旨在为流域河流水质改善提供水量保障条件，为流域水污染突发事件应急处置提供技术储备。

11.2.2　研究成果

课题通过对关键技术的研发，形成了集技术方案、综合管理决策支持系统、调度预案和示范工程于一体的流域水质水量常态调度技术体系和应急调度技术。

（1）成果一：流域水质水量优化调配技术体系

研究确定了基于水质改善的河道干流分区、分期生态流量，建立了水资源优化配置模拟模型和水质水量优化调度模型，制定了保障河流生态需水量的水资源配置方案和流域水质水量优化调配技术方案；开发了“辽河流域水质水量联合调度决策支持系统”和“太子河流域水质水量联合调配三维仿真系统”，集成各单项成果，形成了流域水质水量优化调配技术体系，并开展了太子河水质水量优化调配工程示范。编制了河流水质水量联合调度法规导则、河流水质水量优化调控综合管理地方法规导则和流域水质水量优化调配技术地方标准建议稿。已申请国家发明专利 5 项，其中 1 项已获得授权，获得计算机软件著作权 3 项，出版专著 1 部。

1）辽河流域河流生态需水量确定技术。在综合考虑流域水文、地形地貌、植被分布、生态水文分区等多项流域特征的基础上，叠加了污染源分布的影响，研究确定了流域特征分区与水功能分区相结合的生态需水分区；提出了适应高度人工调控、生态环境用水及经济社会用水双重约束，以水质改善为目标的河道内生态需水估算方法；给出了全流域17个生态需水估算分区各主要断面河道内逐月生态需水流量结果。经专家评审，太子河、浑河及辽河干流年生态需水量分别为7.81亿m^3、5.53亿m^3和6.43亿m^3，流域总生态需水量为19.77亿m^3。各主要断面生态流量占该断面多年平均流量的10%～25%。课题研究确定的总生态需水量大于《辽宁省水资源综合规划》中确定的16.56亿m^3，具有实际可调配性，为辽河流域2012年实施生态泄流提供了技术支撑。

2）辽河流域水质水量优化配置技术。以河流水质改善为目标，提出了与流域"自然—人工"二元水循环过程相耦合的河道内外需水统一配置技术方法，该方法在传统配置技术的基础上，充分考虑了河流生态、水质改善因素，并验证了生态需水方案的可行性和可靠性；构建了水质水量联合配置模型和集数据库、模型库与人机交互界面等于一体的计算平台，面向"生活、生产和生态"用水需求，首次全面提出了支持辽河流域可持续发展、供水安全和水质改善的水资源配置系列成果。河道内生态流量保证率为90%的情况下，浑河、太子河、大辽河和辽河干流基准年生态流量满足率为42%～100%，规划年满足率为67%～100%。配置结果表明，随着大伙房输水工程的运行，引进外调水，置换本地占用河道内的生态水量，规划年浑太及大辽河流域河流最小生态流量可以得到保障；辽河干流总水量有限，在满足河道外国民经济、生态环境用水的前提下，河道内最小生态流量保障程度为67%，需发挥调水工程和大型蓄水工程在水资源配置中的骨干调节作用，使得河道内生态流量得到更高程度的保障。

3）辽河流域水质水量优化调配关键技术。在流域层面分析了控制工程的用水特征、调度规则，以水质改善为目标，通过农业用水"一水多用"和供水过程的调整，构建了辽河流域水质水量多目标优化调度模型，形成了辽河流域库群联合优化调度方案和调度规则。

以流域方案为总体框架，分析了示范河段太子河观音阁水库—葠窝水库区间各断面水质变化和农业用水及其分配过程，提出了农业和生态用水耦合利用方法；构建了示范河段库群与闸坝联合调度模型，采用模拟与优化有机结合的方法，制定了示范河段库群与闸坝联合调度方案及调度规则。方案要求观音阁水库冰封期（12月—次年2月）按照10 m^3/s泄流，满足工业、生态环境用水需求；3—8月（除5月外），在满足国民经济用水的基础上，水库增加下泄污水量4倍的生态水量，保证下游河道内的水质满足Ⅲ类水标准；9—11月，在满足国民经济用水的基础上，水库增加下泄污水量3倍的生态水量，保证下游河道内的水质略低于Ⅲ类水标准，满足Ⅳ类水要求；5月，观音阁水库通过机组满发电提前为葠窝水库补充农业用水，其他灌溉用水期，补充葠窝水库的不足水量。示范河段示范期内增加生态水量0.8亿～1.1亿m^3，该方案的实施满足了示范河段各断面生态流量和水质要求。

通过示范工程的实施，解决了流域生态用水保障、水质改善与生产生活发展用水矛盾的问题，验证了流域库群联合优化调度方案的可靠性。

4）流域河流水质水量模拟及优化调配综合管理系统。研发了辽河流域水质水量优化调配仿真模型，包括耦合分布式水文模型、非点源污染模型、河流水动力学模型和水质模型，实现了库群和闸坝不同调度方案下河道内水量及水质响应过程的模拟仿真。流域河流水质水量模拟及优化调配综合管理系统包括辽河流域水质水量优化调度决策支持系统和太子河流域水质水量联合调配三维仿真系统，集成了数据库、模型库和方案库，具备系统管理、数据管理、模型管理、空间分析和方案管理五大功能，可针对不同生态流量保障程度和水质改善目标生成调度方案集，并进行优选，制定调度规则，指导流域层面控制工程的调度过程，且实现水质水量优化调配过程的图形化表达及三维场景的动态效果展示（图 11-1）。

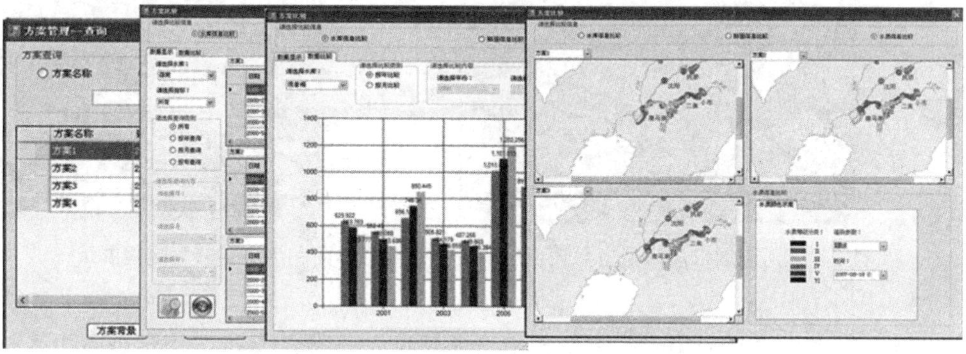

图 11-1　辽河流域水质水量优化调度方案查询比较

5）流域河流水质水量优化调配技术工程示范。课题在太子河流域，以水质改善为目标，以水库群结合河道闸坝联合调度技术为支撑，实现了从调度技术研究→调度管理机制调整→调度运行规则的全过程优化，实施了库群闸坝联合优化调度。

在控制污染源的前提下，通过水库群和闸坝调度等水质水量联合调配技术方案的实施，示范工程运行效果与基准年相比，流量提高 29%以上，考核断面白石砬子 COD 浓度和氨氮浓度下降了 22%以上。2011 年 3—10 月示范工程运行期间，白石砬子断面主要污染物 COD 和氨氮浓度均达到水功能区Ⅳ类水水质目标的要求，实现了预期的水质改善效果。

（2）成果二：流域水污染突发事件水力应急调度技术

以流域污染风险源识别为基础，研发了太子河流域水污染突发事件应急水力调度决策支持系统，编制了“辽河流域水污染事件水力应急调度预案编制导则”“太子河单元水污染事件水力应急调度预案”“太子河流域水污染突发事件应急技术方案”。已申请国家发明专利 3 项，获计算机软件著作权 5 项，出版专著 1 部。该研究成果获 2012 年度辽宁省水利科技一等奖。

1）水污染突发事件应急水力调度决策支持系统。研发了河流水污染突发事件应急水力调度模型库，建立了多层次目录式水污染突发事件应急水力调度数据库，集成开发了具有数据库子系统、模型库子系统和三维虚拟现实子系统的太子河流域水污染突发事件应急水力调度决策支持系统。系统可实现专业数据管理、模型管理、应急调度预报、应急调度方案制定及效果评估等功能，为水污染突发事件的预测、应急水力调度措施的模拟评估，以及应急监测、处置预案的制定提供科学依据，从而有效地提升流域的水污染应急处置能力（图 11-2）。

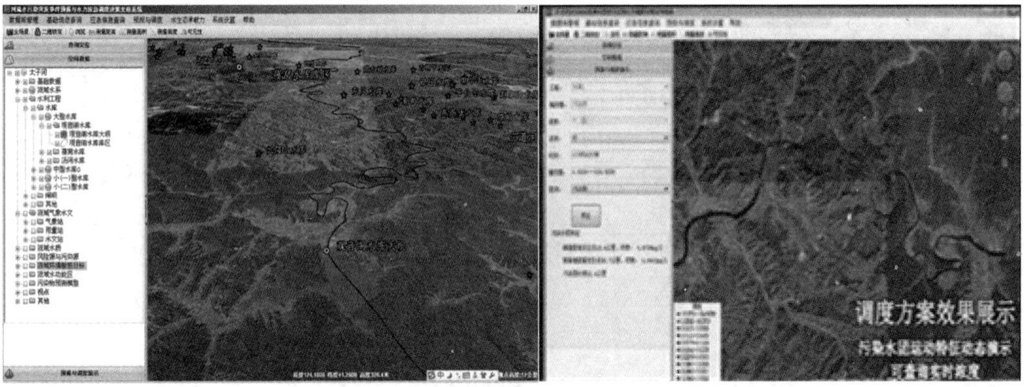

图 11-2　辽河流域水质水量应急调度决策支持系统主界面和污染物转移过程展示

2）水污染突发事件应急水力调度预案。通过对太子河流域 476 个污染源的调查、筛选，识别出 14 个重点污染风险源，同时分析了流域内 26 个供水水源地水质敏感点，多年平均丰水期、平水期、枯水期及年内丰水期、平水期、枯水期等 6 种水文情势；结合太子河干支流水利工程分布情况，设置了水污染突发事件应急水力调控预案情景，通过多情景技术方案模拟比选，制定了包括应急监测方案在内的水污染突发事件应急水力调度预案。形成了应急预案编制导则—应急预案—应急技术方案三级技术文件的水污染突发事件水力应急调度预案制定技术。可作为太子河流域水污染突发事件应急闸坝调度的决策依据。

11.2.3　成果应用

“辽河流域水质水量优化调配技术”在示范工程的实施，使示范河段水质得到明显改善。研究成果应用于辽宁省涉及水行政管理的多个部门，为辽宁省水资源保护和河流水质改善提供了水量保障条件。流域河流水质水量联合调度技术推广应用，在示范流域提前实现了“十二五”期间Ⅳ类水质目标，为辽河重度污染流域的“摘帽”提供了泄放生态用水的技术指导和科学依据，并为其他流域水质改善提供了经验。

（1）应用一：为辽河重度污染流域的“摘帽”提供了泄放生态用水的技术指导和科学依据

2012 年，政府有关部门采纳本课题研究成果，调度大型水库泄放生态用水，为辽河重度污染流域的“摘帽”提供了水量保障。2013 年年初，辽河流域通过了环保部、国家发改委、监察部、财政部和水利部的联合考核，水质已达到国家对辽河的相应要求，成功“摘帽”，率先从全国“三河三湖”重度污染名单中退出。

（2）应用二：课题提出的标准和规范成果已发布

河流水质水量联合调度法规导则《辽宁省水库供水调度规定》于 2011 年 3 月 4 日由辽宁省人民政府第 254 号令发布实施，并被纳入《辽宁省人民政府关于实行最严格水资源管理制度的意见（2011—2015 年）》（辽政发〔2011〕45 号），已作为辽宁省实施最严格水资源管理和水库调度的依据（图 11-3）。

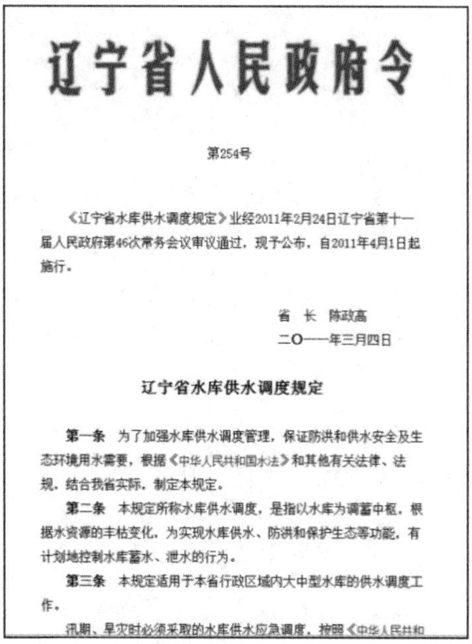

辽宁省人民政府令

第254号

《辽宁省水库供水调度规定》业经2011年2月24日辽宁省第十一届人民政府第46次常务会议审议通过，现予公布，自2011年4月1日起施行。

省　长　陈政高

二〇一一年三月四日

辽宁省水库供水调度规定

第一条　为了加强水库供水调度管理，保证防洪和供水安全及生态环境用水需要，根据《中华人民共和国水法》和其他有关法律、法规，结合我省实际，制定本规定。

第二条　本规定所称水库供水调度，是指以水库为调蓄中枢，根据水资源的丰枯变化，为实现水库供水、防洪和保护生态等功能，有计划地控制水库蓄水、泄水的行为。

第三条　本规定适用于本省行政区域内大中型水库的供水调度工作。

汛期、旱灾时必须采取的水库供水应急调度，按照《中华人民共和

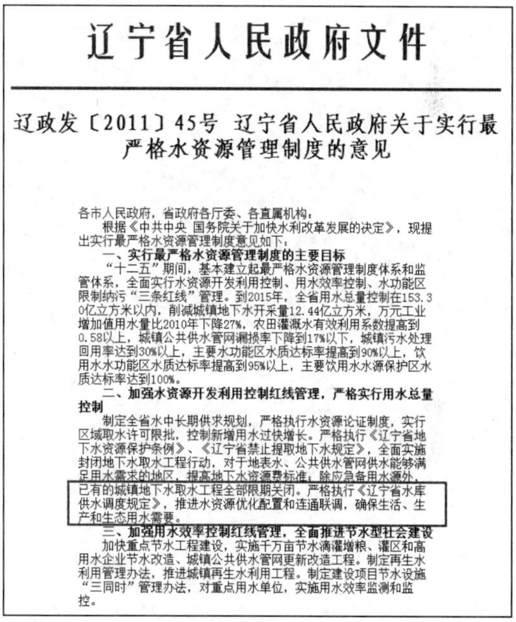

辽宁省人民政府文件

辽政发〔2011〕45号　辽宁省人民政府关于实行最严格水资源管理制度的意见

各市人民政府，省政府各厅委、各直属机构：

根据《中共中央 国务院关于加快水利改革发展的决定》，现提出实行最严格水资源管理制度意见如下：

一、实行最严格水资源管理制度的主要目标

“十二五”期间，基本建立起最严格水资源管理制度体系和监管体系，全面实行水资源开发利用控制、用水效率控制、水功能区限制纳污“三条红线”管理。到2015年，全省用水总量控制在153.30亿立方米以内，削减城镇地下水开采量12.44亿立方米，万元工业增加值用水量比2010年下降27%，农田灌溉水有效利用系数提高到0.58以上，城镇公共供水管网漏损率下降到17%以下，城镇污水处理回用率达到30%以上，主要水功能区水质达标率提高到90%以上，饮用水水功能区水质达标率提高到95%以上，主要饮用水水源保护区水质达标率达到100%。

二、加强水资源开发利用控制红线管理，严格实行用水总量控制

制定全省水中长期供求规划，严格执行水资源论证制度，实行区域取水许可限批，控制新增用水过快增长。严格执行《辽宁省地下水资源保护条例》、《辽宁省禁止提取地下水规定》，全面实施封闭地下水取水工程行动，对于地表水、公共供水管网供水能够满足用水需求的地区，提高地下水资源费标准；除应急备用水源外，已有的城镇地下水取水工程全部限期关闭。严格执行《辽宁省水库供水调度规定》，推进水资源优化配置和连通联调，确保生活、生产和生态用水需要。

三、加强用水效率控制红线管理，全面推进节水型社会建设

加快重点节水工程建设，实施千万亩节水滴灌增粮、灌区和高用水企业节水改造、城镇公共供水管网更新改造工程。制定再生水利用管理办法，推进城镇再生水利用工程。制定建设项目节水设施“三同时”管理办法，对重点用水单位，实施用水效率监测和监控。

图 11-3　辽宁省人民政府第 254 号令和辽政发〔2011〕45 号

（3）应用三：课题研究成果已被政府相关部门采纳和应用

流域水库群调度方案已被辽宁省供水局采纳，闸坝调度方案已被本溪市河务处采纳。辽宁省水利系统突发性水污染事件应急预案已纳入辽宁省水利厅应急预案体系。

辽河流域水质水量联合调度决策支持系统、太子河流域水质水量联合调配三维仿真系统以及太子河流域水污染突发事件应急水力调度决策支持系统已被辽宁省水利厅相关职能部门采纳和应用。

辽宁省辽河保护区管理局和辽宁省江河流域管理局已接受本课题提出的辽河流域生态需水技术和保障河流生态需水量的水资源配置技术研究成果，并纳入河流生态治理规划，全面推广应用。

第二篇

关键技术

12 关键技术清单

本项目围绕控源减排和水质改善，突破了一大批关键技术。综合考虑研发技术的创新性、先进性、经济性、可应用性等，主要列举其中 75 项，清单见表 12-1。这些关键技术涵盖了石化、冶金、制药、印染、化工、造纸、食品加工等行业污染控制，污水处理厂提标改造，农业面源污染控制，河流水环境修复和管理等方面；从研究深度和试验规模上，一般经过了中试以上的试验或验证。

表 12-1 项目关键技术清单

编号	技术名称	技术内容	适用范围	研发单位
1	生物定向转化采油污水难降解组分处理技术	研发了适合辽河油田采油污水的复合型微生物菌剂，实现了采油污水难降解组分在厌氧生物反应器中的定向转化	石化行业——采油污水处理	中国科学院沈阳应用生态研究所
2	水基清洗-立式旋转焚烧法油泥中油回收和热利用技术	以卧式旋转淘洗为主进行石油烃脱附；以两步焚烧法对难脱附油泥进行深度处置及热能利用	石化行业——油泥处理	中国科学院沈阳应用生态研究所
3	微絮凝-接触过滤难降解石化废水回用技术	在过滤前不设沉淀工序，通过加入一定量的絮凝剂在短时间内形成微小絮凝体，然后立即进入池滤，絮凝反应在滤池中进行	石化行业——废水资源化	大连理工大学
4	BAF–UF/RO 耦合乙烯废水回用技术	开发 BAF 新型生物陶粒填料，对填料、超滤反渗透膜材质、清洗药剂的方法及周期进行选择和调节，使各处理单元耦合集成	石化行业——废水回用	辽宁省环境科学研究院
5	絮凝沉淀—多介质过滤—双膜法乙烯清洁下水回用技术	构建了絮凝沉淀—多介质过滤—超滤—反渗透组合工艺技术，用于高效处理乙烯厂清洁下水后作为循环水补水	石化行业——废水回用	辽宁石油化工大学
6	多格室脱氮型 MBR 反应器技术	集成 A/O、接触氧化、膜分离等工艺，兼具颗粒污泥、生物膜、活性污泥等多种生物形态，生物量大，脱氮效果好、耐冲击，运行管理简单	石化行业——废水处理	中国环境科学研究院

编号	技术名称	技术内容	适用范围	研发单位
7	臭氧高效物化氧化处理技术	该集成设备在高效去除有机物的同时，还可有效地强化含 N 杂环类及氨基化合物的氨化作用	石化行业——废水处理	中国环境科学研究院
8	纳滤-亚硝化/厌氧氨氧化-非均相电催化反渗透浓水高效处理技术	应用厌氧氨氧化来完成缺乏有机碳源的高浓度 NH_4^+-N 废水的高效生物脱氮，并耦合纳滤技术完成硝化抑制剂的有效分离，并利用非均相电催化技术快速降解有机污染物，可实现对膜法浓水的脱碳、除氮功能和对实际有机物污染废水高效处理	石化行业——膜法浓水处理	大连理工大学
9	A/O-PVDF 平板膜MBR化纤废水处理技术	将传统 A/O 技术和自主研发的聚偏二氟乙烯膜（PVDF）膜技术有效结合，用于处理难降解、高浓度石化化纤废水	石化行业——化纤废水处理	大连理工大学
10	A/O-BAF-UF-RO 化工综合有机废水回用技术	利用 A/O 工艺调整污水水质，降解有机污染物，脱除部分 N、P；耦合 BAF 保障外排出水水质，为后续膜处理工艺奠定基础；再以双膜法解决 TDS 等污染物的去除，实现回用锅炉或冷却水目标	石化行业——废水处理	辽宁省环境科学研究院
11	焦化工序导热油替代技术	用高温分离式热管回收的荒煤气 450℃以上的高温段余热传递给导热油，再用被加热的高温导热油为焦化化产工序提供热量，降温后用热油循环泵压送到荒煤气显热回收装置，形成密闭循环加热系统，不断地为用热设备提供热量	冶金行业——能源节约	东北大学
12	陶瓷膜预处理除油—强化短程硝化反硝化—臭氧非均相催化氧化焦化废水处理集成技术	形成的关键技术包括：抗污染陶瓷膜除油技术、生物强化脱碳脱氮技术、基于极性有机物和总氰高效去除的高效混凝剂、催化臭氧氧化技术和吸附分离-化学催化氧化再生技术等	冶金行业——焦化废水处理	中国科学院过程工程研究所
13	混凝-过滤-水质稳定钢铁综合废水回用技术	利用高效聚硅铝絮凝剂钢铁综合废水进行预除油，进一步利用 PACl 与 NaOH 复配使用，结合高密度沉淀工艺有效地去除废水的硬度和碱度	冶金行业——钢铁废水处理	大连理工大学
14	沉淀分离-生态塘光解氧化选矿废水回用技术	针对 Cu、Zn、S 三个选矿流程废水的特征，调整工艺段药剂，承接尾矿库沉积后废水；利用浅塘跌水富氧及光降解作用实现浮选药剂的分解转化及去除，处理选矿废水中黄药及 COD，实现废水回用目标	冶金行业——尾矿废水处理	中国科学院沈阳应用生态研究所

编号	技术名称	技术内容	适用范围	研发单位
15	无机陶瓷膜高效分离VC发酵醪液渣中古龙酸钠技术	采用无机陶瓷膜分离技术代替原有的絮凝-沉淀技术，高效分离回收VC发酵醪液渣中的古龙酸钠	制药行业——VC发酵醪液渣资源化	中国环境科学研究院
16	制药凝结水原位再生技术	采用反渗透技术原位再生，将凝结水制备为纯水，满足提取工段纯水需求	制药行业——冷凝水回收	中国环境科学研究院
17	Fe/C微电解含铜黄连素废水处理与铜回收技术	采用Fe/C微电解技术处理高浓度含铜黄连素制药废水，通过活性炭的吸附及絮凝沉淀作用去除大量COD，提高废水的可生化性	制药行业——黄连素废水处理与资源化	中国环境科学研究院
18	水解酸化-接触氧化低浓度磷霉素钠废水处理技术	将厌氧微生物控制在水解酸化的环境条件下，将难生物降解高分子有机底物转化为易降解的简单有机物，降低磷霉素钠生物毒性，改善和提高磷霉素钠废水可生化性的功能	制药行业——综合废水处理	中国环境科学研究院
19	高级氧化-UASB-MBR黄连素废水处理集成技术	制药废水经脉冲电絮凝物化预处理单元或臭氧氧化预处理提高可生化性后依次进入UASB、MBR生化单元进行水解酸化和好氧生物作用，最后经膜过滤处理后出水	制药行业——黄连素废水处理	中国环境科学研究院
20	湿式氧化-磷酸盐结晶高浓度磷霉素钠废水处理与磷回收技术	针对高浓度磷霉素钠废水，在湿式氧化条件下，利用分子氧破坏磷霉素废水中高浓度有机磷化合物C—P键，实现P的无机化，再采用磷酸钙和磷酸铵镁结晶沉淀方法对废水中无机化磷酸盐进行回收	制药行业——磷霉素钠废水处理与资源化	中国环境科学研究院
21	单级水封法消除闪蒸汽的冷凝水回收技术	采用高温高压蒸汽经管道进入轧染车间耗汽设备——烘干机烘筒及烘箱热交换器，经过热交换，得到冷凝水；采用水封装置消除闪蒸汽，利用一定高度的静水压力抵抗冷凝水回收系统的输水管内气压变化，提高冷凝水和余热回收率	印染行业——冷凝水回用	大连理工大学
22	自絮凝法印染废水预处理技术	利用各类染料的电中和作用能使其发生絮凝作用，实现部分有机物杂质的处理	印染行业——废水处理	大连理工大学
23	零价铁强化厌氧处理印染废水技术	开发一种新型厌氧与物化相结合的处理技术——零价铁强化厌氧处理技术：将零价铁置于厌氧反应器内，利用零价铁对厌氧还原的增强作用，实现印染废水的高效脱色和COD去除	印染行业——废水处理	大连理工大学

编号	技术名称	技术内容	适用范围	研发单位
24	pH调控-氧化曝气脱硫技术	采用 pH 调控加氧化曝气将厌氧段硫酸根进行还原；在厌氧与好氧段之间设置曝气脱硫间，采用调整 pH 的方法，将硫化物氧化去除	印染行业——废水处理	大连理工大学
25	聚合铝镁高效脱色絮凝剂制备与应用技术	利用当地丰富镁矿资源，采用热熔-复配二步工艺制备出聚合铝镁复合混凝剂，用于印染废水的高效脱色和 COD 去除	印染行业——废水处理	中国科学院生态环境研究中心
26	糠醛废水零排放技术	利用醛汽余热对废水进行加热，可减少对锅炉蒸汽的消耗，也对醛汽进行了冷却，经过蒸发后产生的废水蒸气进入水解锅中参与糠醛反应，从而实现废水的回用	化工行业——糠醛废水回用	大连理工大学
27	醋酸盐结晶法糠醛废水中醋酸回收技术	将白云石、石灰石加入糠醛废水中，调节pH，进入蒸发器，经蒸发后蒸汽进入水解锅，底液为36%左右醋酸钙镁溶液，经脱色罐脱色后，进入结晶器，得醋酸钙镁产品	化工行业——糠醛废水资源化	大连理工大学
28	糠醛渣热分解制取活性炭技术	通过锅炉尾气余热对糠醛渣进行快速干燥，将糠醛渣送入排风道，烟气将糠醛渣提升至锅炉炉膛顶部，经旋风分离，进入炉膛燃烧制备活性炭	化工行业——糠醛渣资源化	大连理工大学
29	糠醛生产蒸发器除垢与消泡技术	开发了高效溶气气浮法除油技术，采用经疏水处理的多孔陶瓷进行消泡，要求多孔陶瓷孔径小于泡沫直径，泡沫在流动、穿过多孔陶瓷过程中被撕裂、破碎，最终实现消泡	化工行业——糠醛生产蒸发器除垢与消泡	大连理工大学
30	芦苇造纸清洁制浆技术	经过适当加热的强碱性物质可以与 H_2O_2 发生剧烈分解反应并释放热能的原理应用于制浆，并在常压下进行蒸煮制浆	造纸行业——清洁生产	大连理工大学
31	“三段挤压两段置换”造纸黑液提取技术	提出了“三段挤压两段置换”的黑液提取工艺，借助“稀释置换”原理，利用置换液与固形物废液的浓度差，使溶解性固形物逐渐迁移到置换液中，并加大挤压的力度分离黑液	造纸行业——废水黑液提取	大连理工大学
32	造纸黑液合成木质素磺酸钙技术	通过羟甲基磺化改性合成了木质素磺酸钙黏合剂；黑液经过化学改性制备脱硝催化剂	造纸行业——废水黑液资源化	大连理工大学
33	生物絮凝剂强化脱色技术	采用碱处理法将二沉池的剩余污泥制备成生物絮凝剂，将其用于造纸废水的处理，实现良好的 COD 和色度处理效果	造纸行业——污泥资源化	大连理工大学

编号	技术名称	技术内容	适用范围	研发单位
34	苇田湿地深度处理造纸中段水及回用技术	造纸中段水经生化和气浮工艺处理后，进入苇田湿地进行深度处理，技术集成“混凝+水解+氧化沟+气浮+氧化塘+苇田湿地”等处理工艺	造纸行业——废水深度处理	大连理工大学
35	强化常压过滤法啤酒生产废碱液回收利用技术	采用混凝沉淀-错流陶瓷膜过滤方法，先投加混凝剂进行混凝反应，去除大颗粒杂质，再导入陶瓷膜组件内，将碱液中杂质滤过，回收碱液流出，而杂质经回流管线回流、稀释后再次进入陶瓷膜膜组件内	食品加工业—啤酒废碱液回用	沈阳建筑大学
36	啤酒灭菌废水再生与循环利用技术	通过采用混凝、膜过滤等技术使灭菌废水达到再生水回用标准，回用于灭菌过程；同时依据不同温区分别循环利用灭菌水，在保证灭菌效果的同时，也保证了各温区水温的稳定	食品加工业——啤酒厂灭菌废水回用	沈阳建筑大学
37	啤酒综合废水深度处理与回用技术	改进了活性污泥段启动方式，提高了微生物对低磷环境的适应能力，保证了在低磷情况下微生物的活性，通过控制 HRT、DO 等影响因素，提高微生物对污染物的去除	食品加工业——啤酒厂废水处理	沈阳建筑大学
38	IC-A/O-MBR 组合工艺玉米深加工废水处理技术	将 MBR 工艺引入玉米深加工废水处理系统中，集成开发了 IC/A/O/MBR 工艺组合，通过优化设备运行参数，改善了出水水质	食品加工业——玉米深加工废水处理	中国环境科学研究院
39	MBR-RO 组合工艺玉米深加工废水深度处理与回用技术	首次将 MBR-RO 联用耦合工艺应用于玉米深加工废水处理及回用领域；废水经过 MBR 处理后，出水水质稳定，满足反渗透进水要求，经 RO 处理后，出水达到循环冷却系统补充水水质标准	食品加工业——玉米深加工废水处理与回用	中国环境科学研究院
40	气浮-水解法难降解工业综合废水高效预处理技术	对气浮溶气压力和回流比的优化控制，完成对工业废水中的残渣和油污的去除，通过对水解 HRT 和污泥浓度的优化控制，完成厌氧条件下的水质 B/C 比的提高，进而实现高浓度、难降解工业综合废水的高效预处理	污水厂升级改造——工业综合废水处理	北京工业大学
41	混凝/气浮-水解酸化-前置反硝化 BAF 工业综合废水深度处理集成技术	化学除磷+气浮除油+水解酸化+前置反硝化 BAF 的深度处理全流程工艺，对高油、高黏渣、高悬浮物、有机物浓度高又极难降解的工业综合废水具有较好的处理效果，出水能够达到国家一级 A 排放标准	污水厂升级改造——工业综合废水处理	北京工业大学

编号	技术名称	技术内容	适用范围	研发单位
42	高负荷低回流比前置反硝化 BAF 深度脱氮技术	通过对缺氧-好氧工艺的运行参数控制，实现在低回流比的条件下，高负荷运行，实现对高浓度工业废水的深度脱氮	污水厂升级改造——工业综合废水处理	北京工业大学
43	BAF 滤床厚度与粒径级配优化法工业综合废水处理技术	在滤池现有构筑物基础上，通过对滤床厚度以及滤料粒径级配的优化调控，实现对工业综合废水稳定达标排放	污水厂升级改造——工业综合废水处理	北京工业大学
44	北方寒冷地区 A/O-人工湿地组合工艺污水处理技术	根据北方气候春秋短、冬夏长的特点，制定了不同的耦合工艺，分别适合冬季、夏季污水处理；筛选强化脱氮填料、研究低温硝化菌强化脱氮与不同人工湿地组合脱氮技术	污水厂升级改造——北方寒冷地区人工湿地冬季运行	辽宁北方环境保护有限公司
45	北方寒冷地区人工湿地强化脱氮技术	针对人工湿地脱氮效率低特别是低温时脱氮效率低的问题，在脱氮填料筛选、低温硝化菌强化、不同人工湿地组合脱氮能力方面进行研究	污水厂升级改造——北方寒冷地区人工湿地冬季运行	辽宁北方环境保护有限公司
46	接触氧化-炭吸附组合工艺矿区生活污水处理技术	使用接触氧化-生物炭吸附组合工艺，采用好氧-缺氧-好氧等措施，提高有机物、TN、TP 及悬浮胶体去除率，降低污泥产生量	污水厂升级改造——矿区生活污水处理	中国科学院沈阳应用生态研究所
47	北方寒冷区沼气化-好氧堆肥法畜禽粪污资源化技术	利用改进型 USR 厌氧反应器，开展了畜禽粪便厌氧消化以及畜禽粪便、剩余污泥、农村垃圾联合厌氧消化的相关技术研究；在大堆堆肥发酵过程中筛选低温高效好氧发酵菌种，保证了菌剂投入工厂化生产后不会因为堆肥条件的变化而降低效果	农业面源污染控制——畜禽粪便资源化	辽宁北方环境保护有限公司
48	北方寒冷山区沼气池保温技术	采用日光温室与沼气池保温措施相结合的技术提高冬季沼气池内温度，保证发酵所必需的温度；增加沼气池地下防水措施防止冬季土壤含水冻结	农业面源污染控制——寒冷山区生物质能源开发与利用	中国科学院沈阳应用生态研究所
49	稻田水肥调控与节肥节药栽植技术	①稻田内水肥调控技术：设置不同生态田埂厚度，同时设置在田埂种植大豆和不种植作物两种方式，精准施肥，设置防止侧渗的生态田埂，减少 N、P 养分侧渗流失 ②高光效栽植技术：确定栽培垅向为磁南偏西 18°，采用 0.2 m 小行距 2 行种植，株距 9～11 cm，0.6+0.2 m 组合垄，最大限度地提高光能利用率	农业面源污染控制——稻田面源污染源头控制	沈阳大学

编号	技术名称	技术内容	适用范围	研发单位
50	稻田外生态拦截沟渠污染阻控技术	根据当地稻田沟渠众多、沟渠中水流速度不快的实际条件，充分利用现有的自然资源条件，对稻田区排水沟渠进行一定的工程改造，建成了生态拦截型沟渠系统，使之在具有原有的排水功能基础上，增加对稻田排水中所携带 N、P 养分的去除、降解生态功能	农业面源污染控制——稻田面源污染治理	沈阳大学
51	河岸乔-灌-草三带植物群落配置净污技术	结合辽河源头区的地域特点及河岸植被净化带服务功能，在河岸边开展了乔木、灌木、草被不同组合的“三带”“双带”“单带”植被净化带野外试验，“三带”由岸边带、中间净化带及外围净化带组成	农业面源污染控制——河岸生态修复和净化	吉林省环境科学研究院
52	山地小流域多级生态透水坝构建技术	透水坝是采用打桩、编篱、沉树、植树、堆石等方式修建对水流干扰较小并具有缓流落淤作用的河道整治建筑物；开发出多个透水坝组成多级透水坝系统，从整体上提高透水坝对小流域河流水质的净化能力	农业面源污染控制——山地小流域河流水体净化	中国科学院沈阳应用生态研究所
53	浑河上游水源涵养区植被生态恢复关键技术	针对不同立地、林龄、抚育强度对林木生长影响，提出落叶松水源涵养林大径木林培育技术措施和伐前更新方法，针对不同类型的次生林，人工伐除非目的树种，形成人工林窗，促进人工更新的方法提高天然水源涵养林结构优化和生态恢复	河流水环境修复——水源涵养区植被生态恢复	中国科学院沈阳应用生态研究所
54	浑河上游河岸植被缓冲带构建与恢复技术	应用生态学手段与工程技术措施结合，筛选合适植物种系，根据入库河道水体污染特征，集成不同的河岸带植被模式的构建技术	河流水环境修复——河岸植被缓冲带构建与恢复	中国科学院沈阳应用生态研究所
55	FBBR-植物床组合在线修复技术	设计了以除磷作用为主的复合植物床载体、植物和基质；并设计了一组折流式浮动生物反应器（FBBR），确定了 FBBR 的气水比、冲击负荷，气格室数量，单因子去除效果等，对关键技术参数进行了优化	河流水环境修复——缓流段水体原位修复	沈阳大学
56	生态滤床法支流河水质改善技术	研发了人工强化生态滤床污染支流河水质改善技术，通过改变传统生物滤池的竖流式设计，结合自然河道的水文特征，充分利用河道的自然流向，设置成平流式反应器，有助于将上游的溶解氧（DO）逐步转移到下游	河流水环境修复——支流河水质改善和生态修复	辽宁北方环境保护有限公司

编号	技术名称	技术内容	适用范围	研发单位
57	接触氧化-傍河塘-模块化生物浮岛组合城市支流河生态净化技术	研发了城市重污染支流高效接触氧化-傍河塘和湿地-模块化多层组合、生物浮岛组合生态净化技术集成体系，其中包括重污染支流傍河塘和湿地组合生态净化技术；重污染支流物化预处理与生态组合净化技术；重污染支流在线污染控制及景观构建技术	河流水环境修复——城市重污染支流治理	中国环境科学研究院
58	高效降解菌剂法湿地石油污染物净化技术	针对辽河河口区氮、磷和石油类污染问题，利用芦苇植株对氮、磷的高效吸收和同化能力，筛选和分离出的高效、耐盐型土著石油降解菌，以芦苇裸露根须为固定化载体，构建了对氮、磷和石油污染具有高效净化能力的植物-微生物-土壤复合污染物净化技术	河流水环境修复——河口区湿地修复	中国海洋大学
59	河流水体中固定化菌剂法污染物相转移与分离技术	根据水体中固液两相分离原理，尤其是在离心力和重力作用下的分离特征，实现两相在离心力与重力条件下的强化分离；根据典型河段的河流结构与水力学特征，采用污染物的相转移与相分离技术，探索激湾转流、平滩缓流等特定河段的污染物削减途径	河流水环境修复——河流水体在线修复	沈阳大学
60	阿克曼生态基水体脱氮净化技术	由于生态基具有高生物附着表面积，表面菌藻共生，生物多样性较高，材料微观结构发育，有利于形成优良的微 A/O 环境，为硝化、反硝化作用的细菌群落繁殖以及藻类生长创造适宜的条件，通过生物吸附、絮凝、富集、降解作用，强化氮、磷去除	河流水环境修复——河流水体净化	沈阳大学
61	入海河口区高抗逆性芦苇植株和翅碱蓬植株培育技术	以当地高盐碱湿地生长的芦苇植株及其种子为供试材料，应用梯级盐分组织培养和田间高盐胁迫筛选等手段筛选出优良芦苇品系；以抗盐性较强的翅碱蓬植株为供试材料，通过茎尖离体组织培养获得具有分化能力的愈伤组织，将不同品性和不同抗性的愈伤组织细胞化后进行细胞融合，进而对融合细胞进行激素诱导、组织培养和高盐筛选，从近千株融合细胞中获得了 10 余株具有高抗盐的翅碱蓬植株新品系	河流水环境修复——高盐退化河口湿地生态恢复	中国海洋大学

编号	技术名称	技术内容	适用范围	研发单位
62	湿地退化多尺度识别技术	主要应用遥感影像解译、植被指数反演、区块对比和源解析等方法综合分析河口区不同湿地类型的演化趋势与退化机理，是一种宏观与微观相结合的多尺度综合识别技术	河流水环境修复——河口湿地退化识别	辽宁省环境科学研究院
63	河口湿地净污功能评估方法	针对辽河河口芦苇湿地，筛选并建立了包括重金属、石油类和 COD 等不同类别污染物在内的多层次多元化的净污功能评价指标体系；采用污染防治成本法、模糊数学法、影子工程法和成果参照法等多种方法从不同角度评估了辽河河口湿地的净化功能价值（现金价值），建立了相应的评估方法	河流水环境修复——河口湿地评估	中国海洋大学
64	辽河口湿地污染物入海通量计算方法	采用优化监测布点、水量平衡估算等方法，基于湿地水利工程结构布局，从所有节点中筛选出关键沟渠节点作为水质监测点，测定湿地进、出水水质；采用瞬时浓度平均法对进、出水污染物实施分时段加和计算，估算湿地污染物的输入、输出通量	河流水环境修复——河口湿地污染物入海通量估算	中国科学院沈阳应用生态研究所，沈阳大学
65	水量-水质模型法河口区湿地水资源调控技术	采用模型预测方法，建立了河口区大型湿地生态-水文耦合模型和辽河口感潮河网水量-水质耦合模型，通过对湿地生态水文过程模拟和河网水质和水量预测，进行湿地淡水资源调控方案的优化	河流水环境修复——河口区湿地水资源调控	中国海洋大学
66	经济社会发展-水环境质量关系定量化技术	综合分析近年来产业结构、城市化率、水质、污染物排放等社会经济及环境指标的变化情况，运用多元线性回归分析，定量研究了辽河流域水环境演变与流域内社会经济发展之间的关系，为制定水环境经济发展政策提供理论依据和科学依据	河流水环境管理——流域水环境管理	中国环境科学研究院
67	环境技术评估指标识别与体系构建技术	在对比分析不同环境技术评价方法基础上，确定采用多项技术评估方法，将环境技术分解成若干评价因子，通过一定数学模型，对技术进行综合评价，建立了基于费用-效益模型的环境技术评价指标体系	河流水环境管理——流域环境技术评估	中国环境科学研究院
68	辽河流域行业污水治理技术评估方法	在拟合大量模型的基础上，筛选出适合辽河流域典型重污染行业污水治理技术评价模型，基于评价模型，开发了“辽河水污染治理技术评估软件”	河流水环境管理——流域行业污水治理技术评估	中国环境科学研究院

编号	技术名称	技术内容	适用范围	研发单位
69	东辽河源头区多元数据分析水环境问题诊断技术	通过利用自制流水模拟装置，以东辽河和条子河为代表的典型河流优先污染控制指标为研究对象，研究了其迁移转化特征，研究了温度、底质构成和不同水体等因素对典型指标的迁移和转化规律的影响，同时通过实时监测、结合自制的沉积物释放模拟装置研究了典型区域沉积物及间隙水中氮磷形态分布特征及沉积物中有机物、氮和磷的迁移和释放规律，分析了优先控制指标的主要污染来源及其时空分布特征	河流水环境管理——水环境问题诊断	吉林大学
70	东辽河源头区基于水质目标的总量核算与分配技术	利用输入响应模型计算了辽河源头区各控制单元内上游断面、各支流和各主要纳污区段对下游各监测断面的响应系数以及对各控制断面的浓度响应值。从而分析了上游断面、各支流和各主要纳污区段对跨界断面水质的影响，提出了水质控制目标	河流水环境管理——水质目标核算与分配	吉林大学
71	太子河流域生态需水量估算技术	研究确定流域生态水文特征，进行流域生态水文分区；再根据河道内水质特征，以水功能分区为基础，剖分内部水质时、空分布特征一致的水质分区；最后在水质分区内部，根据污染源分布、排污强度、行政区划特征，建立生态需水估算分区	河流水环境管理——流域生态需水量估算	中国水利水电科学研究院，辽宁省水利水电科学研究院
72	太子河流域水体功能改善水量配置技术	构建面向河流水质改善的水质水量联合配置模型和集数据库、模型库与人机交互界面等于一体的计算平台，全面提出了支持辽河流域可持续发展、供水安全和水质改善的水资源配置系列成果	河流水环境管理——流域水资源管理	中国水利水电科学研究院，辽宁省水利水电科学研究院
73	太子河流域水质水量优化配置仿真模型技术	采用 SWAT 模型对辽河流域坡面过程进行模拟，太子河流域和浑河流域的坡面过程通过模型精细模拟，辽河干流通过输出系数法估算	河流水环境管理——流域水资源管理	中国水利水电科学研究院，辽宁省水利水电科学研究院，沈阳农业大学

编号	技术名称	技术内容	适用范围	研发单位
74	库群联合调度-闸坝调控太子河水质改善技术	以保障河流水质改善为导向，河流水量调控切入点，依据系统工程理论，开发了具备辽河流域水质水量联合调配所需的数据库、模型库、方案库及具有良好人机交互界面面向对象的决策支持系统	河流水环境管理——流域水质水量调度	中国水利水电科学研究院，大连理工大学，辽宁省水利水电科学研究院
75	水污染突发事件水力应急调度预案制定关键技术	通过水污染突发事件应急调度基础数据库建设、流域污染风险源识别、水污染突发事件预测模型、水力调度模型、应急调度预案、水力应急调度决策支持系统为一体，不仅体现单项技术的创新，还体现了明显的集成创新	河流水环境管理——水污染突发事件水力应急调度预案制定	中国水利水电科学研究院，辽宁省水利水电科学研究院，辽宁省水文局

13　石化行业水污染治理

13.1　关键技术 1：生物定向转化采油污水难降解组分处理技术

技术简介：针对采油污水中石油类及各种有机高分子聚合物等难降解组分，尤其是稠油污水中的胶质、沥青质等石油类成分，根据厌氧生物处理，兼顾厌氧、好氧和兼性菌对稠油污水的不同作用，自主研发了适合辽河油田采油污水的复合型微生物菌剂，实现了采油污水难降解组分在厌氧生物反应器中的定向转化。

技术突破：自主研发了适合辽河油田采油污水的复合型微生物菌剂，组方包括：铜绿假单胞杆菌、枯草芽孢杆菌、地衣芽孢杆菌、弗氏丙酸杆菌、液化金杆菌、环状芽孢杆菌、萎蔫短小杆菌、球形节杆菌、木棍杆菌和热土厌氧棒菌。

应用效果：pH 为 7.5 时，稠油废水 COD 的去除率可达 49.77%。

先进性分析：该技术具有降解石油和产生生物表面活性剂的双重功能，与单独使用石油降解菌的处理效率相比，处理效率可提高 20%左右，并且厌氧出水中脂肪酸类有机物比例升高，实现了可调控污染物的定向转化。

应用前景：采用含多种外源微生物和土著微生物的复合型菌剂，可利用微生物间的协同作用和共代谢作用，促进污水中污染物的降解和转化，可显著提高降解产物中脂肪酸等物质的比例，对污染物的降解具有调控功能，对于难降解稠油废水处理具有很好的适用性和应用前景（图 13-1、图 13-2）。

13.2　关键技术 2：水基清洗-立式旋转焚烧法油泥中油回收和热利用技术

技术简介：针对稠油污水的 COD 去除问题，以污染物分类、分子量分级处理过程分段为技术思路，以生物-物化协同为工艺核心，通过生物反应改变有机物的组成和结构，利用生物代谢对污染物进行定向转化；与生物处理相匹配，选择具有针对性的物化

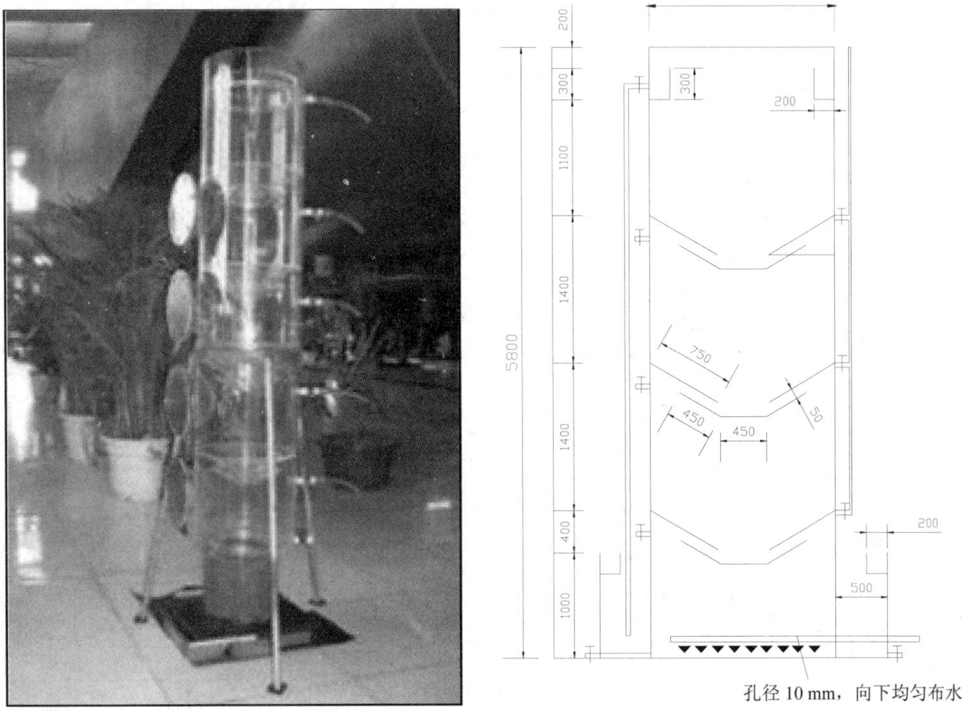

图 13-1　厌氧生物反应器

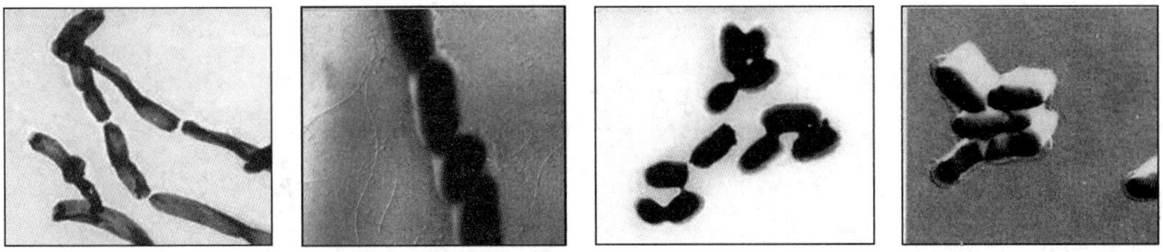

（a）弗氏丙酸杆菌（6 000×）（b）环状芽孢杆菌（15 000×）（c）木棍杆菌（10 000×）（d）液化金杆菌（15 000×）

图 13-2　优势微生物菌株细胞形态和表面特征

工艺，根据生物、物化技术的临界条件，通过目标污染物的高效分离去除，解决难降解 COD 的削减问题；针对油田含油污泥的来源与种类，以水基清洗法对易脱附油泥进行油资源回收，以两步焚烧法对难脱附油泥进行热能利用，以电动修复法对低浓度油泥进行深度处置。通过研发相应的卧式转笼淘洗、立式旋转焚烧、变极电动修复等关键设备，建立了系统的油泥处理技术（图 13-3）。

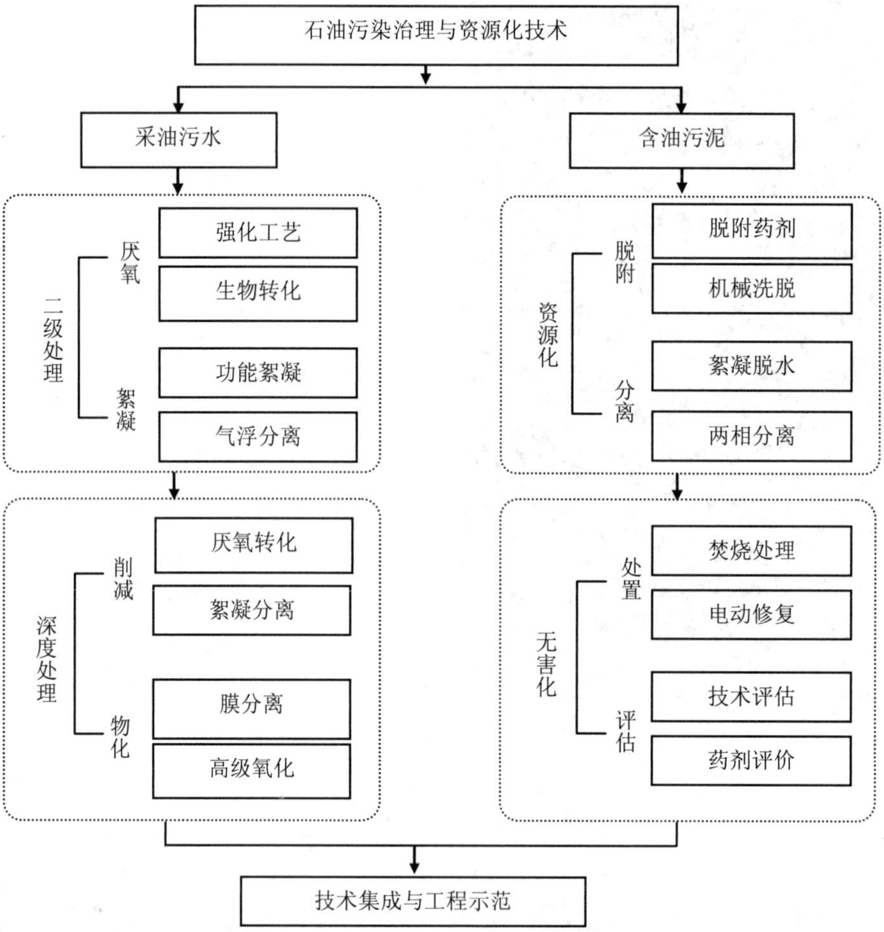

图 13-3　采油污水、污泥污染控制与资源化技术系统

技术突破：开发了石油类污染物资源化分离与回收技术。针对含油污泥中不同组分的脱附特性，研发了具有强化搅浑、高效脱附的卧式回转淘洗设备及配套化学药剂，实现了落地油泥与罐底油泥中石油类组分的高效回收。同时，研发了废物无害化安全处置技术。针对难脱附高热值含油污泥的无害化处理问题，依据油泥中重质组分比例较高的特点，开发了立式旋转焚烧方法。通过设置二燃室，实现了固相对流预热，对挥发气进行导流后在二燃室内再次燃烧，尾气排放指标达到《危险废物焚烧污染控制标准》（GB 18484—2001），残渣热灼减率低于 5%，热能利用率超过 70%。在技术集成基础上，形成了适合稠油污泥处理的系统技术。

应用前景：辽河油田是典型的稠油、超稠油开采区，石油烃污染物与其他油田相比显著不同，处理难度也远高于其他油田。所研发的采油污水深度处理工艺能够达到稠油采出污水处理高标准排放目标，该技术不仅可在辽河油田应用，也可在胜利油田、新疆油田、中原油田等稠油开采区及大庆等三采区块推广应用，具有极大的市场需求。含油污泥处理后，其中所含的烃类有毒有机物大幅度削减，减少其流入地表水体的风险，本技术适合于油田的难处置含油污泥，是实际应用的成熟技术，已经在辽河油田进行建设投入使用。综上所述，研发的采油污水及含油污泥处理技术，可为辽河河口区地表水质改善、污染物削减提供强有力的技术支撑。

13.3　关键技术 3：微絮凝-接触过滤难降解石化废水回用技术

技术简介：针对难降解石化废水二级生化处理出水的深度处理与资源化回用，在过滤前不设沉淀工序，通过加入一定量的絮凝剂在短时间内形成微小絮凝体，然后立即进入滤池，絮凝反应在滤池中进行。

技术突破：该技术将饮用水处理中的微絮凝-接触过滤技术应用于石化化纤二级处理出水的资源化回用的深度处理单元，有效地解决了化纤综合废水生化系统出水 COD 和 TP 超标以及出水不能回用的瓶颈问题，并成功应用于辽阳石化化纤废水深度处理与回用示范工程，达到了较好的处理效果和较低的处理成本。

应用效果：该技术深度处理化纤废水二级生化出水，污染物去除率高、运行稳定、投药量少、反应时间短、出水可直接达标排放或回用。系统运行稳定、混凝速率快、停留时间短、污染物去除效率高，COD、TP、浊度与 SS 去除率分别达到 59.0%、96.9%、92.6%与 78.4%；化纤废水二级生化出水经过絮凝-接触过滤工艺深度处理后满足《辽宁省综合污水排放标准》《中石油初级再生水回用指标》。

经济性分析：该工艺运行效果稳定、停留时间短，运行成本为 0.5 元/t 水左右。

先进性分析：示范工程新建深度处理回用单元，将原二沉池排水汇集至集水池，经过絮凝-接触过滤深度处理后，出水水质从示范工程实施前的 COD 60 mg/L、SS 50 mg/L、TN 20 mg/L 与 TP 1.5 mg/L 分别降至 COD 30 mg/L、SS 10 mg/L、TN 10 mg/L 与 TP 0.5 mg/L 以下，满足中石油初级再生水回用指标的要求。示范工程深度处理单元运行费用约 0.5 元/t 水，废水处理规模为 24 000 m^3/d，回用规模 10 000 m^3/d，年减排 COD 约 350 t。

应用前景：该技术将饮用水处理中的微絮凝-接触过滤技术成功运用于难降解石化废水的资源化回用深度处理中，实现了难降解石化高有机物浓度化纤废水的低成本资源化回用处理，出水可稳定满足中石油初级再生水回用指标的要求，对于石化难降解有机废水低成本资源化回用具有很好的适用性和应用前景（图 13-4）。

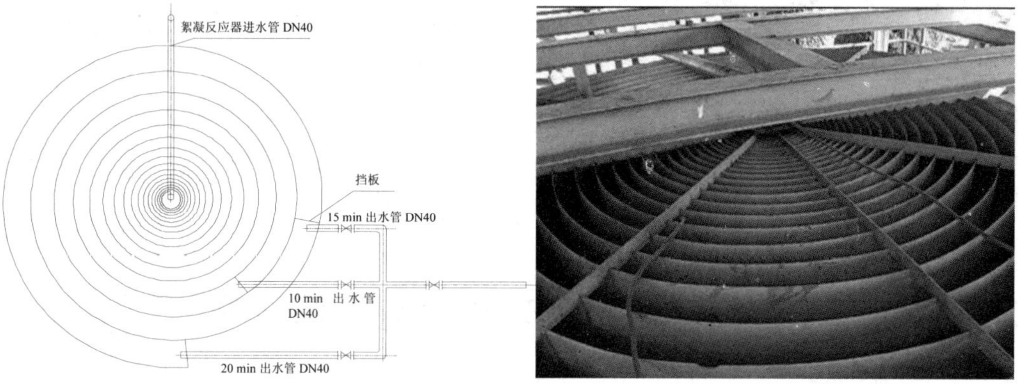

图 13-4　中试絮凝反应器原理示意图与现场装置照片

13.4　关键技术 4：BAF-UF/RO 耦合乙烯废水回用技术

技术简介：针对乙烯外排废水量大、有机物和盐含量较高特点，研发了 BAF-UF/RO 耦合工艺集成技术，主要研发了 BAF 新型生物陶粒填料、超滤反渗透膜材质、清洗药剂、清洗方法，以及各处理单元耦合集成等，解决了膜污染以及使用寿命的问题，提高了处理系统效率，降低了处理成本。建设了规模 7 200 t/d 的示范工程，工程废水回用率 80%，年减排废水 200 万 t。

技术突破：针对石化乙烯废水的高盐、难降解特性，构建了 BAF-UF/RO 组合工艺，攻克了乙烯化工高盐难降解有机废水深度处理与回用技术瓶颈。其中 BAF 技术采用了自制的新型免烧粉煤灰陶粒填料，同时采用强制鼓风曝气技术，有效防止了气泡在滤料中的凝结，提高了氧气利用率，降低了能耗。

应用效果：针对抚顺乙烯化工废水达标排放率低、资源化回用程度低的问题，根据抚顺乙烯化工厂的要求和实际问题，将研发的 BAF-UF/RO 关键技术作为主体工艺应用到抚顺乙烯化工厂废水深度处理与回用工程中，进行了工程示范。当进水 COD 为 30～90 mg/L、NH_4^+-N 为 0.79～3.0 mg/L、浊度为 18～36 NTU、电导率为 1 112～1 741 μS/cm 时，组合工艺运行稳定，COD、NH_4^+-N、盐度平均去除率分别达 93.0%、73.9%、97.0% 以上，出水 COD 浓度 1.0～8.0 mg/L、NH_4^+-N 浓度＜1.0 mg/L、浊度＜0.2 NTU、电导率＜40 μS/cm，出水水质可稳定满足抚顺乙烯化工厂对循环冷却水补水水质要求。

经济性分析：该集成技术处理石化乙烯废水，综合考虑药物添加，各处理设施运行的电费、耗材、修理费、折旧及操作人员工资福利等因素，水处理费用约为 2.25 元/t 水，每年可减少外排废水 208 万 t，减少 COD 排放 52 t。

先进性分析：自制新型免烧粉煤灰陶粒填料应用于 BAF 技术中，具有生产成本低、抗冲击负荷强、处理效果好等优点，当进水 COD 在 30～90 mg/L 范围内波动时，组合工艺运行稳定，COD 平均去除率达 93.0%以上，COD 出水浓度在 1.0～8.0 mg/L 波动，低于 20 mg/L，满足循环冷却水水质标准要求。

应用前景：该技术将自主研发的低成本、高效生物颗粒填料综合运用于运行效果稳定的 BAF 污水处理技术中，并与国内外较先进的膜分离技术集成组合，出水可稳定满足企业循环冷却水水质要求，实现了石化高盐难降解有机废水的回用，对石化行业实现节水降耗、清洁生产具有很好的适用性和应用前景（图 13-5、图 13-6）。

图 13-5　中试实验主体装置及流程图现场照片

A 加药装置　　B 盘式过滤器　　C 反渗透浓液处理臭氧主机

图 13-6　中试实验辅助装置现场照片

13.5 关键技术 5：絮凝沉淀-多介质过滤-双膜法乙烯清洁下水回用技术

技术简介：针对抚顺石化大乙烯厂第一、第二循环冷却水厂循环排污水及部分回用水水质特点，构建了絮凝沉淀—多介质过滤—超滤—反渗透组合工艺技术，用于高效处理乙烯厂清洁下水后作为循环水补水。该集成技术中以絮凝沉淀完成污水中悬浮物和大部分有机物的初步去除；多介质过滤完成污染物高效截留；超滤—反渗透组合进一步脱盐、脱有机物，以达到废水回用目的。

技术突破：抚顺石化大乙烯厂清净下水包括第一、第二循环冷却水厂循环排污水，以及清洁雨水和生产生活污水处理后的回用水；水量较大（380 m^3/h），有机物含量较低（COD 70.0 mg/L，BOD_5 5.0 mg/L），但含盐量及悬浮物较高，总硬度 620 mg/L，硫酸盐 360 mg/L，氯化物 124 mg/L，TDS 3 315 mg/L，SS 100 mg/L；以上特征的清洁下水，如进入生产废水处理系统，则导致运行成本极大提高；直接排放则非常浪费水资源。因此，针对抚顺石化大乙烯厂清洁下水水质现状，结合废水回用要求，创新形成了絮凝沉淀-多介质过滤-超滤-反渗透组合技术。其中絮凝沉淀完成污水中粒径较大悬浮物和有机物的去除；多介质过滤用于污染物高效截留，便于后续深度处理；超滤进一步去除胶体有机物、悬浮物；最后反渗透进行深度脱盐、脱有机物，以使处理后水质达到回用（循环水补水）要求。该技术可有效处理低有机物浓度、高含盐量废水，满足废水回用要求，具有广泛的应用前景。

应用效果：该技术的小试实验在抚顺试验基地进行，应用絮凝沉淀—多介质过滤—超滤—反渗透组合技术处理抚顺石化大乙烯厂清净下水（图 13-7），其优化的运行参数为：活性炭过滤器滤速 11.88 m/h，强制滤速为 15.8 m/h，水反洗强度 8～10 L/（$m^2 \cdot s$），气洗强度 10～15 L/（$m^2 \cdot s$），采用压缩空气；超滤 HRT 为 30 min，膜通量 64.7 L/（$m^2 \cdot h$），工作压力 0.2 MPa，过滤周期 30～45 min，反洗历时总计 30～60 s，反洗强度 100 L/（$m^2 \cdot h$），产水 SDI＜3.0，产水浊度＜1 NTU；反渗透膜通量为 18.0 L/（$m^2 \cdot h$），采用 2∶1 排列，脱盐率≥98.0%，水回收率≥60.0%。实际清洁下水原水水质：COD 70.0 mg/L，BOD_5 5.0 mg/L，SS 100 mg/L，石油类 5.0 mg/L，TDS 3 315 mg/L；经混凝澄清过滤后水质为：COD 32.0 mg/L，BOD_5 4.0 mg/L、SS 5.0 mg/L，石油类 1 mg/L，TDS 3 297 mg/L；经超滤后水质为：COD 21.0 mg/L，BOD_5 3.6 mg/L、SS 0.05 mg/L，石油类 0.05 mg/L，TDS 2 485 mg/L；最后经反渗透处理后水质为：COD 3.0 mg/L，BOD_5 1.0 mg/L、SS 0 mg/L，石油类 0 mg/L，TDS 115 mg/L；最终出水稳定达到中国石油《炼油化工企业污水回用管理导则》中确定的回用水质指标要求。

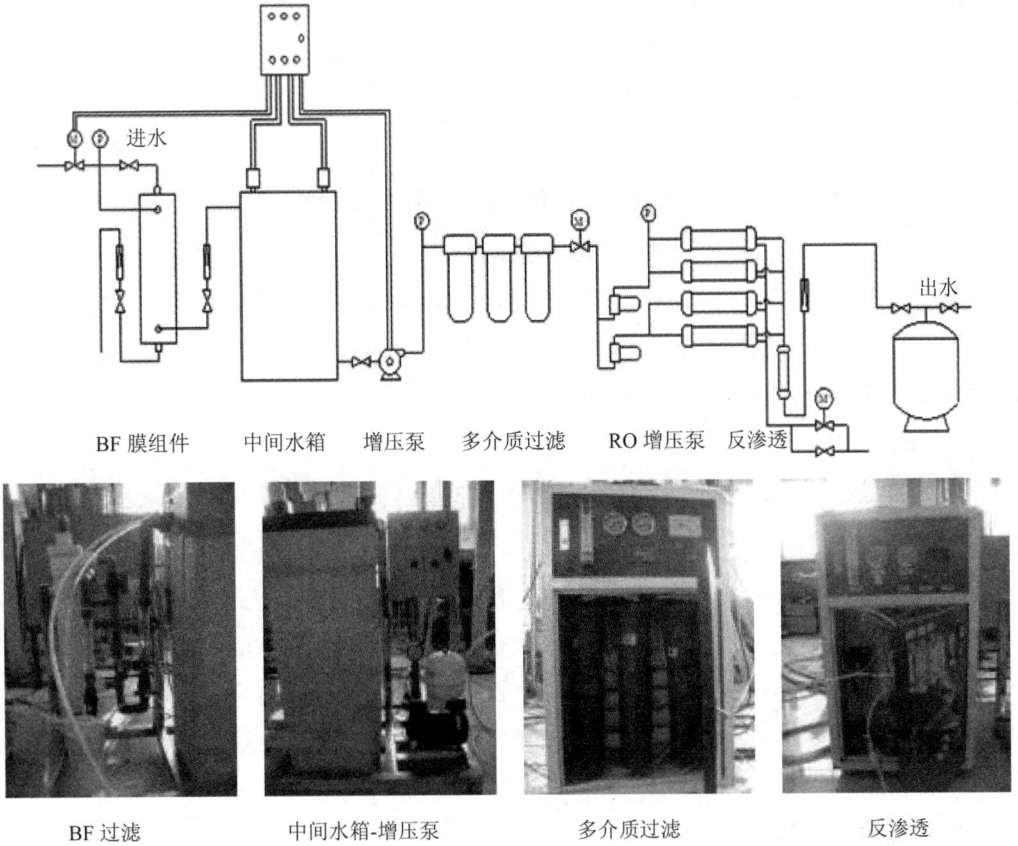

图 13-7 絮凝沉淀-多介质过滤-双膜法集成处理工艺设备

经济性分析：工艺前段选择了絮凝高效澄清及过滤技术，采用了价格相对低廉的PACl、聚丙烯酰胺（PAM）作为絮凝剂，小试证明其组合工艺能去除大部分有机物、悬浮物，减轻了后续处理负担，加之设计合理的清洗程序，可使得超滤、反渗透处于最优工作状态，极大地延长了膜组件更换周期，降低运行成本。使用上述工艺技术，乙烯清洁下水处理成本为 2.68 元/t 左右。此外由于废水处理达到了回用水标准，每年可为企业节水 220 余万 t，节约用水成本 300 余万元。

先进性分析：该组合工艺关键核心——反渗透过滤技术，是当今最先进和最节能的膜分离技术，由于反渗透膜的膜孔径非常小，能够有效去除水中的溶解盐类、胶体、微生物、有机物等，去除率高达 97.0%～98.0%。组合技术针对清洁下水水质特点及废水回用要求，合理设计技术流程并选择单元工艺技术，使各工艺均较好地完成独立处理目标，满足后续高效、经济处理要求，达到了高效絮凝、截留有机物、悬浮物，深度脱盐等目的，该技术对于清洁下水回用处理提供了创新性思路和技术。絮凝沉淀—多介质过滤—超滤—反渗透组合技术从单元技术和流程方面都具有先进性。

应用前景：该技术综合集成了国内外先进、有效、经济且技术稳定的污水处理技术，可以使清洁下水实现回用及零排放。因此该技术对于石化行业循环水排污处理具有很好的适用性和应用前景。

13.6 关键技术 6：多格室脱氮型 MBR 反应器技术

技术简介：通过 A/O、接触氧化、氧化沟、泳动床等工艺与膜分离技术的综合集成，兼具颗粒污泥、生物膜、活性污泥等多种生物形态，该反应器生物持留量大、硝化和脱氮效果好、耐冲击性能较强、装备化程度高、运行管理简单，对于难降解石化工业废水具有很好的适用性和应用前景。

技术突破：好氧区分成多个格室，有效地强化了微生物处理系统中水质对微生物的选择性培养，使得各格室具有独特的优势微生态系统，从而发挥多元化的水质净化功能。各格室中安装悬挂式的聚丙烯纤维填料，能够提高反应器附着型微生物的持留效率，首先，提供了局部生物膜好氧、缺氧的微生态环境，可有效地提高反应器的脱氮效果；其次，尽可能选择和持留代谢特征性难降解污染物的高效菌种；最后，生物膜的脱落和格室中内循环的湍流水力状态，为颗粒污泥的形成提供了很好的存在条件，使得反应器中具有非常丰富的生物相状态，提高了反应器的耐冲击能力和污染物去除效果。

应用效果：该技术的小试实验在抚顺试验基地完成并取得较好的应用效果，已应用于抚顺石化腈纶厂废水处理中试，试验结果表明，该工艺有效地提高了系统硝化和脱氮效果，NH_4^+-N 去除率可达到 97.0%以上，TN 去除率可达到约 80.0%，解决了抚顺石化腈纶厂水处理流程中出水 NH_4^+-N 高于进水的问题，可彻底解决难降解干法石化腈纶废水处理的达标排放问题。

经济性分析：该集成 MBR 设备与腈纶厂现有接触氧化工艺相比，同等 COD 去除效果下，NH_4^+-N 去除率可提高 97.0%以上（现有工艺总体 NH_4^+-N 去除率为负值），TN 去除率可提高 80.0%以上（现有工艺 TN 去除率为零），水处理成本为 1.65～3.30 元/t；同时，与腈纶厂现有工艺“好氧池、一沉池、调酸池、静态混合器、二沉池、缺氧池、生物流化池、硝化池、三沉池”等的占地面积相比，分格室集成化的反应器构型设计可节省 30.0%～65.0%的占地面积。

先进性分析：该技术可实现 A/O 脱氮、接触氧化、氧化沟、泳动床等工艺与膜分离技术的综合集成，兼具颗粒污泥、生物膜、活性污泥等多种生物形态，反应器生物持留量大，针对难降解工业废水，处理效果较好，耐冲击性能较强，装备化程度高，运行管理简单，是一种灵活性较强、较为实用的生化水处理集成工艺设备（图 13-8、图 13-9）。

该套集成设备在技术集成方面具有明显的先进性。

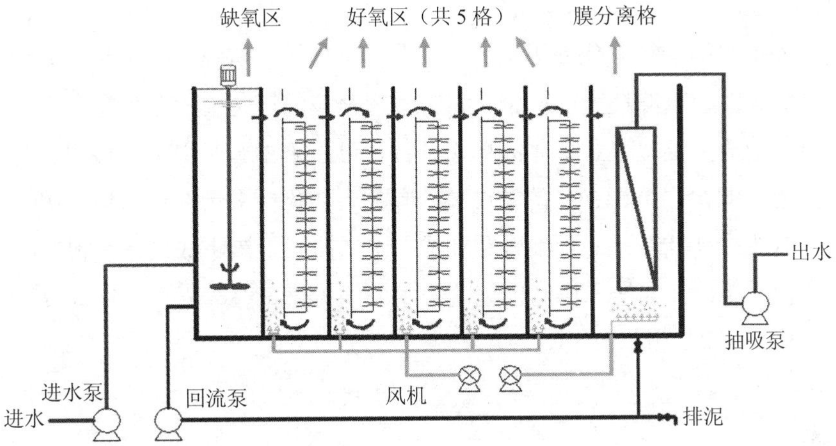

图 13-8　多格式脱氮型 MBR 小试设备流程示意图

图 13-9　多格式脱氮型 MBR 小试设备及中试设备照片

应用前景：该反应器微生物持留效率高、微生物相复杂、水力状态和微环境状态多元化，可高效地强化难降解污染物的降解过程和硝化反硝化脱氮过程，对于难降解石化废水而言具有很好的适用性和应用前景。

13.7　关键技术 7：臭氧高效物化氧化处理技术

技术简介：经过技术集成和优化，该集成设备在高效去除有机物的同时，有效强化含氮杂环类及氨基化合物的氨化作用，有效解决难降解石化干法腈纶废水二级生化处理单元中生化性差和氨化过程难的瓶颈问题。

技术突破：利用机械混合溶气泵，通过高速旋转的叶轮，将 O_3 气泡与叶流充分混合、溶解、释放，将 0～30 微米级的臭氧微气泡均匀地分散于处理水中，不但极大地强化了臭氧与处理水的接触氧化效果，而且具有浮选作用，增强了工艺对较大颗粒物的物理分离去除效果。超声波技术的耦合，利用了超声波的空化作用，使得微米气泡边界产生瞬时高温，创造了类似湿式氧化的特殊条件，可显著增强臭氧氧化效果。另外，紫外光的光解作用和催化作用、H_2O_2 的辅助氧化作用，以及粉末活性炭催化作用等多种耦合技术，可灵活地与臭氧氧化进行耦合和集成。综上所述，该集成设备可根据处理水水质和工段位置，灵活设计多技术协同催化的技术联用方案，最大限度地提高臭氧接触氧化塔的处理效果（图 13-10、图 13-11）。

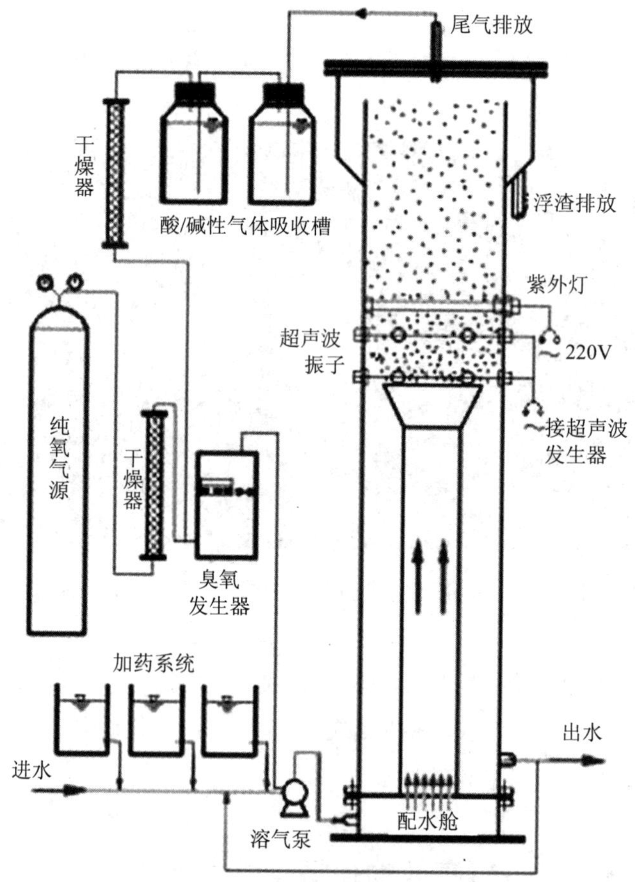

图 13-10　臭氧高级氧化小试设备流程示意图

图 13-11 臭氧高级氧化小试设备及中试设备照片

应用效果：该技术的小试实验在抚顺试验基地完成并取得较好的应用效果。试验结果表明：该反应器在高效去除有机物的同时，还可有效地强化含氮杂环类及氨基化合物的氨化作用，可有效解决二级生化处理单元中氨化过程难的瓶颈问题。该集成设备已应用于腈纶厂中试工艺流程，试验结果表明，多技术协同催化微气泡臭氧高级氧化工艺，处理效果优于常规臭氧氧化工艺，COD 去除率可提高 1～2 倍。作为石化干法腈纶废水二级生化处理的后处理单元，在 30～60 min 接触氧化时间下，COD 去除率可达到 30.0%～70.3%，出水可满足《污水综合排放标准》中的一级排放标准。

经济性分析：该集成设备与普通臭氧接触氧化工艺相比，在同等 O_3 投加量和接触时间下，O_3 接触效果得到较大提高，COD 去除效果可提高 1～2 倍，水处理成本为 2.30～4.60 元/t；同时，塔形的反应器结构设计可有效地节省构筑物占地面积约 50.0%。

先进性分析：该技术可实现微气泡气液混合接触、超声波协同催化、紫外光协同催化、过氧化氢协同催化、粉末活性炭协同催化等多种协同催化技术的综合集成，装备化程度高，针对难降解工业废水处理效果较好，同时可针对不同的处理水水质筛选最佳的协同催化组合单元技术，既可用于工业废水的预处理，又可用于二级处理单元后的深度处理，是一种灵活性较强、较为实用的物化水处理集成设备，在技术集成方面具有明显先进性。

应用前景：该集成设备臭氧接触氧化效果好、占地面积小、协同催化耦合技术操控灵活，可针对不同处理水、不同工段组合联用技术，不但可以高效去除有机物，而且可以有效强化难降解含氮杂环类及氨基化合物的氨化作用，因此，对于难降解石化废水具有很好的适用性和应用前景。

13.8 关键技术 8：纳滤-亚硝化/厌氧氨氧化-非均相电催化反渗透浓水高效处理技术

技术简介：反渗透浓水及膜污染导致通量衰减，一直以来是膜技术应用所无法避免的难点和障碍。本技术以亚硝化/厌氧氨氧化-非均相电催化方法处理膜法浓水，创新提出壳聚糖改性方法制备抗污染、廉价膜材料，可有效解决以上难题，能够推进膜技术的广泛应用。

技术突破：抚顺石化腈纶厂废水处理采用“厌氧（A）—生物好氧（O）—化学氧化—混凝沉淀—缺氧—生物硫化—硝化—生物碳”工艺流程，虽然工艺中生物硫化和硝化单元HRT达到27 h，NH_4^+-N去除率却不足20.0%，出厂水中NH_4^+-N在170～190 mg/L，TN在200 mg/L以上，超标问题严重。研究确认腈纶废水中含有丙烯腈低聚物、烃类、二甲基甲酰胺等硝化抑制剂。针对抚顺腈纶厂废水处理现状，创新提出纳滤-亚硝化/厌氧氨氧化技术，其中纳滤单元完成NH_4^+-N与硝化抑制剂分离，使亚硝化单元能够完成NH_4^+-N氧化作用，亚硝化/厌氧氨氧化单元实现高浓度NH_4^+-N无须外加碳源的自养脱氮，同时创新提出了非均相电催化氧化技术，以负载型羟基氧化铁（FeOOH）作为固相催化剂和三维粒子扩展阴极，利用阴极区发生的异相Fenton-like反应生成的羟基自由基，无选择地与反渗透浓水中的NH_4^+-N、难降解有机污染物发生快速链式反应。固相催化剂可连续使用，运行成本低。该技术可有效处理含高浓度NH_4^+-N的膜分离法浓水，且运行成本低廉，具有广泛的应用前景。

应用效果：小试试验表明，应用纳滤-亚硝化/厌氧氨氧化-非均相电催化技术处理抚顺石化腈纶厂二级处理出水，其优化的运行参数为：产水量500 L/h，过膜压差0.3 MPa，产水率40.0%～60.0%；COD去除率可达80.0%以上，产水COD浓度低于50 mg/L，其一价盐通过率为67.0%，二价盐通过率为15.0%。厌氧氨氧化单元控制反应温度为30～35℃，停留时间6 h，实现了厌氧氨氧化菌的快速倍增以及对实际腈纶废水的高效处理。厌氧氨氧化菌倍增时间为0.09 d^{-1}，对NO_2^--N与NH_4^+-N的去除率均可达到90.0%以上；非均相电催化氧化技术处理抚顺石化腈纶厂纳滤浓水，在HRT 4.0 h，电解池槽压1.5～3.0 V，在近中性和室温条件下，均取得了较好的处理效果，COD去除率可达80.0%以上，实现了对实际有机物污染废水的高效处理（图13-12）。

经济性分析：厌氧氨氧化过程以NH_4^+-N作为电子供体、亚硝酸盐作为电子受体，形成最终产物氮气，可以实现不需外加碳源的完全自养脱氮，大幅度减少曝气量，污泥产量和二氧化碳排放量可减少90.0%，是目前已知最为经济的生物脱氮途径；而与传统的生物硝化-反硝化相比较，亚硝化-厌氧氨氧化技术可减少64.0%左右的曝气量需求，纳滤-亚硝化/厌氧氨氧化技术可实现无须外加碳源的自养脱氮。负载型FeOOH催化剂的载体材料为煤质柱状活性炭，大约 3 500 元/t。固相催化剂可连续使用，无须频繁更换，处理过程中产生的费用基本来自 H_2O_2 的投加。此外，该体系可在中性条件下运行，减少了酸碱用量；而处理过程中无化学污泥产生，避免了后期对铁泥的处理，大大降低了处理成本。水处理成本为 7.8 元/t。

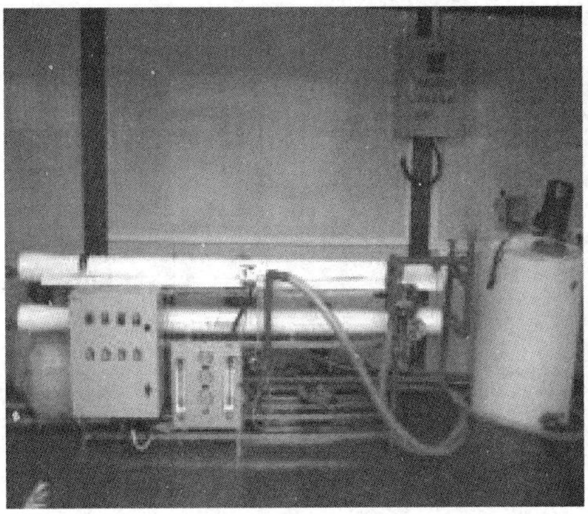

图 3-12 纳滤及反渗透浓水的高效处理中试设备照片

先进性分析：该技术应用国际最新生物脱氮技术厌氧氨氧化来完成缺乏有机碳源的高浓度 NH_4^+-N 废水的高效生物脱氮，并耦合纳滤技术完成硝化抑制剂的有效分离，对含有硝化抑制成分的工业废水处理提供了创新性思路和技术，纳滤-亚硝化/厌氧氨氧化技术从单元和流程方面都具有先进性。而非均相电催化技术可无选择地将不可生化的高分子转化为可生化处理的小分子化合物，有机污染物降解处理的反应过程迅速，废水停留时间短；所需设备体积小，占地面积小，建设工期短，运行成本低；可多组串、并联，处理能力扩充灵活，与其他处理工艺配套性强；催化剂使用寿命长，经济有效。

应用前景：该技术可在不投加外加碳源的条件下实现膜法浓水的脱碳和除氮的功能，可解决膜法浓水处理空白和瓶颈的问题，且曝气量、剩余污泥产生量和二氧化碳排放量均大幅度降低，因此，对于日益增多的膜分离法处理项目浓水的处理具有很好的适用性和应用前景。

13.9 关键技术 9：A/O-PVDF 平板膜 MBR 化纤废水处理技术

技术简介：将传统化纤废水活性污泥处理工艺中的前段曝气池改造成缺氧池，并将膜组件置于后段曝气池，以膜出水取代二沉池，形成生化物化组合工艺技术；利用反硝化脱氮的能力与 MBR 污染物去除能力高、出水水质好的优点，增强系统的脱碳除氮能力。该技术尤其适于污水处理装置的改造与升级（图 13-13、图 13-14）。

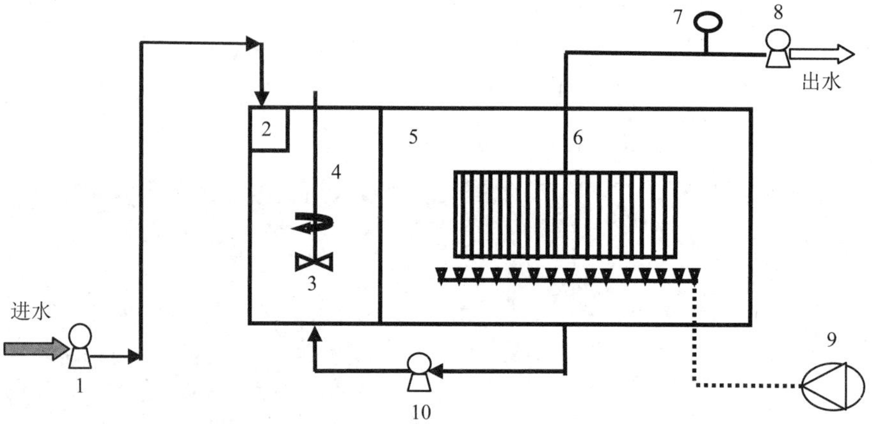

1—进水泵；2—格栅；3—搅拌器；4—缺氧池；5—好氧池；6—膜组件；

7—真空表；8—抽吸泵；9—鼓风机；10—回流泵

图 13-13　A/O-MBR 中试装置示意

现场中试缺氧反硝化池

现场中试 MBR 池

图 13-14　A/O-MBR 工艺处理化纤综合污水中试装置现场照片

技术突破：该技术将传统 A/O 技术和自主研发的聚偏二氟乙烯（PVDF）膜技术有效结合，应用于石化化纤废水处理的提标改造，有效解决了难降解高浓度有机废水达标处理难的瓶颈问题。

应用效果：该工艺表现出高效的除碳脱氮功能，COD 去除率和脱氮效率显著提高，明显优于活性污泥工艺与接触氧化工艺，处理出水 COD 从传统二级生化处理的 60 mg/L 降至 30 mg/L 以下，同时 TN≤10 mg/L、SS≤5 mg/L、油≤1 mg/L，达到《辽宁省污水综合排放标准》（DB 21/1627—2008）。

经济性分析：该组合工艺应用 PVDF 平板膜通量大、抗污染能力强，总停留时间最小可达到 7.3 h，运行成本仅为 1.5 元/t 水。

先进性分析：自制新型 PVDF 平板膜通量大、抗污染能力强，应用于 MBR 反应器具有生产成本低、抗冲击负荷强、处理效果好等优点，出水水质明显优于活性污泥工艺与接触氧化工艺，出水 COD 从传统二级生化处理的 60 mg/L 降至 30 mg/L 以下，同时 TN≤10 mg/L、SS≤5 mg/L、油≤1 mg/L，满足 DB 21/1627—2008 标准要求。

应用前景：该技术将自主研发的低成本 PVDF 平板膜应用于 A/O-MBR 组合污水处理工艺中，实现了难降解石化高有机物浓度化纤废水处理的提标改造，出水可稳定达到标准要求，对于石化难降解有机废水处理提标改造具有很好的适用性和应用前景。

13.10　关键技术 10：A/O-BAF-UF-RO 化工综合有机废水回用技术

技术简介：为支撑辽河流域石化行业污水深度处理回用，减少和避免污染物排放，解决联合化工企业的化学肥料、聚烯烃、精细化工、塑料加工等综合废水污染问题，开发了基于隔油-气浮等预处理的 A/O-BAF-UF-RO 系统工艺：①A/O 工艺调整污水水质，降解有机污染物，脱除部分 N、P；②BAF 重点保障外排出水水质，为后续膜处理工艺奠定基础；③双膜法解决 TDS 等污染物的去除，实现回用锅炉或冷却水目标。该工艺针对化工综合废水的水质波动性问题，以絮凝浮选为主的物化段削减大部分 COD 污染负荷，再采用两级生物处理工艺，提高了抗冲击能力，保证了系统的生物处理水质指标，为双膜法的平稳运行提供了保障（图 13-15）。

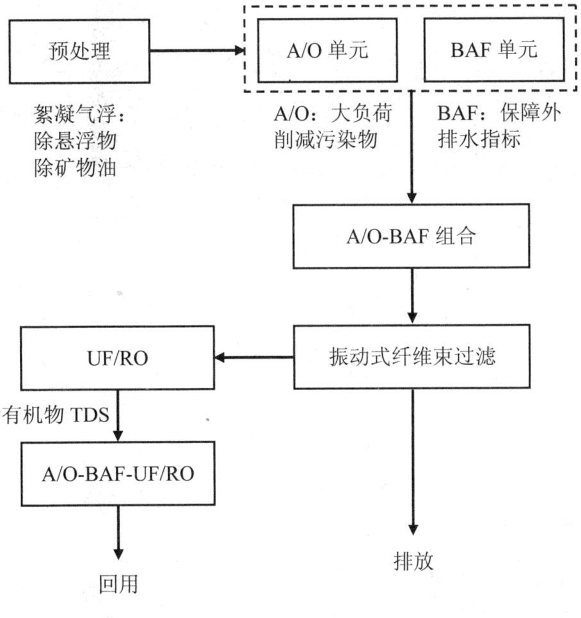

图 13-15　联合化工废水处理集成技术

技术突破：开发了联合化工复杂水质的高负荷强化预处理技术。针对联合化工废水COD较高、污染物成分复杂等特征，通过高强度的隔油-气浮预处理，削减COD负荷20%以上，为后续生物与膜处理工艺段起到很好的保障作用；开发了难降解废水A/O-BAF排放技术。针对联合化工废水水质可生化性差的特点，通过A/O处理技术，改善污水的可生化性，提高B/C至0.3以上；针对高标准排放的COD要求，组合了BAF工艺，可保障外排出水水质达到《辽宁省污水综合排放标准》（DB 21/1627—2008）；开发了UF-RO双膜深度处理回用技术。在达标排放处理基础上，采用双膜联合工艺，实现UF系统去除溶解性有机物和高价离子、RO单元去除TDS（＞99%）的技术目标。因此，双膜法出水水质稳定，可满足回用水的水质要求。

应用前景：我国大部分地区水资源缺乏，只有实施污水资源化深度处理，才能减少和避免污水排放，提高水资源的利用率。化工行业是最为典型的用水大户及污水排放大户，废水排放量约为40亿t，占全国工业废水排放总量的15%。迫于水资源短缺压力，2008年中国化工集团首先在塑料（PVC）企业、炼油企业以及合成氨企业等推行化工废水零排放工程建设，对化工污水的深度处理技术有着强烈的市场需求。

联合化工废水A/O-BAF-UF-RO集成工艺可以实现污水多目标回用：多介质过滤出水与反渗透出水按照一定比例混合后可以满足化工企业工艺用水水质要求，反渗透单元出水经混床离子交换处理后可以满足锅炉补给水水质要求，反渗透单元产生的浓水可回用于场地冲洗、冲渣等，减少了化工企业污染物排放，提高了水资源利用率。目前该技术已经在华锦集团废水处理与回用工程（5万t/d）以及中国五矿营口中板有限公司废水回用工程中进行了应用，为辽河流域水质改善、污染物削减提供了强有力技术支持。对于大型化工企业的污水处理和石油化工园区的综合化工污水处理具有技术引领作用。

14 冶金行业水污染治理

14.1 关键技术 11：焦化工序导热油替代技术

技术简介：导热油系统具有热利用效率高、设备紧凑、可实现多个不同温度用热设备加热的工艺、可采用 PLC 自动控制系统达到精确控温等优点，为实现焦化工序回收荒煤气显热，并用于焦化化产生产提供了理想的解决方案。用高温分离式热管回收的荒煤气 450℃以上的高温段余热传给导热油，再用被加热的高温导热油去焦化化产工序（包括蒸氨工序、粗苯蒸馏及精制工序、焦油蒸馏工序）提供热量，降温后用热油循环泵压送到荒煤气显热回收装置，形成密闭循环加热系统，不断地为用热设备提供热量。

从炭化室出来 800℃左右荒煤气由上升管下部引入，通过辐射换热将热量传给布置在上升管壳体内壁的分离式高温钠热管受热端管束，温度降至 450℃左右离开上升管，再用原来的氨水喷洒系统冷却至 80～85℃后进入集气管；上升管内的受热端管束吸收辐射热后，管内的钠蒸发成蒸气，上升至分离式热管的放热端，将热量传递给导热油，被加热的高温导热油为各焦化化产工序（蒸氨工序、粗苯蒸馏及精制工序、焦油蒸馏工序）用热设备提供所需的油温和油量。导热油在 PLC 系统下进行自动调节控制，将各工序用热设备的导热油温度控制在±1℃，导热油系统根据蒸氨工序、焦油蒸馏、粗苯蒸馏及精制工艺温度的不同要求，分成 3 个回路进行供热系统。各回路的导热油换热后进入回油总管至油气分离器，易挥发的水分和轻质组分由顶部排出送至膨胀槽放空，导热油经过滤器滤除炭粒等固体杂质后进入导热油循环泵，由热油泵加压送入分离式热管换热器进行加热，形成密闭循环加热系统，不断地为各工序用热设备提供热量。整个导热油系统的温度、流量、压力均通过 PLC 自动控制系统实现调节和控制。

应用效果：应用导热油集成技术工艺（图 14-1），每年可减少蒸气消耗量 73 万 t，同时减少了相应量的新水 73 万 t，另外由于导热油蒸氨实现无蒸气蒸氨后可减少蒸氨废水 42.6 t/h，年降低污水产生量 37 万 t。

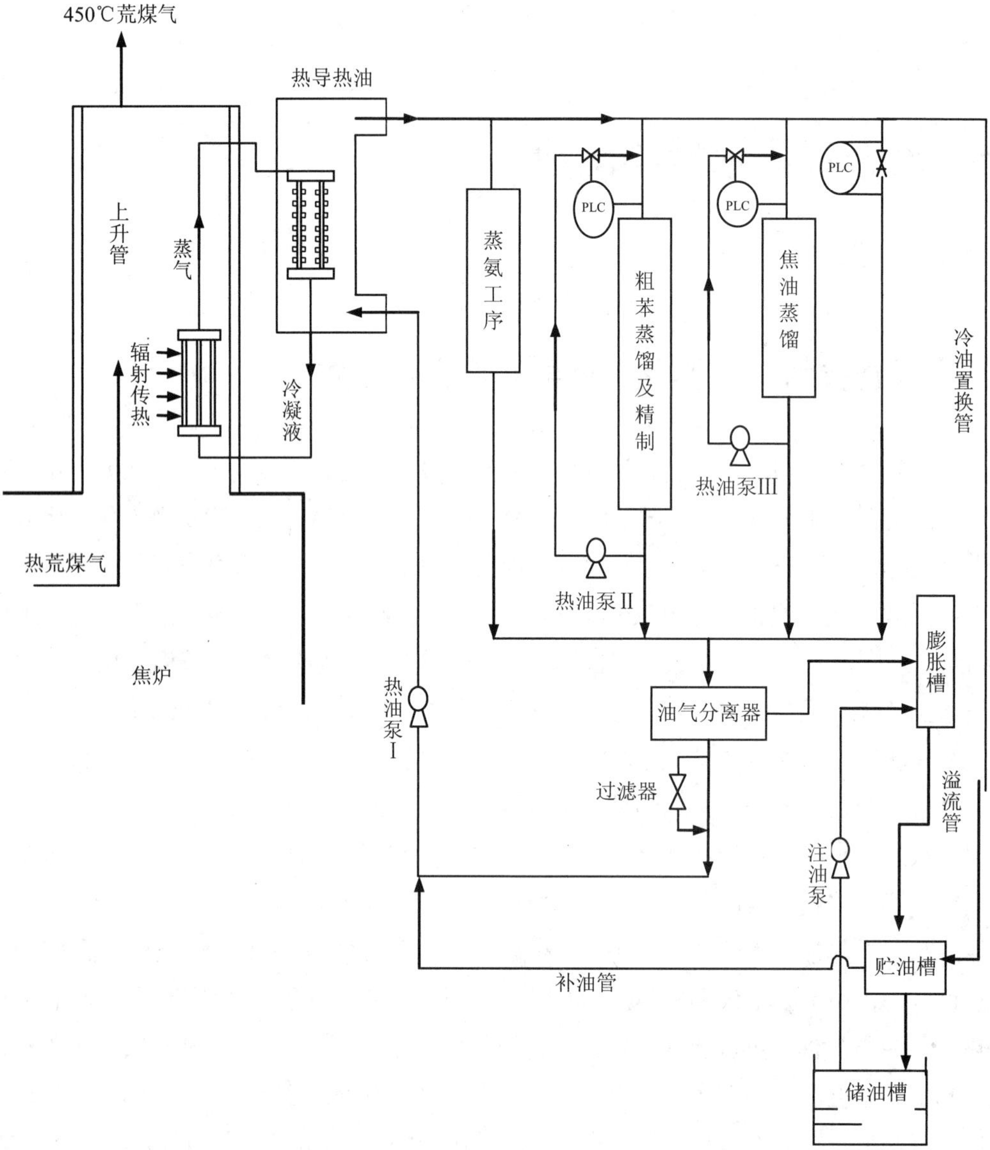

图 14-1　导热油集成技术工艺

经济性分析：按蒸气 120 元/t、新水 3.0 元/t、排污及处理费 2.4 元/t 计，则年直接经济效益达到 9 068 万元。

应用前景：集成工艺不仅减少了热量的浪费，减少了蒸气和新水的消耗，也减少了高浓度废水的产生，如果再计入由此减少的初冷器、焦油频繁加热冷却所需的循环水量，其环境效益、经济效益将更加显著。故该技术具有较好的应用前景。

14.2　关键技术 12：陶瓷膜预处理除油-强化短程硝化反硝化-臭氧非均相催化氧化焦化废水处理集成技术

技术简介：焦化废水水质复杂、处理难度大，缺乏有效的处理技术，造成焦化废水很难达标排放。针对焦化废水特点，开发了抗污染陶瓷膜除油技术、生物强化脱碳脱氮技术、基于极性有机物和总氰高效去除的高效混凝剂、催化臭氧氧化技术和吸附分离-化学催化氧化再生技术等。

技术突破：本集成技术突破了 4 个关键技术点。

1）钢铁焦化废水抗污染陶瓷膜除油技术（图 14-2）。通过对陶瓷膜表面进行亲水改性和表面孔径调控，制备出陶瓷除油膜管，该膜管的孔道均匀，油去除率和抗污染能力提高，利用过滤器内置扰流部件提高设备抗污染能力，同时根据焦化废水特点，焦油和焦粉进行聚结，大幅度提高粒度，从而在微孔膜下实现较高的分散油去除率（＞70%）和悬浮物去除率（＞90%），避免了传统超滤膜除油成本较高的缺点。较气浮除油，除油率高，亦避免了空气将酚类氧化为醌类而降低生化性。该技术不仅去除油类物质和悬浮物，而且对高分子量的多环芳烃类物质也有较高的去除率，降低了废水中难降解有机物含量。目前，该陶瓷膜除油技术与设备已经应用于鞍钢焦化废水处理工程中，运行效果良好。

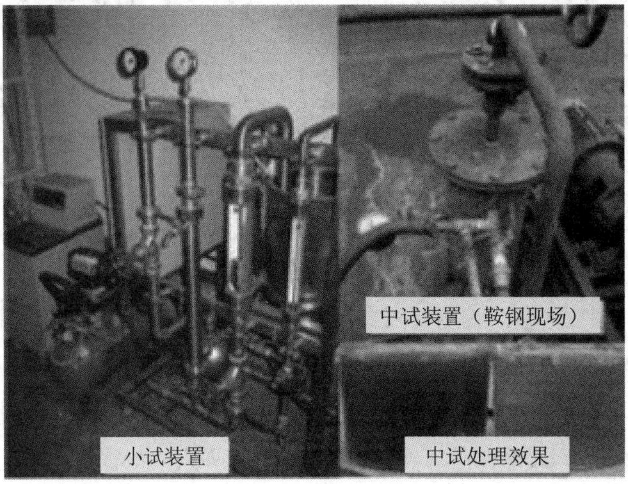

图 14-2　陶瓷膜过滤装置

2）生物强化脱碳脱氮技术。在厌氧阶段，部分难降解有机物水解为容易生物降解的有机物，从而提高可生化性；在缺氧阶段，通过新型生物反应设备和过程动态实时控制，实现废水中难降解有机物和（亚）硝态氮的高负荷脱除；在好氧一段实现碳氧化菌的高效截留与高活性生长，最大限度地脱除 COD，降低有毒物对后续硝化的抑制，提高抗冲击能力，同时通过新型生物反应-沉淀一体式设备和过程动态控制，实现硝化类细菌在线淘洗，从而使得亚硝化类细菌的高效截留与高活性生长，最大限度地实现短程硝化；在好氧二段通过新型生物反应-沉淀一体式设备，实现硝化细菌的高效截留与高活性生长，实现完全硝化；好氧二段为生物膜反应器，世代周期长的细菌得以截留，有利于难降解有机物的好氧去除。相对于传统 A/O 和 A^2/O 生物脱氮工艺，该技术的耐污染物冲击负荷或水力负荷提高 30%，COD 去除效率提高 15%，色度去除率提高 50%，运行成本降低 20%，解决了现有生物脱氮工艺抗冲击能力差、处理成本高、处理效果差等问题。

3）基于极性有机物和总氰高效去除的高效混凝剂。针对焦化废水生物处理出水极性有机物和总氰难以混凝去除等问题，研制了适合焦化废水处理的高效混凝剂 IPE-ZH，利用多种机制强化去除有机物和总氰，COD 去除率达到 40%，总氰低于 0.5 mg/L，解决了焦化废水总氰无法达标的难题（图 14-3）。

图 14-3　焦化废水处理工艺装置

4）催化臭氧氧化技术。成功开发耐用高效非均相催化剂，结合催化氧化反应设备研制，提高有机物氧化效率，改善深度处理出水水质，同时大幅度降低臭氧使用量，从而降低处理成本，开发了臭氧多相氧化设备与工艺。臭氧多相催化氧化技术能在中性条件下将难降解有机物选择性氧化分解，使处理后的废水 COD、色度、苯并芘等全部指标达到国家最新排放标准，有机物和色度去除率高，处理成本远低于 Fenton 等氧化技术，同时不引进盐类，有利于废水回用（图 14-4）。

应用效果：将上述关键技术系统集成，形成基于陶瓷膜-强化生化-温和湿式氧化技术的焦化废水处理集成技术，依托鞍钢化工三期 220 万 t 焦炉配套焦化废水工程完成工程示范。工程的废水处理规模为 4 800 t/d。示范工程处理出水从原来的钢铁行业二级标准提高到国家即将颁布的焦化行业新标准和《辽宁省污水综合排放标准》（DB 21/1627—2008）（COD 从原有 150～200 mg/L 降低到 20～50 mg/L），稀释水降低 50%，节水 43.8 万 t/a，COD 削减 300 t/a。

图 14-4　焦化废水深度处理装置

经济性分析：与原有 A^2/O 系统相比，整改后处理成本水费用从 8.81 元/t 水略升为 8.99 元/t 水，但出水水质大大改善。

先进行分析：本技术应用于鞍钢焦化废水处理工程，首次实现大型钢铁焦化废水处理工程达标排放（辽宁省地方新标准）。建成后，一直稳定运行。

应用前景：该集成技术对钢铁焦化废水具有很好的适用性和应用前景。鞍钢鲅鱼圈钢铁分公司（240 m^3/h 规模焦化废水）和鞍钢集团鞍凌钢铁公司（100 m^3/h 规模焦化废水）已采用本技术进行整改；沈煤集团鞍山盛盟煤气化公司已采用本技术进行新建 100 m^3/h 规模焦化废水处理与回用工程。

14.3　关键技术 13：混凝-过滤-水质稳定钢铁综合废水回用技术

技术简介：钢铁综合废水回用的前提是有效去除废水中的浊度，降低废水的硬度和碱度，通过高效聚硅铝絮凝剂的开发及传统絮凝剂的复配，开发了钢铁综合废水处理的混凝调控技术，该絮凝剂能在较宽的温度和酸度范围内应用，对废水的碱度和硬度有明显的去除效果。

首先，利用高效聚硅铝絮凝剂钢铁综合废水进行预除浊，在 pH 为 10，反应池 GT 值为 1.8×10^5，沉淀池内池 GT 值为 5 500 的条件下，投加量仅为 20 mg/L，浊度去除效率能达到 93%以上，能满足综合废水的预除浊的要求；进一步利用 PAC 与 NaOH 复配使用，结合高密度沉淀工艺，在 PAC 投加量为 20 mg/L、pH 为 8.0、PAM 投加量为 0.5 mg/L

的情况下，对 COD、硬度和碱度的去除率分别为 42%、57.7%、49.6%，处理效果远远优于企业内部的回用水标准，可以有效地去除废水的硬度和碱度，满足废水的回用要求。钢铁综合废水处理的混凝调控技术的特点可以大幅降低出水的硬度、碱度指标，满足废水的回用要求，同时该技术还具有反应 pH 范围宽、絮凝剂投加量小、矾花形成快、形态密实粗大、絮凝速度快、絮凝物比重大、易于沉降的特点，提高了系统的处理能力。

其次，研发了钢铁综合废水回用的水质稳定技术：焦化废水深度处理出水中 Cl^- 和 SO_4^{2-}偏高，会加剧循环水的腐蚀率，不能直接进行回用，提出焦化废水出水与高浊度处理水混合的水质稳定技术方法，该方法通过将焦化废水深度处理出水与高浊度废水按 10%～20%的比例混合，同时通过加入 10 mg/L 的 PBTCA 和 2 mg/L 的 Zn^{2+}，能控制循环水的腐蚀率在 0.125 mm/a 以下，达到《工业循环冷却水处理设计规范》（GB 50050—95）要求。该技术解决了焦化废水回用问题，降低了钢铁企业新鲜水的消耗量（图 14-5、图 14-6）。

中试装置图　　现场废水收集

图 14-5　钢铁浊环水的高效混凝除浊技术中试流程及装置

进水

现场流程　　沉淀池　　出水

图 14-6　钢铁综合废水回用的混凝现场实验

应用效果：所研发的混凝调控关键技术对钢铁综合废水 COD、硬度、碱度等指标去除效果皆有提高，出水 COD、硬度、碱度分别由原有工艺的 29.6 mg/L、240 mg/L、54.3 mg/L 降低为示范工艺的 23.8 mg/L、185 mg/L、40.7 mg/L。通过钢铁综合废水回用的水质稳定技术，可使循环水符合《工业循环冷却水处理设计规范》(GB 50050—95)，表明该废水作为补充水回用于炼钢浊环水系统可行。

经济性分析：所研发的混凝调控技术处理成本与原有工艺基本相同，但出水 COD、硬度、碱度分别比原有工艺降低 19%、23%、25%，为水的进一步软化处理创造了条件，降低了钢铁综合废水回用的成本。

先进性分析：该工程处理规模为 13 万 t/d，目前已稳定运行。该工程的实施可削减 COD 5 200 t/a、氰化物 50 t/a、挥发酚 15 t/a、硫化物 40 t/a；可获得回用水 3 600 万 t/a。

应用前景：钢铁行业废水排放量大、处理难度高，本技术适合于钢铁行业综合废水处理与废水回收利用，社会效益和经济效益明显，运行费用低，污染物处理效率高，对钢铁行业综合废水处理具有较高实用价值和较强的技术与经济竞争力。

14.4　关键技术 14：沉淀分离-生态塘光解氧化选矿废水回用技术

技术简介：研究对象及承接的污水是红透山矿区工业生产的选矿废水（重点是尾矿废水），在项目开展研究及工程实施前，矿区生产一直采取的工艺流程是：从浑河引入清洁水源，选矿后将废水引入尾矿库，经过尾矿库沉淀后排入红透山河并进入浑河。选矿废水具有水量大、悬浮物含量高、有害物质种类较多的特点。污染物包括重金属离子和选矿药剂等，其中重金属离子分析有铜、锌、铅、镉、砷和稀有元素等。在选矿过程中加入的浮选药剂有黄药、黑药、硫酸、石灰等。该污水直接回用过程中所含的悬浮物及药剂对金属矿石的选矿指标有不良影响，其主要表现为精矿产品的质量降低和金属互化物含量增加。直接回用对铜、锌、硫的选别指标都有影响，研究所采取工艺重点考虑化学沉淀-浅塘处理与氧化相结合，特点是只需对某几种有害杂质进行净化，目标是平水期实现全部回用，废水利用率达 90%。在“十一五”期间重点解决有效回用问题，减少选矿作业向浑河排放工业污染物及重金属（图 14-7）。

图 14-7　选矿废水处理及回用试验及现场图片

技术突破：针对 Cu、Zn、S 三个选矿流程废水的特征，调整工艺段药剂，在尾矿库沉积前端进行化学沉淀，削减污水中重金属；利用浅塘光降解作用实现浮选药剂的分解转化及去除，研究了选矿废水中黄药及 COD 的处理方法，优化并实现有效且经济的选矿废水处理流程，实现选矿废水回用目标，进而提高污水的资源化利用率和污染物减排控制目标。

应用效果：选矿废水经过浅塘处理后回用，不外排。在一系列挥发、生物降解、氧化、吸附、沉降及光降解等综合作用下，停留时间 2～4 d，系统对黄药的去除率达到 70%，对重金属的回收率达到 90%。解决了废水的回用问题，并将回用废水对铜、锌、硫的选别指标影响降至最低。

经济性分析：考虑到选矿企业的实际情况，特别是我国北方水资源缺乏，选矿尾矿废水大多经尾矿库静置、采用黄药、黑药等得以去除或降低其浓度。净化废水在返回选厂生产使用前均没有添加任何化学药剂、成本较低。所以尾矿废水回用且废水中污染因子简单的小型选矿企业可采用该方法减少污水的外排。

先进性分析：该技术针对选矿工业废水的特点及污染物含量状况，以浅塘处理为基础，通过化学沉淀、生物降解等，实现了对工业选矿废水的回用，减少了工业水的外排，这也体现了清洁生产与水资源有效利用的理念，因此，在工程实施方面具可操作性及先进性。

应用前景：矿山是金属资源的重要来源地，在开采过程中需要大量的生产用水，同时排放出大量废水，选矿废水是其重要的组成部分。根据资料统计，全国矿山选矿厂每年排放的废水总量大约占全国工业废水总量的 10%，是我国工业废水排放量较多的行业之一。选矿废水成分复杂、有毒有害成分较多。选矿废水的性质因入选矿石的组分、分选工艺及药剂制度的不同而异。随着我国矿石资源的“贫、细、杂”的趋势越来越大，矿石在入选之前要进行洗矿、粉碎或细磨等，使选矿厂的废水含有大量有毒重金属及有害杂质，而且固体悬浮物的含量也大大超过国家规定的排放标准。选矿厂浮选过程中，为了有效地将有用金属分选出来，需要在不同的作业中加入大量的浮选药剂，主要有捕收剂、起泡剂、活化剂、抑制剂、分散剂等。这些药剂在选厂排出的废弃溶液中均有一定的含量，排入自然水体后，首先对鱼类及浮游生物产生危害；其次，选矿废水的 pH 往往都高于或低于国家规定的排放标准，同样对环境造成危害。采用合理的回用工艺，可减少 70%以上的矿山污水。

15　制药行业水污染治理

15.1　关键技术 15：无机陶瓷膜高效分离 VC 发酵醪液渣中古龙酸钠技术

技术简介：采用无机陶瓷膜高效分离 VC 发酵醪液渣中的古龙酸钠。VC 生产采用细菌发酵，发酵液中蛋白胶体及细菌代谢产物的分离是提取工段的难题。采用无机陶瓷膜高效分离 VC 发酵醪液渣中的古龙酸钠，具有操作方便、节能、不造成新的环境污染、耐高温等优点；化学稳定性好，能抗微生物降解；对有机溶剂、腐蚀气体和微生物侵蚀表现出良好的稳定性；机械强度高，耐高压，有良好的耐磨、耐冲刷性能；孔径分布窄，分离性能好，渗透量大，可反复清洗再生，使用寿命长；对发酵液染菌批次物料也能很好地处理，因此在 2-酮-L-古洛糖酸的分离提纯中的应用日益广泛（图 15-1、图 15-2）。

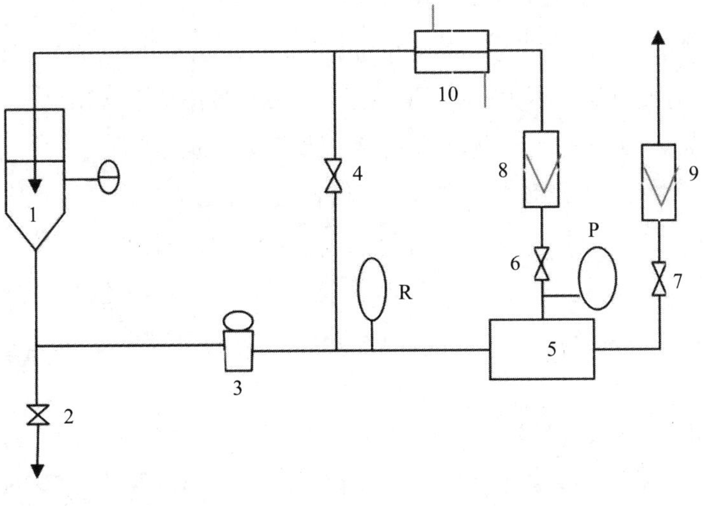

1—料罐；2—排料阀；3—进料泵；4—旁通阀；5—膜组件；6—回流阀；7—透析侧出口阀；8—循环测流量计；9—透析流量计；10—换热器；R—膜前压力表；P—膜后压力表

图 15-1　陶瓷膜过滤装置实验设计图

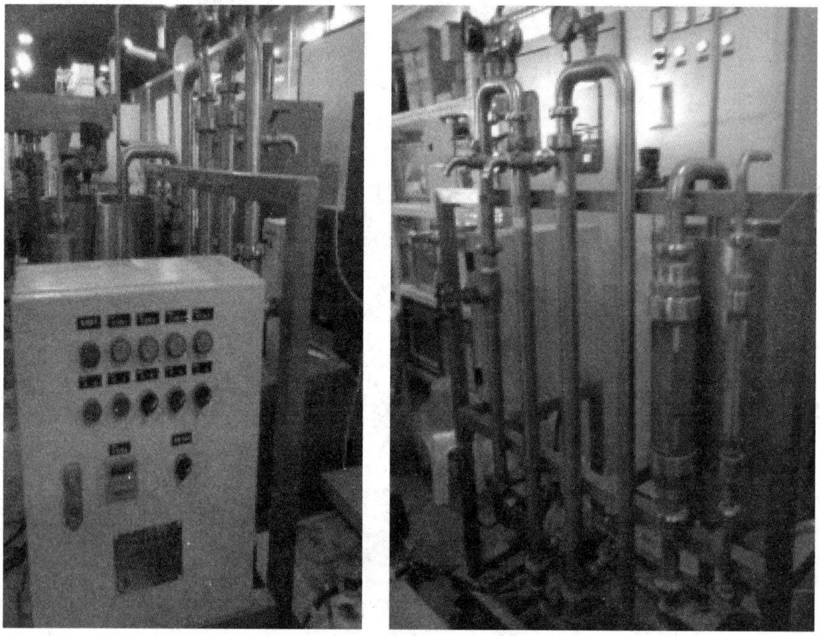

图 15-2　陶瓷膜实验装置

技术突破：目前醪液分离技术包括加热、絮凝、有机膜超滤和超临界萃取等方法。加热会影响古龙酸的收率，絮凝使用絮凝剂增加成本，遇到严重染菌批号又影响絮凝效果，滤液质量差，而且影响下游树脂回收率，超临界萃取操作条件较为严苛，且该项技术只停留在实验室阶段，并没有工程化。有机板式超滤膜不能分离固形物含量高的液体，无机陶瓷膜具有聚合物分离膜所无法比拟的一些优点：耐高温；化学稳定性好，能抗微生物降解；机械强度高，耐高压，有良好的耐磨、耐冲刷性能；孔径分布窄，分离性能好，渗透量大，可反复清洗再生，使用寿命长；对发酵液染菌批次物料也能很好地处理。因此对高固含量的 VC 发酵液，无机陶瓷膜过滤有较大的优势。

应用效果：该工艺在高效回收产品的同时，减少了进入废水的有机物，降低了污水处理厂的负荷。目前该技术和设备已应用于东北制药集团高浓度 VC 醪液的生产规模试验。同厂里原有的絮凝-沉淀工艺相比，陶瓷膜工艺回收的料液透光率提高了 20.64%，物料中的蛋白含量明显降低，物料质量明显提高，从而有效提高后续工艺古龙酸和 VC 的品质和收率。

经济性分析：VC 发酵醪液在东北制药集团的产生量约为 120 t/d。陶瓷膜处理过程中无须添加助剂，浓缩物质菌丝体等可回收利用，减少废渣排放 2 500 t/a，每年减少有机污染物产生与排放折合 COD 142.1 t。另外，陶瓷膜滤液中杂质含量明显降低，减轻了后续离子交换工艺的负担，延长了清洗周期，减少了废水排放。采用原絮凝沉淀工艺时，离子交换废水排放量为 2 600 m^3/d，COD 浓度约为 850 mg/L；采用陶瓷膜工艺后离子交换废水排放量为 1 752 m^3/d，COD 浓度约为 773 mg/L，年减排 COD 258 t，COD 排放量降低了 38.91%。VC 发酵每批料平均产生 7.5 t 高速离心渣液，平均古龙酸含量为 69.81 g/L，车间收率约为 86.5%。每月高速离心渣液中古龙酸总量为 52 357.5 kg，经陶瓷膜处理后每年可以多产古龙酸 9 347.7 kg，年创经济效益 126.2 万元。

先进性分析：陶瓷膜工艺对古龙酸的收率比原絮凝-沉淀工艺平均提高了 20.64%。该技术中所用的陶瓷膜分离稳定性好、耐磨、耐冲刷性能强、使用寿命长，能经济高效地提高古龙酸和 VC 的品质和收率。因此，该技术具有明显先进性。

应用前景：该集成设备操作简单、占地面积小、处理效率高，可大大减少进入废水的有机物，有利于废水的后续生化处理。本技术在东北制药集团实施后，可增加古龙酸的产量，增加盈利，因而具有很好的适用性和应用前景。

15.2　关键技术 16：制药凝结水原位再生技术

技术简介：采用反渗透技术处理制药凝结水，该废水呈酸性，pH 约为 3.2，水温较高，水中的硬度、无机盐含量、悬浮固体含量很低，有机物含量较高，TOC 浓度约为 356.8 mg/L，电导率为 164.2 μS/cm。蒸汽在使用后绝大部分变成冷凝水，其水质接近纯水的水质，是宝贵的可再利用的能源。提取工段每天有 500 t 左右的凝结水未进行任何利用，同时提取工段离子交换工艺离子交换树脂清洗需消耗大量纯水，对水质要求较低，电导率小于 20 μS/cm 即可满足需求。本技术采用反渗透原位再生，将凝结水制备为纯水，满足提取工段纯水需求，替代外购纯水，从而有效降低新鲜水耗和废水排放，为行业节水减排、清洁生产提供技术支持（图 15-3、图 15-4）。

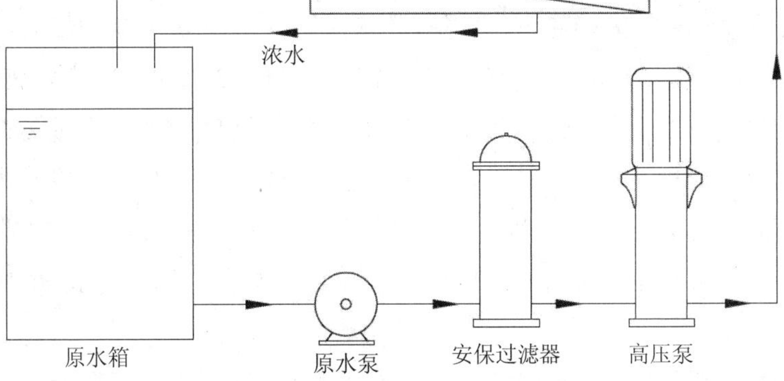

图 15-3　反渗透处理系统流程

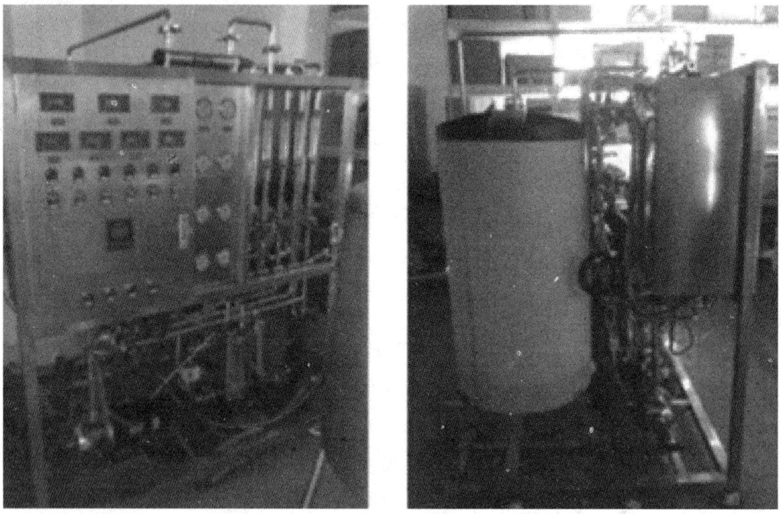

图 15-4　反渗透处理装置图

应用效果：该工艺不仅可以减少外购纯水量、减少购水费用，还可以削减废水排放量，减轻末端废水处理压力。目前该技术和设备已应用于东北制药集团 VC 生产提取工段三效蒸发凝结水的中试规模试验，产水规模 500 L/h，反渗透进水需调节 pH 为 6～7，温度小于 35℃，进水压力为 1.0～1.5 MPa，回收率为 50.0%左右。脱盐率高于 99.0%，TOC 去除率高于 98.0%。当进水电导率小于 800 μS/cm、TOC 小于 350 mg/L 时，所产纯水电导率小于 7 μS/cm、TOC 小于 6.0 mg/L；当进水电导率小于 1 800 μS/cm、TOC 小于 1 000 mg/L 时，所产纯水电导率小于 15 μS/cm、TOC 小于 15.0 mg/L。产水可满足 VC 制药提取工段纯水水质要求，从而替代外购纯水。

经济性分析：将制药凝结水处理后达到 VC 制药提取工段所需纯水的水质要求，不仅可以减少外购纯水量、减少购水费用，还可以削减废水排放量，减轻末端废水处理压力；另外，为避免温差过大损坏生产设备，外购纯水需加热后才能满足提取工段水温要求，本工艺充分利用凝结水的余温，所产纯水温度控制在 35℃左右，能够减少加热能耗。因此制药凝结水原位再生制备纯水技术具有明显的环境和经济效益，对促进制药行业的节水减排具有重要作用。凝结水处理成本主要包括电费、药剂费、膜组件费等，计算如下：设备运行功率约为 2.0 kW，凝结水原位再生成本为 2.96 元，企业外购纯水吨成本约为 8.0 元，每吨纯水可节约成本 5.04 元，每吨节约加热成本 3.6 元，每吨纯水可产生经济效益 8.64 元。

先进性分析：近年来，随着膜材料和制膜技术的迅猛发展，开发出了各种性能优异的反渗透复合膜，这些膜对水中小分子有机物的截留率较高，有的还具有一定的抗污染、耐有机溶剂等性能，极大地提高了反渗透技术用于小分子有机物分离的可行性。采用反渗透技术回收制药凝结水，相对于蒸发法具有节水、节能的优势，因此，从技术集成的角度，该套集成技术和设备具有明显的先进性。

应用前景：该集成设备操作简单、占地面积小、处理效率高。该技术在东北制药集团实施后，可大大减少外购纯水量及相应的购水费用，还减少废水排放量及加热能耗，因而具有很好的适用性和应用前景。

15.3　关键技术 17：Fe/C 微电解含铜黄连素废水处理与铜回收技术

技术简介：采用 Fe/C 微电解技术处理高浓度含铜黄连素制药废水，该废水 pH 为 1.0～3.0，COD 浓度 16 000 mg/L，铜离子浓度约 20 000 mg/L，废水的生物毒性大。研发了 Fe/C 微电解预处理单元处理含铜黄连素制药废水，该技术集活性炭吸附、Fe/C 微电解及 Fe 的氧化还原等作用于一体。废水经 Fe/C 微电解技术预处理后，具有生物毒性的黄连素结构被破坏，通过活性炭的吸附及絮凝沉淀作用去除大量 COD，提高废水的可生化性，降低了其对后续生化处理单元的冲击。高浓度的 Cu^{2+}经铁还原转化为单质铜。残渣中含有剩余活性炭与铜，经过压缩过滤、焚烧等处理后以 $CuCl_2$ 形态回收再利用，可实现吨水回收铜 18 kg 左右（以单质 Cu 计）（图 15-5）。

技术突破：利用粉末状的铁粉与碳粉，通过电机搅拌实现了 Fe/C 与废水中 Cu^{2+}与黄连素的高效混合，进而提高了 Fe 与 C 的利用效率；该技术充分利用活性炭吸附、Fe/C 微电池及 Fe 的氧化还原的协同作用，能去除废水中 99.9%以上的 Cu^{2+}；废水中残渣易沉淀分离，对压滤后的滤渣进行焚烧、提纯、酸化后得到 $CuCl_2$ 成品；同时该 $CuCl_2$ 成品可作为生产黄连素药品过程中催化剂原料，进而实现铜的循环利用。

应用效果：该反应器在高效去除废水中 Cu^{2+}的同时，还可有效地去除废水中的黄连素，提高废水的可生化性。目前该集成技术和设备已应用于东北制药集团高浓度含铜废水的生产性试验。试验结果表明，Fe/C 处理 90 min 后，对黄连素的去除率达 70.0%以上，铜的回收率达 99.9%以上，废水中残余 Cu^{2+}低于 20 mg/L，吨水可回收 18～19 kg 铜（以 Cu 计），出水满足东北制药集团后续废水生化处理工艺的要求。

经济性分析：黄连素含铜废水在东北制药集团的产生量约为 20 t/d，应用该技术每天可减少 COD 排放 300 kg、减少黄连素排放 20 kg，减排铜约 480 kg。采用序批式方式对黄连素含铜废水进行处理，吨水处理成本为 300～400 元，回收铜的价值 600 元以上，因而通过含铜废水的处理，可以实现一定的盈利。

先进性分析：该技术反应条件温和、反应速率快、Fe/C 的利用效率高，能有效削减含铜废水中黄连素及 Cu^{2+}的含量，同时沉渣易分离，经压滤、焚烧等后续工艺后能实现 Cu 的循环利用。因此该套集成技术和设备具有明显先进性。

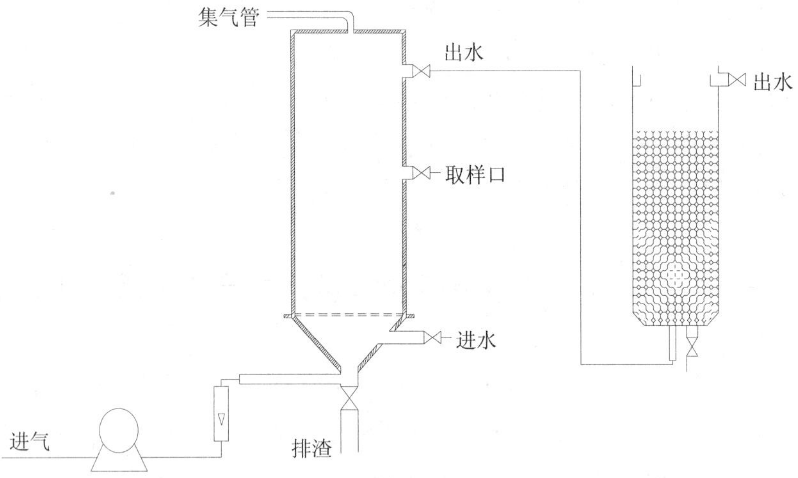

图 15-5 Fe/C 微电解预处理及 Cu 回收集成技术小试与中试设备照片

应用前景：该集成设备操作简单、占地面积小、处理效率高，可大大提高废水的可生化性，有利于废水的后续生化处理。本技术在东北制药集团实施，可实现废水中 Cu 的资源化回收，进而实现盈利，因而具有很好的适用性和应用前景。

15.4 关键技术 18：水解酸化-接触氧化低浓度磷霉素钠废水处理技术

技术简介：采用水解酸化-接触氧化技术处理低浓度磷霉素钠制药废水和生活污水混合的综合废水，该废水 COD 2 000 mg/L，BOD_5 1 000～1 500 mg/L，pH 6.0～9.0，废水的生物毒性大。根据厌氧微生物及好氧微生物对有机污染物的氧化代谢机理，将厌氧微生物控制在水解酸化条件下，将难生物降解高分子复杂有机底物转化为易生物降解的低分子简单有机物，降低磷霉素钠生物毒性，改善和提高磷霉素钠废水可生化性。活性污泥中含有降解磷霉素钠的微生物，生活污水同磷霉素钠废水混合，可为磷霉素钠降解细菌提供维持生命的能量和基质，反应器中的磷霉素钠降解细菌的数量随着反应器的运行逐步增加，磷霉素钠降解能力不断增强，从而达到降解磷霉素钠废水的目的（图 15-6）。

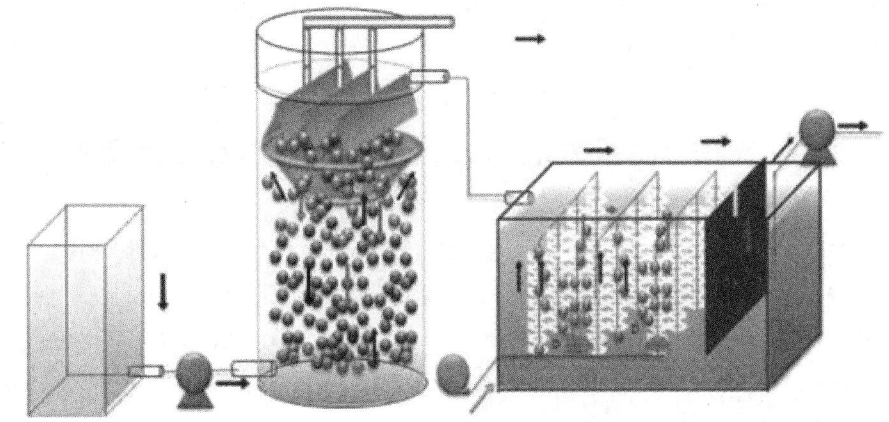

图 15-6　低浓度磷霉素废水的 UASB-接触氧化处理流程示意图

技术突破：张士制剂厂区的污水成分主要为生活污水、低浓度的磷霉素钠废水，水解酸化-接触氧化耦合技术为制药废水处理规范推荐的处理技术，但直接应用于磷霉素钠废水的处理很难达到设计的出水标准。因此，在关键技术的研发中通过难降解制药废水和生活污水的共代谢技术来提高水解酸化-好氧生化工艺的处理效率，通过调试寻找最佳制药废水和生活污水配比，通过实验确定进水磷霉素钠浓度小于 20 mg/L，水解酸化段的 HRT 控制在 72 h，好氧反应段 HRT 控制在 24 h。

应用效果：该技术的小试实验在沈阳试验基地完成，中试试验在东北制药总厂中试基地完成，取得良好效果。试验结果表明：该反应器在高效去除废水中 COD 的同时，还可有效地提高废水的可生化性。当进水 COD 平均值为 2 000 mg/L 时，反应器接种污泥运行 30 d，出水 COD 为 100～300 mg/L，去除率达 80.0%以上，达到了多数化学合成类制药企业执行的《污水综合排放标准》（GB 8978—1996）中的三级标准。该结果也表明水解酸化-接触氧化工艺中的微生物对磷霉素钠的耐受程度为 20 mg/L。该集成技术应用于东北制药集团张士制剂厂区污水处理工程。结果表明，有机磷去除率达 70%以上。

经济性分析：通过本技术的应用，每天可实现 COD 减排 1.2 t。水解酸化-接触氧化生物共代谢技术已应用于张士制药综合污水处理示范工程，其处理低浓度磷霉素钠废水的综合成本为 1.0～1.5 元/t。

先进性分析：水解酸化能将难生物降解高分子复杂有机底物转化为易生物降解的低分子简单有机物，降低磷霉素钠废水的生物毒性，提高了废水可生化性。同生活污水混合，可以为磷霉素钠的降解细菌提供维持生命的能量和基质，达到磷霉素钠废水与生活污水共代谢的目的。该套集成技术具有一定先进性。

应用前景：磷霉素钠废水由于其生物毒性，目前没有有效的处理方法。该技术为强化生物集成处理技术，对低浓度磷霉素钠废水具有较好的处理效果，出水达到行业排放标准。该技术也可应用于其他难降解废水的处理。

15.5 关键技术 19：高级氧化-UASB-MBR 黄连素废水处理集成技术

技术简介：采用高级氧化（脉冲电絮凝/臭氧/Fenton）-UASB-MBR 物化生化集成技术处理高浓度难降解制药废水。制药废水经脉冲电絮凝物化预处理单元或臭氧氧化预处理提高可生化性后依次进入 UASB、MBR 生化单元进行水解酸化和好氧生物处理，最后经膜过滤处理后出水。脉冲电絮凝或臭氧氧化物化预处理单元氧化破坏有机物结构，降低废水的生物毒性，提高废水可生化性，并去除大量 COD，降低了后期处理负荷。UASB 和 MBR 生化单元利用厌氧颗粒污泥和微滤膜截留、富集、固定高效降解微生物，降解残留毒物和高浓度有机物，同时可实现废水中氮的同步硝化反硝化脱除。该技术用于黄连素成品母液废水的处理已取得较好的处理效果，可实现废水中黄连素完全去除，并可实现制药行业废水达标排放。该技术具有节能高效清洁等优点，有较好的应用前景（图 15-7）。

技术突破：该技术采用脉冲的方式对废水进行电絮凝预处理，能有效解决电极钝化的问题；相比传统的絮凝方法，脉冲电絮凝过程中生成的絮体粗大而稳定，对有机污染物具有更好的处理效果并改善废水的可生化性；采用 UV 与 O_3 组合，有利于提高 O_3 的氧化效率；通过 UASB 中厌氧颗粒污泥，固定化富集优势降解微生物，在强生物毒性的黄连素和连续流 MBR 水力条件的双重选择作用下，活性污泥絮体形成好氧颗粒污泥，通过厌氧好氧双颗粒污泥系统强化黄连素废水中有毒有机污染物的去除，并有效控制了膜污染。

应用效果：该技术的小试与中试实验均在东北制药总厂试验基地完成，取得良好的处理效果。高级氧化-UASB-MBR 组合工艺对黄连素废水的去除率为 94.8%，出水平均 COD 为 80.0 mg/L，该集成技术工艺可实现出水达到制药废水行业标准。

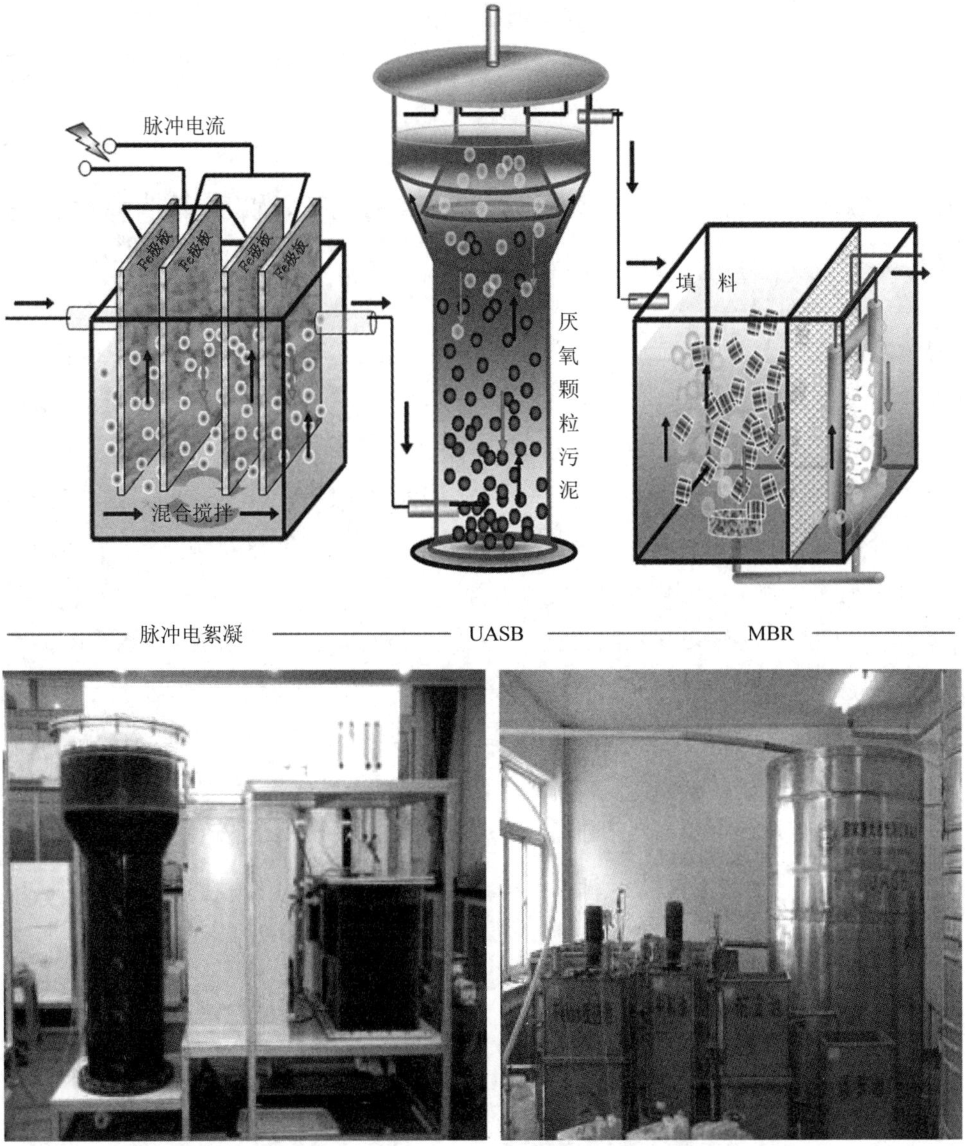

图 15-7　高级氧化-UASB-MBR 物化生化集成技术小试与中试设备照片

经济性分析：黄连素废水在东北制药集团的产生量约为 30.0 t/d，该技术在东北制药应用后，每天可减少 COD 排放 833.3 kg。该技术处理黄连素废水综合处理成本为 3.0～5.0 元/t。

先进性分析：该技术集物化预处理及强化生化处理于一体，对黄连素废水具有较好的处理效果，出水达到行业排放标准。该技术可应用于其他高浓度难降解废水的处理。同时该集成技术体系设备紧凑、占地面积小，具有一定的优势。从技术集成角度该套集成设备具有明显技术先进性。

应用前景：东北制药集团是目前国内乃至世界上最大的化学合成类黄连素生产企

业，年产黄连素 400 t 左右，占全国黄连素产量的 60.0%以上，黄连素废水年产生量 1.1 万 t，本技术在东北制药集团实施后，可实现年削减 COD 833.3 t，特征污染物黄连素年削减量 31.0 t，因而具有很好的适用性和应用前景。

15.6 关键技术 20：湿式氧化-磷酸盐结晶高浓度磷霉素钠废水处理与磷回收技术

技术简介：磷霉素制药废水是化学合成类磷霉素生产过程中产生的高浓度难降解有机废水，其 COD 高达十几万到几十万毫克每升，有机磷达几万至十几万毫克每升，废水中高浓度有机物、高浓度有机磷中间体对微生物抑制作用强，常规物化和生物处理方法均无法实现其达标排放。湿式氧化-磷酸盐固定化回收耦合技术，是在湿式氧化条件下，利用分子氧破坏磷霉素废水中高浓度有机磷化合物 C—P 键，实现磷的无机化的同时将废水中高浓度有机物转化为小分子有机酸，去除废水的生物毒性，提高可生化性，实现废水中 COD 去除率 95.0%和有机磷转化率 99.0%以上。在此基础上，采用磷酸钙和磷酸铵镁结晶回收技术，通过钙、铵镁磷酸盐结晶沉淀方法对废水中无机化磷酸盐进行回收，在 Mg^{2+}∶NH_4^+-N∶PO_4^{3-}-P 摩尔比 1.2∶1∶1、Ca^{2+}∶PO_4^{3-}-P 摩尔比 1.2∶1，以及进水无机磷浓度 15 000 mg/L 的条件下，磷酸盐固定化回收率 99.9%以上，出水 PO_4^{3-}-P 浓度低于 5.0 mg/L，有效实现了废水中磷的资源化回收，并有效降低了废水中高浓度磷酸盐对后续生化处理的影响（图 15-8）。

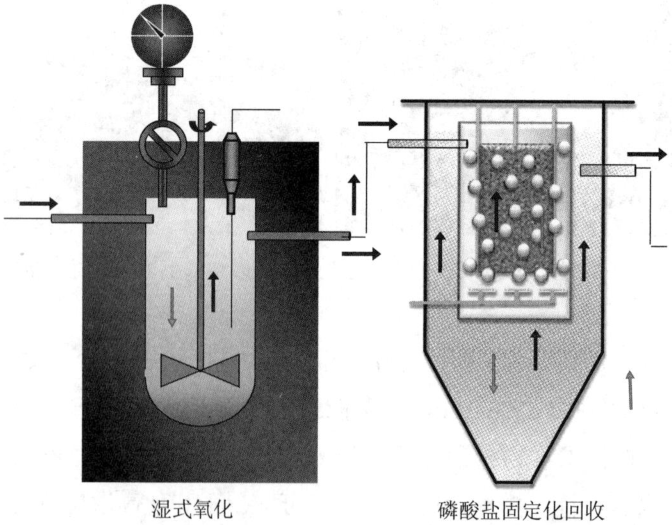

图 15-8　湿式氧化—磷酸盐固定化回收耦合技术小试设备流程示意图

技术突破：该技术采用湿式氧化的方式，大量削减了废水的 COD，改善了废水的可生化性，使废水中 99.0%的有机磷实现无机化；同时钙、铵镁磷酸盐结晶沉淀方法对生成的无机磷进行固定化回收，从而有效实现了废水中磷的资源化。

应用效果：实验结果表明，该技术在高效去除 COD 的同时，还可有效地强化对磷霉素钠等有机磷类物质的降解，并实现磷的回收。在废水进水 COD 60 000 mg/L、总有机磷 15 000 mg/L，以及反应时间 30 min 的条件下，可实现出水 COD 3 000 mg/L 以下，总有机磷降至 20 mg/L 以下，COD 和有机磷去除率分别为 95.0%和 99.0%以上。在 Mg^{2+}∶NH_4^+-N∶PO_4^{3-}-P 摩尔比 1.2∶1∶1、Ca^{2+}：PO_4^{3-}-P 摩尔比 1.2∶1 的条件下，磷酸盐固定化回收率 99.9%以上，可实现吨水回收磷酸盐 109.8 kg（以 $MgNH_4PO_4·6H_2O$ 计）。

经济性分析：高浓度磷霉素钠废水在东北制药集团的产生量约为 30.0 t/d，该技术在东北制药应用后，每天可减少 COD 排放 1 700 kg、减少有机磷排放 450 kg。湿式氧化成本相对较高，但可通过磷酸盐固定化回收降低总体处理成本。废水有机磷浓度为 10 000 mg/L 时，每吨处理成本为 30～35 元，但可回收的磷酸盐价值约 20 元，吨水合计成本为 10～15 元；废水有机磷浓度为 40 000 mg/L 时，每吨处理成本为 35～40 元，但可回收的磷酸盐价值 35～40 元，吨水合计成本几乎为 0 元；当废水浓度更高时，可通过废水的处理实现盈利。

先进性分析：高浓度的磷霉素钠废水目前并没有好的处理方法。该技术能有效削减磷霉素钠废水有机物的含量，实现 99.0%的有机磷无机化，并通过钙、铵镁磷酸盐结晶沉淀的方法实现 99.0%的无机磷固定化回收。因此该套集成技术设备具有明显的先进性。

应用前景：东北制药集团是目前国内乃至世界上最大的化学合成类磷霉素生产企业，其磷霉素产量占世界磷霉素生产总量的 40%以上，其高浓度磷霉素废水产生量 10 299 t/a，本技术在东北制药集团实施，可实现年削减 COD 720.9 t，特征污染物有机磷年削减量 154.5 t。同时可实现磷资源回收 751.8 t（以 $MgNH_4PO_4·6H_2O$ 计）。该集成技术设备氧化效果好、占地面积小、处理效率高，对高浓度的磷霉素钠而言具有很好的适用性和应用前景。

16　印染行业水污染治理

16.1　关键技术 21：单级水封法消除闪蒸汽的冷凝水回收技术

技术简介：印染生产工艺的烘燥机和热交换器需要使用大量的蒸汽，热交换后会变为饱和冷凝水。高温冷凝水在进入较低压力的容器后，由于压力降低较易出现闪蒸情况，变为一部分容器压力的饱和水蒸气和饱和水。因闪蒸汽的量和压力很难保证在一个稳定的条件下，一旦出现大量闪蒸汽，很难加以回收利用。水封是利用一定高度的静水压力来抵抗排输水管内气压变化、防止管内蒸汽泄漏的设备。当水管内蒸汽从冷凝水回收系统的密闭高压环境进入外界常压大气环境后，先与水封装置内水面接触，蒸汽与水发生热量传递，在水升温的同时蒸汽冷凝为凝结水，既避免了水蒸气在生产车间内无组织排放产生的危害，也可以帮助冷凝水回收系统稳定压力，保障回收系统顺畅运行。该技术的工艺流程为“高温高压蒸汽—热交换—冷凝水—水封—冷凝水回收与回用”。

技术突破：采用高温高压蒸汽经管道进入轧染车间耗汽设备——烘干机烘筒及烘箱热交换器，经过热交换，得到冷凝水；将烘筒及热交换器末端安装疏水器实现水气分离；采用水封装置消除闪蒸汽，利用一定高度的静水压力抵抗冷凝水回收系统的输水管内气压变化，防止管内蒸汽泄漏，提高冷凝水和余热回收率；冷凝水直接送入锅炉或其他需用高温热水的工序，实现冷凝水的回用。

应用效果：研究结果表明，用水封法回收冷凝水，回收率提高 3.0%～10.0%。该技术在海城海丰集团轧染车间实施，并对冷凝水回收清洁生产技术进行了改造，将前处理、染色和后整理的各工序所产生的冷凝水就近回收利用，回用于氧漂机、退煮机、染浴水洗工序，提高水利用率，降低废水排放量，同时也节约了大量用于自来水升温的蒸汽量，具有非常好的回收余热和节水的效果。此技术实施后年减排污水达到 20.0%以上。

经济效益分析：该技术冷凝水的回用率增加，节约了用水量，降低了污水处理的难度，减少了污染物的排放，具有明显的环境意义。冷凝水一般可以直接作为锅炉补给水，节约大量的工业用水。现在锅炉产 1.0 t 蒸汽水耗均值为 1.1～1.3 t，蒸汽冷凝水回收率若在 80.0%以上，吨蒸汽水耗就可控制在 0.2～0.4 t，在原基础上可使吨蒸汽耗水节约

60.0%～80.0%。通过分析冷凝水产生的具体情况，回用到适当的生产工艺，从而降低了能耗和水耗，提高了产量。废热回收既降低了能源消耗，增加资源综合利用，也减少了加热水蒸气的使用，降低水耗。使用废热回收技术，年水蒸气消耗可降低 60.0%。因此，该技术能够提高冷凝水和余热回收率，具有巨大的节水潜力和经济效益。

应用前景：该技术有着广泛的应用前景和推广价值，在海城海丰集团轧染车间已得到了较好的应用效果。

16.2　关键技术 22：自絮凝法印染废水预处理技术

技术简介：印染废水一般具有较强的碱性，大部分的 pH 在 11.0 以上。同时，废水中的各种染料和助剂，除了部分溶解在水中外，相当部分在水中呈胶体状态，并带有一定的电荷。不同的生产工序或不同的印染企业排放的印染废水所含的染料不同，所带电荷也各有差别。当各类印染废水混合时，各类染料（或助剂）的电中和作用可能使染料分子发生絮凝作用，从而获得一定的沉淀效果，实现部分有机物杂质的处理。该工艺技术流程为“各企业排放的印染废水—混合—搅拌反应—沉淀分离”（图 16-1）。

图 16-1　自絮凝法印染废水预处理技术

技术突破：将印染废水混合后，采用曝气方式或水力回流方式，不投加化学药剂，搅拌反应时间为 20～30 min，使其中的各类印染物质分子充分反应、聚合；反应后的污水抽提到预沉池，进行污泥分离，上清液排入后续的生化处理单元继续处理，污泥由污泥泵抽提后进行压滤，沉淀后的水质明显优于进水。

应用效果：实验结果表明，将各种印染混合废水按照一定比例混合后，将 pH 调整到 10.0 上下时，形成了良好的自絮凝作用，沉淀后 COD 去除率平均达到 20.6%。该技术已在海城印染园区污水处理厂得到了实施和应用。污水处理厂日处理印染废水能力为 4.0 万 t，接纳园区各类印染废水的排入处理。在处理工艺之前，设置自絮凝单元。各企业排入的印染废水经过自絮凝单元的充分混合、搅拌、反应、沉淀，实现无絮凝剂投加的

COD 有效削减，COD 去除效率为 15.0%～20.0%，有效降低了后续处理的负荷，提高了排水水质。同时为园区污水处理厂以污水量为计量单位的收费模式提供了技术依据。

先进性分析：经过自絮凝的废水，COD 去除率平均超过 20.0%，可有效减轻后续处理负荷，提高后续处理效果，使废水达标排放，从而提高水环境质量，全面改善河流水生态系统。

经济性分析：在污水处理厂内各类印染污水经过调酸、混合，利用各种染料之间的电中和及自絮凝作用，可以有效降低废水的有机负荷，运行费用低廉。这种预处理方法不仅节约各企业的开支，减轻后续处理负荷，使园区污水处理厂运行保持稳定，而且为污水处理厂进水管理提供了方便的管理方式，即可以按照污水量进行计量收费，避免了以浓度为标准造成的计量和收费难题。

应用前景：本技术门槛低，非常适合印染工业园区集中污水处理厂内的预处理。在园区污水处理厂建设时，仅需要一个混合池即可达到反应目的，同时去除相当的有机负荷，具有明显的技术优势，因此有较好的应用前景。

16.3 关键技术 23：零价铁强化厌氧还原印染废水处理技术

技术简介：印染废水的生化处理一般从厌氧开始，其目的在于：厌氧还原脱色和提高可生化性。但是在实际过程中印染废水的厌氧处理效果不佳。开发了一种新型厌氧与物化相结合的处理技术——零价铁强化厌氧处理技术：将零价铁置于厌氧反应器内，利用零价铁对厌氧还原的增强作用，实现对厌氧处理过程的增效，体现在提高印染废水的 COD 和色度去除效果，使处理系统更好应对环境变换的冲击（图 16-2）。

技术突破：将零价铁（或铁屑）加入厌氧处理池内，强化厌氧的还原氛围，为专性厌氧微生物创造适宜的环境，从而提高印染废水的色度和 COD 去除效率；该零价铁强化厌氧反应器中的氧化还原电位比无零价铁的对照厌氧反应器低 80.0～100.0 mV，反应器的出水 pH 更接近于 7.0，COD 去除率比参比反应器提高 20.0%～30.0%，甲烷产量高于参比反应器 25.0%～35.0%；由于零价铁的作用，该反应器具有良好的抗有机负荷、染料负荷，以及水力负荷冲击的能力，在 HRT 24.0～36.0 h 时，该反应器能够缩短处理时间约 12 h；温度降低和染料浓度增加对该反应器性能的影响明显小于普通厌氧反应器，在一定范围内变化时，零价铁强化厌氧反应器的出水 COD 浓度、脱色率保持相对稳定；辅以回流或电场的作用，能进一步强化零价铁在厌氧中的作用，在启动期污水处理性能良好，污泥粒径在 80.0 d 后达到 0.5～1.0 mm，此时容积负荷达到 10.0 kg COD/（$m^3\cdot d$），COD 去除率达到约 90.0%，快速完成污泥颗粒化和反应器的启动。

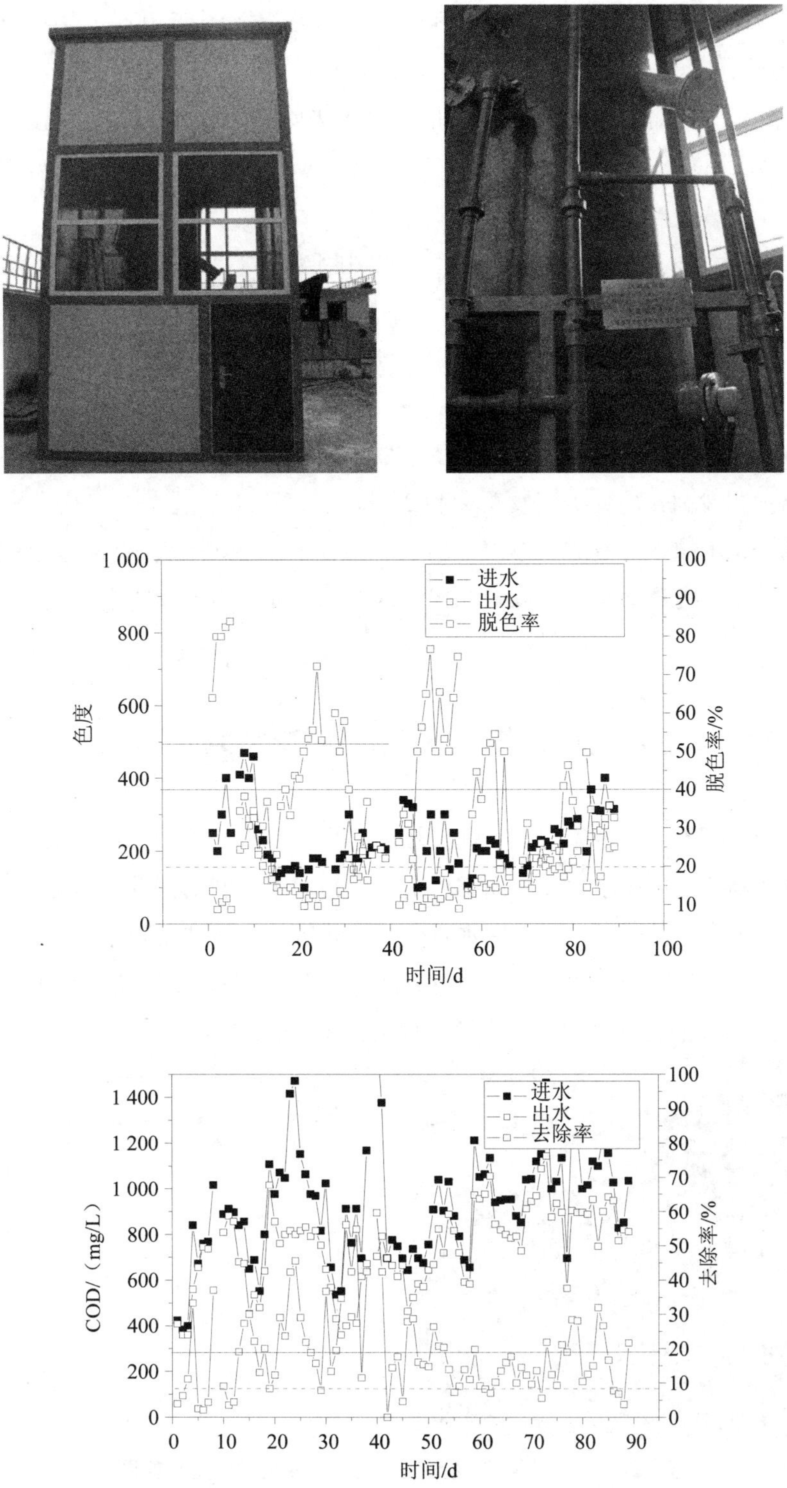

图 16-2　零价铁强化厌氧技术在工程现场的技术放大

应用效果：该技术在海丰印染园区污水处理厂得到了应用。现场中试显示，零价铁强化厌氧反应器对实际印染废水的 COD 去除率达到 30.0%～50.0%，脱色率达到 50.0%～60.0%，而普通厌氧反应器的 COD 去除率小于 10.0%，色度去除率小于 20.0%。该技术还在山西仟源制药废水处理工程中成功应用，取得了良好的环境效益和社会效益。

经济性分析：在实际工程中，零价铁可以用工业铁屑替代，铁屑投入厌氧装置后，可以连续发挥作用 2.0 年以上，提高厌氧段的污水处理效率。同时，溶出的铁离子在后续的混凝过程中可以起到絮凝剂的作用，减少污水处理絮凝剂的投加量，经济效益明显。

先进性分析：将零价铁投加到厌氧反应器中处理工业废水，属于国际首创技术，申请获得国家发明专利 4 项、美国发明专利 2 项。

应用前景：本技术研发成果不仅应用于印染废水，在众多厌氧废水处理工程中，均可利用本技术改善处理效果，可以增加甲烷的产量，提高污染物的水解酸化，具有很好的技术适用性。

16.4 关键技术 24：pH 调控-氧化曝气脱硫技术

技术简介：好氧活性污泥法仍是规模较大的集中污水处理的首选方法之一，但是在处理含硫量较高的印染废水时，却面临着硫引发污泥菌膨胀的问题。为此，将部分好氧池改造成兼氧池，经过厌氧处理的废水首先进入兼氧池，通过控制曝气量与兼氧池 pH，将厌氧出水中的硫化氢或硫离子氧化去除，减少进入好氧池的二价硫含量，从而消除硫离子对好氧活性污泥系统的破坏（引发丝状菌膨胀）（图 16-3）。

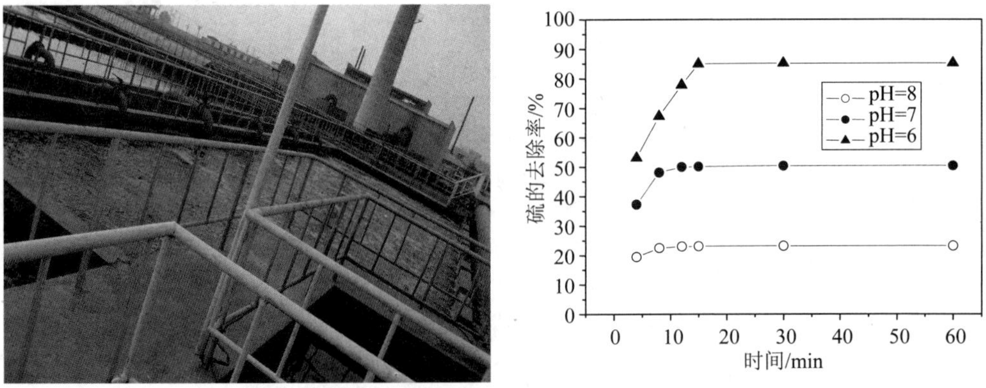

图 16-3 pH 调控-氧化曝气脱硫技术的技术示范及效果

技术突破：采用 pH 调控加氧化曝气，将厌氧段硫酸根进行还原；在厌氧与好氧段之间设置曝气脱硫间，采用调整 pH 的方法，将硫化物氧化去除。

应用效果：该技术中，经过 15.0 min 的处理实验，厌氧出水硫的去除率超过 90.0%。该技术已经在海城印染废水处理工程中完成技术应用，有效解决了该工程中好氧污泥膨胀的难题，好氧活性污泥段的污泥体积指数（SVI）稳定在 150～200，使好氧段的处理效率一直稳定在约 80.0%，显示出良好的工程效果。

经济性分析：在原有好氧池内设置兼氧池，不仅减少曝气量，而且可以将硫化氢去除，减少其对后续好氧的影响，提高好氧处理效率，从而进一步降低絮凝剂的投加量，降低运行费用。

先进性分析：采用调控 pH 和曝气方法，提高硫化氢氧化去除率，加入的酸碱量少，对后续生化不构成影响，这种对印染废水生化过程中对硫化物处理的技术，具有较好的先进性。

应用前景：印染废水处理一般采用厌氧-好氧技术，这意味着厌氧处理后还原生成的硫化物将对好氧活性污泥法产生明显影响，该技术方法简单、运行费低廉，却能明显降低水中硫元素对生物处理的影响。

16.5　关键技术 25：聚合铝镁高效脱色絮凝剂制备与应用技术

技术简介：针对市售絮凝剂效率低、投量大、费用高等问题，结合该地区镁矿蕴藏丰富的特点，采用镁盐高效脱色组分与无机絮凝剂复配，既发挥镁盐溶胶高效吸附脱色作用又发挥无机絮凝剂电中和、架桥网捕作用，达到高效脱色的目的（图 16-4）。

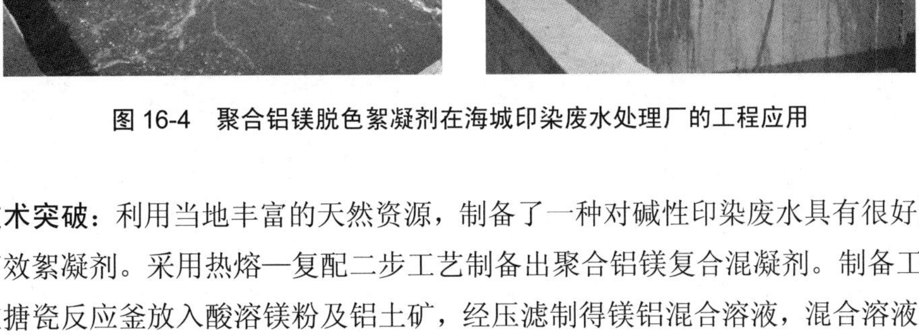

图 16-4　聚合铝镁脱色絮凝剂在海城印染废水处理厂的工程应用

技术突破：利用当地丰富的天然资源，制备了一种对碱性印染废水具有很好脱色效果的高效絮凝剂。采用热熔—复配二步工艺制备出聚合铝镁复合混凝剂。制备工艺为：首先在搪瓷反应釜放入酸溶镁粉及铝土矿，经压滤制得镁铝混合溶液，混合溶液采用赤泥调碱，制得成品。该絮凝剂在中性和较宽的碱性条件下，有良好的絮凝效果，适合于碱性印染废水的脱色絮凝处理。

应用效果：在小试实验中，当混合溶液 pH 为 12.0 时，脱色率达到了 98.0%，对典型活性染料、酸性染料、耐晒染料、分散染料的脱色率也分别达到 90.0%以上。该絮凝剂在印染废水处理工程中进行了应用示范。采用 0.8‰投加量运行，出水 COD 浓度稳定在 55.0～60.0 mg/L，20 倍色度，出水水质优于现有絮凝剂 PACl 的处理效果（80.0 mg/L，30 倍色度）。

经济性分析：新型聚合铝镁絮凝剂的投加量约为 0.8‰，低于 1.0‰～5.0‰的 PACl 的投加量，不仅节省运行费用，而且大幅降低污泥排放。

先进行分析：利用当地丰富的镁资源，与铝复配形成的絮凝剂，投加量少、对降低染料废水的 COD 浓度和脱色效果优于常规铝铁絮凝剂，产生的污泥量较少，技术较先进。

应用前景：本技术较适用于在镁资源较丰富的地区建设絮凝剂生产企业，生产的絮凝剂不仅可用于印染废水的处理，而且可以用于化工、制药等行业废水生化后的处理。

17　化工行业水污染治理

17.1　关键技术 26：糠醛废水零排放技术

技术简介：糠醛生产工艺简单，但污染严重。仅以糠醛废水为例，每生产 1.0 t 糠醛约产生废水 20.0 t。对糠醛初馏塔底废水监测发现，其中含 2.0%～3.0%的醋酸，呈浊状、土黄色，透光率<60%，除水、醋酸外，还含有少量糠醛及其他微量有机酸、醛等。利用蒸发器对塔下废水进行蒸发回用，是良好的废水零排放方法之一。课题组引进两台日处理量为 180.0 t 的蒸发器，实现对塔下废水的完全蒸发（图 17-1）。

图 17-1　糠醛废水塔下废水蒸发器

技术突破：在对塔下废水蒸发之前，利用醛汽余热对废水进行加热，既减少对锅炉蒸汽的消耗，也对醛汽进行了冷却。蒸发后产生的废水蒸气进入水解锅中参与糠醛反应，从而实现废水的回用。既减少了糠醛生产对新鲜水的依赖，也杜绝了糠醛生产废水的排放。此过程是实现糠醛废水零排放的关键。

应用效果：采用本技术后，当运行期间日平均产生废水约 150.0 t 时，年可供蒸发处理的废水 2.49 万 t，有效处理率为 99.7%。削减 COD 450.0 t，COD 减排 97.2%。

经济性分析：该技术已经在糠醛生产单位完成了示范改造，实现了糠醛废水的零排放，减少废水排放约 200 t/d。该技术可使年产 3 000 t 糠醛厂的废水年减排 1.5 万 t 以上，减少 COD 排放 300 t 以上，实现了示范工程糠醛生产废水零排放的目标。辽河上游区域工业以农产品加工及农业废物加工为主导，糠醛企业众多，通过该成果的示范推广，可使辽河流域 26 家糠醛厂每年减排废水 39 万 t 以上，减少 COD 排放 7 800 t 以上。

先进性分析：利用蒸发器对塔下废水进行蒸发回用，是一种良好的废水零排放方法。通过引进两台日处理量为 180 t 的蒸发器，实现了对塔下废水的完全蒸发。在对塔下废水蒸发之前，利用醛汽余热对废水进行加热，既可减少对锅炉蒸汽的消耗，也对醛汽进行了冷却。经过蒸发后产生的废水蒸汽进入水解锅中参与糠醛反应，从而实现废水的回用。

应用前景：目前对于糠醛废水的治理，绝大多数糠醛厂采用了“废水闭循环工艺”，采用该处理方法，只需增设若干台废水蒸发器，利用来自锅炉的一次蒸汽对废水进行蒸发，产生含酸蒸汽代替原锅炉蒸汽，进入水解锅作为热源并带出生成的糠醛，一次蒸汽经过气水分离后气相用于生产过程补充热源，液相返回锅炉，依此完成废水闭合循环处理工艺。该技术已在昌图县糠醛厂应用。

17.2 关键技术 27：醋酸盐结晶法糠醛废水中醋酸回收技术

技术简介：将白云石、石灰石加入糠醛废水中，中和至 pH 为 6.0，废水进入蒸发器，经蒸发后蒸汽进入水解锅，底液约为 36.0%醋酸钙镁溶液，经脱色罐脱色后，进入结晶器，得到醋酸钙镁产品。以活性炭为脱色剂对浓缩后的醋酸钙镁溶液进行脱色，最后对脱色后的浓缩液进行结晶，形成产品。该技术已经在示范单位安装了整套的生产设备并进行了初步的实施（图 17-2）。

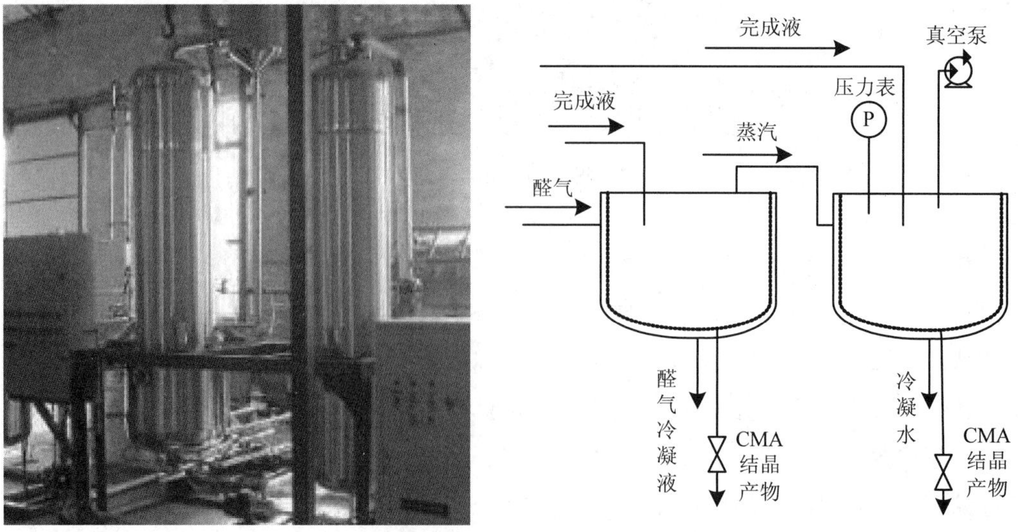

图 17-2 醋酸钠结晶工艺

技术突破：集中研究糠醛渣品质的提升及废水蒸发效率的优化两个方面，通过将糠醛渣含水率控制在最适合焚烧的范围内，同时消除蒸发器污垢提升热效率，实现糠醛废水的零排放。

应用效果：将石灰石、白云石按照 3∶7 配比投入废水罐，进行中和，用 pH 在线检测仪检测其 pH，为抑制废水中 Ca^{2+}、Mg^{2+}在蒸发器中形成结垢，使溶液呈弱酸性，以 pH 5.0 为终点，废水被中和后，用高压水泵打入蒸发器，用来自锅炉的一次蒸汽蒸发；废水被蒸发后，蒸汽进入水解锅用以水解所需，冷凝液回至锅炉补水箱。蒸发残液为高浓度醋酸钙镁溶液，通过密度监测仪监测溶液浓度，在低于饱和浓度之前将残液释放进入脱色釜，脱色后溶液用自卸式板框过滤机过滤活性炭，清液进入结晶器结晶，制取醋酸钙镁。所得结晶产物用带式干燥机干燥，最后包装、外销。采用本技术，醋酸钠纯度可达到 90.0%以上。

经济性分析：以本项目所制取的活性炭为脱色剂对浓缩后的醋酸钙镁溶液进行脱色，最后对脱色后的浓缩液进行结晶形成产品，实现了资源的有效利用。

先进性分析：采用醋酸盐结晶法对糠醛废水中醋酸进行回收，可以实现醋酸钠纯度达到 90.0%以上。

应用前景：辽河上游区域工业以农产品加工及农业废物加工为主导，糠醛厂企业众多。通过该成果示范推广，可使辽河流域 26 家糠醛厂产生的废水进行醋酸回收，得到高纯度醋酸，具有显著的经济效益和社会效益。

17.3 关键技术 28：糠醛渣热分解制取活性炭技术

技术简介：在小型分析试验台上，研究糠醛渣干燥动力学，开展不同试验工况条件的醛渣干燥特性试验，完成糠醛渣清洁干燥设备研制。在流化床干燥反应器上开展糠醛渣清洁干燥的中试试验，增加了锅炉炉膛尾气余热利用，对糠醛渣进行快速干燥。增加了利用锅炉烟气送料系统。将糠醛渣送入排风道，在引风机作用下，锅炉烟气将糠醛渣提升至锅炉炉膛顶部，经旋风分离，醛渣在拨料器的作用下进入炉膛燃烧。经过烟气尾气干燥的糠醛渣被送入锅炉炉膛顶部，通过重力作用在锅炉炉膛空间下落过程中燃烧。为了使燃烧充分，在干燥后的醛渣进入炉膛后，进入左右两个进料管，从而实现醛渣在下落过程中的完全燃烧。

技术突破：通过热解糠醛废渣，以水蒸气为活化剂制备活性炭。着重研究了吸附炭投加量、搅拌时间，以及活性炭颗粒形态对糠醛废水的脱色性能。经过脱色后的糠醛废水无色透明，可在后续工艺中进行回收醋酸、制融雪剂等操作。

应用效果：在温度为 450℃，炭化 60.0 min 的条件下，糠醛渣制备活性炭的最佳工艺条件为活化温度 850℃，活化时间 40.0 min，水蒸气流量 0.15 g/（min·g 醛渣），在此条件下制得的活性炭产品碘吸附值 1 074.9 mg/g，亚甲基蓝吸附值 242.6 mg/g，均达到国家一级品标准，同时获得率为 29.0%，可以保证一定的活性炭产量。在此理论基础上，设计了一种利用生物质废渣进行炭化、活化连续式制取活性炭的装置，具有工艺简单、操作方便、反应效率高等优点。

经济性分析：与其他类型活性炭生产装置相比较，该连续式生产装置具有结构简单、操作方便、布局紧凑、安全高效，物料混合均匀、反应效率高，以及可连续生产等优点。通过螺旋形叶片和搅拌杆对物料的搅动，达到热解活化连续式生产活性炭的目的。

先进性分析：以活化反应研究为基础，结合实际生产，设计了一种生物质废渣炭化、活化连续式制取活性炭的装置。可通过对生物质废渣进行热解，产生热解焦炭，即炭化料，并进一步对其进行活化，达到连续生产的目的。

应用前景：目前糠醛废渣制取活性炭的实验已经完成，所制取的活性炭比表面积、吸附性能等指标均优于市售普通活性炭性能。

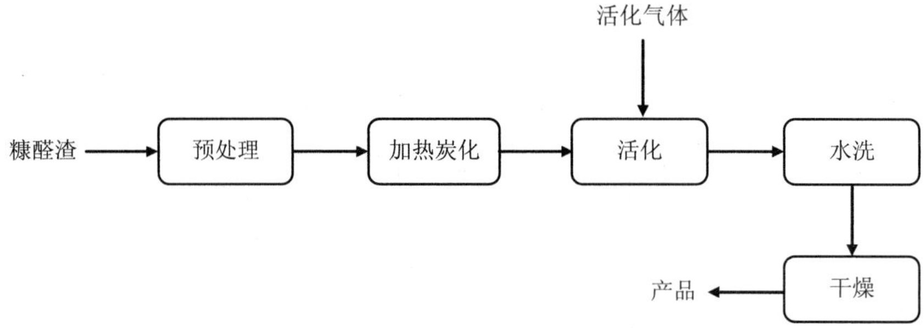

图 17-3　活性炭制备工艺流程图

17.4　关键技术 29：糠醛生产蒸发器除垢与消泡技术

技术简介：针对糠醛生产蒸发器除垢与消泡问题，开发了高效溶气气浮法除油与多孔陶瓷消泡技术。溶气气浮法是一种高效、快速分离方法，其基本原理是通过溶气方式在水中溶解空气并瞬间释放产生微气泡，使其与水中的疏水性油脂黏附，形成整体比重小于水的浮体。采用气浮法除油时，水中存在的非溶解油脂、有机物，以及大量的微细气泡，相互黏附后形成的带气絮粒上浮至水面，从而达到去除的目的。而在多孔陶瓷消泡技术中，采用经疏水处理的多孔陶瓷，要求多孔陶瓷孔径小于泡沫直径，泡沫在流动、穿过多孔陶瓷过程中被撕裂、破碎，最终实现消泡（图 17-4）。

图 17-4 糠醛生产零排放工艺照片

技术突破：废水中加入 NaOH 后，液体表面张力下降，表面黏性和表面塑性增大，极易形成弹性泡沫，且具有一定的稳定性，如不消除，将大大影响蒸发效果以及水解效率。采用多孔陶瓷进行消泡是一种专利技术，疏水性多孔陶瓷对加入 NaOH 后产生的泡沫具有良好的消泡效果。

应用效果：本技术的小试结果表明，蒸发器内壁产生的污垢能绝大部分溶于 NaOH 溶液，故本方案采用先将糠醛废水经 NaOH 进行预处理，将 pH 控制在 8.0～9.0，一方面，将废水中醋酸转化为醋酸钠；另一方面，可抑制污垢的产生。废水中加入 NaOH 后，液体表面张力下降，表面黏性和表面塑性增大，极易形成弹性泡沫，且具有一定的稳定性，如不消除，将大大影响蒸发效果以及水解效率。采用疏水性多孔陶瓷对加入 NaOH 后产生的泡沫进行消泡，是本课题组最新研究开发出的消泡专利技术。

经济性分析：采用抑垢处理之前，污垢清洗周期约为 30 d，污垢采用水刀清洗，时间约为 20 h（以 260 m^2 换热面积计算），费用为 10 000～12 000 元，且产生大量污水。采用抑垢处理后，碱洗方式简单处理即可消除污垢，且清洗周期时间加长，由原来的 30 d 增加为 60 d 以上。

先进性分析：糠醛废水中存在的可溶性糖、玉米油，以及各类少量高废物在废水蒸发过程中，在换热管内壁形成致密、坚硬的污垢层，严重降低换热效率，清除难度大，耗时较长，正常每年清洗一次。采用该技术后，可以减少清洗次数，延迟清洗时间。

应用前景：采用多孔陶瓷进行消泡是本课题组最新研究开发出的消泡专利技术。多孔陶瓷对蒸发过程中产生的弹性泡沫具有良好的消除作用，消泡率可达 99.0%。

18　造纸行业水污染治理

18.1　关键技术 30：芦苇造纸清洁制浆技术

技术简介：清洁制浆工艺可以从源头上减少碱用量，降低废液中碱含量，达到与提高黑液提取率同等的效果，此外还可以减少废液产生，提高制浆得率，减少 COD 等污染物排放，提高水回用潜力，实现清洁生产。本研究开展的清洁制浆工艺原理如下：经过适当加热的强碱性物质可以与 H_2O_2 发生剧烈分解反应并释放热能的原理，并在常压下进行蒸煮制浆。该工艺得到的化学浆强度和白度好于传统工艺。

技术突破：采用 NaOH 和 KOH 进行制浆改进，通过考察碱用量、H_2O_2 用量、投料间隔时间与总蒸煮时间的变化对黑液理化性质及纸浆性质的影响，以确定使用 NaOH 制浆和 KOH 制浆的最佳工艺条件（图 18-1）。

传统烧碱法制浆黑液　　NaOH 法制浆浓液　　KOH 法制浆浓液

图 18-1　各种制浆工艺产生的废液

应用效果：使用 NaOH 和 KOH 两种碱，与 H_2O_2 进行制浆工艺实验，与传统烧碱法相比，均明显改善了黑液理化性质，提高了纸浆性能。且在最佳工艺条件下，KOH 制浆比 NaOH 制浆产生浓液对环境的影响更小，且能得到更为优质的纸浆，说明 KOH 在用作煮浆药剂方面均优于 NaOH。使用 KOH 制浆技术提高了碱的利用效率，减少了黑液量，生产吨干浆排放 COD 量降低 53.0%，纸浆的理化性质得到改善，实现了清洁生产。因此，采用清洁制浆工艺，可以从源头上降低原料消耗、提高制浆得率、提高原料的利用效率，同时还可以避免黑液的产生。有利于降低废液处理的成本、减少造纸企业对环境的污染负荷、实现清洁生产。

18.2 关键技术 31：三段挤压-两段置换造纸黑液提取技术

技术简介：我国目前大部分造纸厂采用碱法制浆，植物纤维原料经过化学蒸煮后，通常纤维原料中有 50%～70%的有机物溶解于蒸煮废液中通称为“黑液”。每生产 1 t 纸浆排黑液 7～10 t。黑液的组成和性质与纤维原料的种类和特性、备料工艺、蒸煮工艺条件、黑液提取设备及工艺等因素密切相关。为了降低污染，常用的末端治理技术为碱回收法，黑液提取是碱回收的第一步，对于提高碱回收率具有重要意义。本研究采用“三段挤压-两段置换”工艺提高黑液提取率。

技术突破：将实验研究与生产实际相结合，提出了“三段挤压-两段置换”的黑液提取工艺，借助“稀释置换”原理，利用置换液与固形物废液的浓度差，使溶解性固形物逐渐迁移到置换液中，并加大挤压的力度分离黑液。

应用效果：在生产车间进行了示范研究，采用“三段挤压-两段置换”工艺提取黑液，保持进浆温度在 70～80℃，连续监测 6 d，所得黑液平均提取率达到 85%以上，可以减少蒸发工段的蒸汽消耗量，有利于黑液的后续处理。提取效率如表 18-1 所示。

表 18-1 黑液提取率

	进浆浓度/%	出浆浓度/%	黑液提取率/%	黑液提取率平均值/%
第 1 天	8.7	39.5	85.40	85.77
第 2 天	9.3	40.7	85.06	
第 3 天	9.6	41.6	85.09	
第 4 天	10.0	44.2	85.97	
第 5 天	9.7	46.1	87.44	
第 6 天	8.3	38.7	85.66	

18.3 关键技术 32：造纸黑液合成木质素磺酸钙技术

技术简介：造纸黑液浓度高、难降解，对环境污染严重，其污染物的排放量约占整个造纸工业的 90.0%，主要成分是纤维素、半纤维素、木质素、单糖、色素及有机酸等。木质素不仅是黑液污染的主要参与者，也是一种重要的资源。木质素本身具有黏结性，经过酚、醛或其他方法改性，可制备附加值高、市场用量大的黏合剂；此外，可由酸析木质素制备的活性炭合成脱硝催化剂，实现黑液的资源化利用。

技术突破：通过羟甲基磺化改性合成了木质素磺酸钙黏合剂；黑液经过化学改性制备脱硝催化剂，合成技术路线见图 18-2、图 18-3。

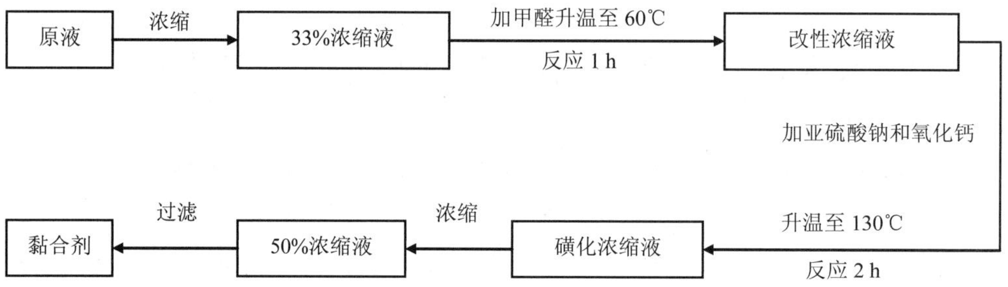

图 18-2 木质素磺酸制备技术路线

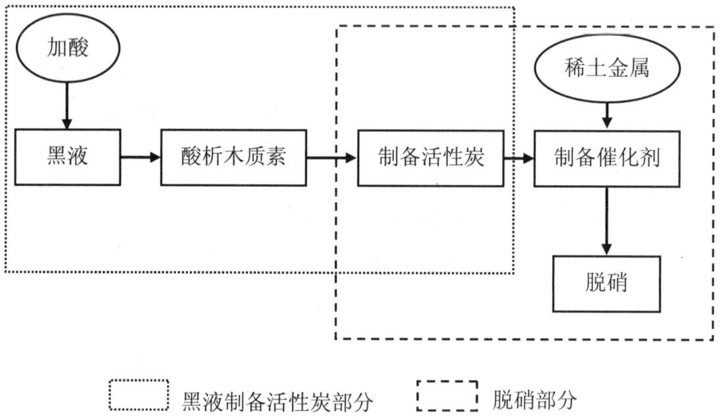

图 18-3 制备脱硝催化剂技术路线

应用效果：羟甲基磺化改性回收黑液中的木质素黏合剂，制备附加值高、市场用量大，具有良好的经济效益，为黑液的资源化利用提供参考；黑液制备脱硝催化剂技术为黑液木质素资源化提供了新途径，而且为活性炭生产找到了廉价原料，具有重要的理论和实际意义。

18.4 关键技术 33：生物絮凝剂强化脱色技术

技术简介：生物絮凝剂是一类由微生物或微生物分泌物产生的代谢产物，主要成分为糖蛋白、多糖、蛋白质等，是具有高效、无毒、无二次污染等优良特性的水处理剂。本研究由造纸厂剩余污泥为原料制得了生物絮凝剂 LBF，对造纸废水 COD 和色度有良好的处理效果。通过实验室小试试验确定絮凝剂处理造纸废水的最佳使用条件，与广泛使用的无机絮凝剂 PAC 对水样的处理效果进行对比，探求生物絮凝剂在造纸废水处理效果方面是否较无机絮凝剂具备优越性。分别对两种絮凝剂在最优条件下处理造纸废水的效果进行比较，选择最适宜的絮凝剂，为工业化生产提供参考（图 18-4）。

原水　　经 PAC 处理后　　经 LBF 处理后

图 18-4 经过 PAC 和 LBF 处理后的废水照片

技术突破：本研究是从造纸厂污水处理车间的剩余污泥中制取的絮凝剂，将其用于造纸废水的处理，实现了废物资源化利用；采用碱处理法制备了生物絮凝剂，并探讨了絮凝效果的优化条件。

应用效果：将制备的生物絮凝剂对造纸废水进行了实验室试验，并与无机絮凝剂 PAC 的处理效果比较。在快速搅拌 40 s（200 r/min）、慢速搅拌 3 min（80 r/min）的水力条件下，两种絮凝剂在最佳使用条件下的处理效果如表 18-2 所示。与目前广泛使用的无机絮凝剂 PACl 相比，生物絮凝剂 LBF 对造纸废水有较好的处理效果。造纸废水呈碱性，而生物絮凝剂在碱性条件下的处理效果比较理想，因而更适宜使用 LBF 处理造纸废水。此外，LBF 是从造纸厂污水处理车间的剩余污泥中制取的絮凝剂，将其用于造纸废水的处理，实现了废物资源化利用，有效降低造纸废水的处理成本。

表 18-2 两种絮凝剂处理造纸废水效果对比

絮凝剂种类	SS 去除率/%	色度去除率/%	COD_{Cr} 去除率/%	TP 去除率/%
PAC（2 g/L）	94	12	30	56
LBF	87	71	39	90

18.5 关键技术 34：苇田湿地深度处理造纸中段水及回用技术

技术简介：采用苇田湿地及回用技术对造纸中段废水进行深度处理，为苇田湿地提供灌溉用水，实现芦苇—造纸—芦苇的生态循环，废水循环利用率大于 80%，吨纸新鲜水耗量降低到 40 t 以下，大大降低新鲜水耗量。

技术突破：采用三级串联式的垂直流人工湿地，具体设计为：湿地反应器各级均为长 1.0 m、宽 0.7 m，一级底部为布水区，二、三级底部为集水区，其上铺放钢网，防止填料漏下。各级池深度：第一级为 1.5 m，第二、第三级均为 1.2 m（图 18-5、图 18-6）。

图 18-5　人工湿地照片

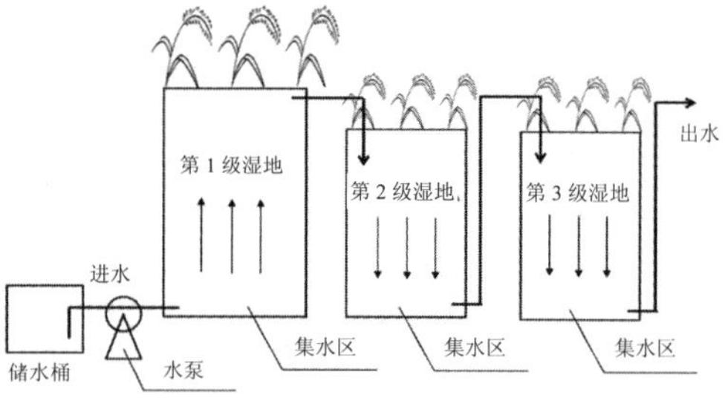

图 18-6　连续运行人工湿地工艺流程

应用效果：该系统在不同季节的试验中，表现出较好的污染物去除效果，其中 COD、TP 去除效果稳定，出水浓度好于《地表水环境质量标准》（GB 3838—2002）Ⅲ类质量标准。不同季节气候条件下（夏季、冬季和初春），该系统中各污染物的脱除效果受进水负荷影响显著，受温度影响较小。COD 和 TP 各季节进水负荷较稳定，脱除率分别在 80%和 95%以上，出水水质分别好于 GB 3838—2002 的Ⅰ、Ⅲ类标准（15.0 mg/L 和 0.2 mg/L）。由于冬季 NH_4^+-N 和 TN 的进水负荷升高，处理效果较差，出水水质只能达到《城镇污水处理厂污染物排放标准》（GB 18918—2002）一级 B 类水质标准，可选择增加人工湿地串联级数提高系统脱氮效率。多级串联垂直流人工湿地对北方冬、夏季污水处理厂二级排放的低浓度生活污水有较好的深度净化效果，而且多级串联抗污染物进水负荷波动的能力较强。

19　食品加工行业水污染治理

19.1　关键技术 35：强化常压过滤法啤酒生产废碱液回收利用技术

技术简介：啤酒生产过程中会产生大量高浓度废碱液。废碱液的 pH＞11.0，碱浓度高达 0.8%，COD 浓度则可高达 2 496 mg/L。这些废碱液通常未经处理直接排放，这导致末端污水处理设施受到碱冲击，并且碱液中剩余纯碱未得到有效利用。

啤酒废碱液强化常压过滤回收利用技术，采用混凝沉淀-错流陶瓷膜过滤方法，先将间歇排放的废碱液集中贮存后，投加混凝剂进行混凝反应，沉淀去除废碱液中的大颗粒杂质，再将预处理的碱液导入陶瓷膜组件内，膜组件前后存在膜压差，陶瓷膜的分离性能将碱液中的杂质滤过，回收碱液从组件中部的清液出口流出，而杂质浓度较大的碱液经回流管线回流、稀释后再次进入陶瓷膜膜组件内。陶瓷膜过滤经混凝沉淀预处理的废碱液，滤除碱液的水质较为稳定。浊度、COD 和碱浓度分别维持在约 7.0 NTU、300 mg/L 和 0.69%，其出水水质能够满足浊度≤10 NTU、COD≤340 mg/L 的碱液回用水质标准，每吨碱液可回收纯碱 6.5 kg。该技术在实现去除废碱液中的大部分浊度和不溶性 COD、为后续处理工艺降低负荷的同时，回收再利用碱液中高浓度的碱。

技术突破：本技术通过 COD、浊度对碱液清洗效果影响的线性回归分析提出了碱液再生回用的标准，通过对曝气错流膜单元前处理、曝气错流膜工艺和膜清洗等工艺优化，解决高浊度、高碱度条件下膜的堵塞问题，提高了膜组件处理废碱液的效能。

应用效果：本技术的小试结果表明，在有效去除啤酒废碱液中的大部分浊度和不溶性 COD 的同时，还可以高效回收碱液中高浓度的碱。当选用 PAC 作为处理废碱液的混凝剂时，混凝剂投加量确定为 120 mg/L，混凝反应阶段控制最佳搅拌速度为 150 r/min，搅拌时间控制在 10 min，沉淀时间控制在 30～45 min。错流陶瓷膜选用膜孔径为 800 nm，膜压差控制在 0.18～0.20 MPa，陶瓷膜稳定运行时间控制在 150 min 以内时，可实现陶瓷膜滤出废碱液的浊度、COD 和碱浓度均维持一个较为平稳的状态，分别约为 7.0 NTU、300 mg/L 和 0.68%，每吨碱液可回收纯碱 6.5 kg（图 19-1）。

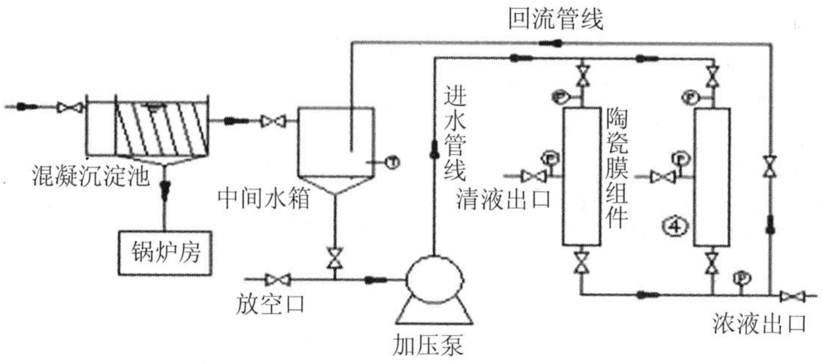

图 19-1 混凝-错流陶瓷膜过滤处理洗瓶废碱液工艺流程图

处理装置连续运行 150 min 后，出水量下降，由 150 min 时的 103.2 L/h 下降至 180 min 时的 44.7 L/h，对陶瓷膜采用 0.20%硝酸 + 0.55%次氯酸钠 + 0.15%三聚磷酸钠混合的膜再生清洗药剂进行化学再生清洗，膜通量恢复率在 85%以上（图 19-2）。

图 19-2 错流陶瓷膜过滤处理装置图

经济性分析：该技术在去除废碱液中的大部分浊度和不溶性 COD 的同时，可大幅度降低碱液消耗量，减轻末端处理设施负担，提高水循环利用率，减少污染物排放。啤酒洗瓶废碱液经再生处理后，可回收质量分数为 0.68%的再生碱液，每吨碱液可回收纯碱 6.5 kg。相较于重新配制质量分数为 1.5%的新碱液，该工艺可减少 40%纯碱用量。

先进性分析：陶瓷膜过滤技术是新型的分离技术，具有效果稳定、膜通量大、寿命长、耐腐蚀等特点。将其应用于废碱液的净化，可以避免废碱液的强腐蚀性，同时可保留较高的碱浓度、浊度和 COD 去除率。

应用前景：啤酒生产中的大量设备和酒瓶清洗过程中产生的大量废碱液未经处理直

接排放，导致末端污水处理设施受到碱冲击、碱液中剩余纯碱未得到有效利用，针对此情况研发出以错流膜技术为主体的废碱液强化常压过滤回收利用技术。本技术在本溪中日龙山泉啤酒有限公司实施后，回收质量分数为 0.68%的再生碱液，每吨碱液可回收纯碱 6.5 kg，与重新配制质量分数为 1.5%的新碱液相比，该工艺可减少 40%纯碱用量。本技术过滤废碱液水质稳定，处理后碱液水质较高，在大型啤酒生产企业具有很好的适用性和应用前景。

19.2　关键技术 36：啤酒灭菌废水再生与循环利用技术

技术简介：灭菌废水主要来自啤酒生产喷淋式巴氏灭菌工序，因在灭菌过程中混入来自酒瓶表面的附着物和酒瓶因受热不均"爆瓶"产生的废酒液，故废水中含有一定量的有机物和胶体；对其总排口水质进行检查发现，灭菌废水的 COD 浓度为 80～200 mg/L，出口水温为 50～60℃，主要污染物为废酒液、悬浮物、胶体，属轻度污染废水。大量灭菌废水的直接排放，不仅增加了企业末端处理设施的污水处理负担，也是对水资源和水中蕴含热能的浪费。

目前对啤酒生产中的灭菌废水进行单独净化处理的工艺尚鲜见报道。本技术通过对现有膜处理技术、物化处理技术和生物处理技术在相关水处理行业应用情况的分析研究，开发了以膜工艺为主体的灭菌水废水再生与循环利用技术。采用本技术后，灭菌废水不仅水质可达工业洗涤用水指标要求，更由于缩短了处理流程和停留时间，灭菌废水热量损失较少，出水水温在 30～40℃，可有效回收热水中蕴含的热能。

技术突破：通过采用混凝、膜过滤等技术使灭菌废水达到再生水回用标准后，回用于灭菌过程。同时，改造传统大量高温水与冷水混合制备灭菌水的模式，依据不同温区分别循环利用灭菌水，在保证灭菌效果的同时，也保证了各温区水温的稳定，大幅降低高温水的消耗量和爆瓶率，同时节省了水量和热量，有效地减轻了夏季高温水对末端污水处理设施的影响。

应用效果：本技术的小试结果表明，选取 PAFC 作为混凝药剂，药剂投加量控制在 15 mg/L，同时控制反应沉淀时间为 30 min，可有效去除灭菌废水中 30%～40%的 COD、NH_4^+-N 和浊度，减轻后续膜处理负担。针对灭菌水水温较高的特性，选取耐高温陶瓷膜作为膜过滤段的膜材料。经对处理标准和经济性比较，选取 0.14 MPa 操作压力下 200 nm 的陶瓷膜组件，灭菌废水不仅水质可达《再生水水质标准》（SL 368—2006）中的工业洗涤用水指标要求，出水水温在 30～40℃，可有效回收热水中蕴含的热能（图 19-3）。

图 19-3　试验装置照片

先进性分析：目前，对啤酒生产中的灭菌废水进行单独净化处理工艺尚鲜见报道。本技术从灭菌废水中热能回收的角度出发，开发了混凝-膜过滤工艺对灭菌废水进行处理，在去除水中污染物的同时，缩短灭菌废水在反应器内的停留时间、减少热能的散失。既实现了处理后灭菌废水回用的目的，又达到了回收部分热能的目标。

应用前景：传统啤酒灭菌存在灭菌水用量较大、酒瓶爆瓶率高等缺陷。采用混凝、膜过滤等技术使灭菌废水达到再生水回用标准后，回用于灭菌过程。同时，改造传统大量高温水与冷水混合制备灭菌水的模式，大幅降低高温水的消耗量和爆瓶率，同时节省了水量和热量。本技术在本溪中日龙山泉啤酒有限公司实施后，可年回收再生水 9 万余 t，其水质满足《再生水回用标准》中设备洗涤用水的要求，可用于生产设备、车间地面的清洗，具有较好的应用前景。

19.3　关键技术 37：啤酒综合废水深度处理与回用技术

技术简介：啤酒综合废水主要包括设备冲洗、冷却、加工等环节排放的污水，具有水量大且随生产周期波动、水质成分复杂、有机物浓度高等特点，一直是啤酒企业清洁生产和污染控制的重点。目前啤酒综合废水的处理大多执行国家二级排放标准，采用厌氧-好氧生物法处理污水。由于国家对相关排放标准的日趋严格和企业对水资源利用的需求，现有污水处理技术已不能满足实际需求。

本技术针对企业新的污染控制需求，对现有啤酒综合废水处理厂进行技术改造、升级。重点解决低磷条件下生物法处理综合废水中各类污染物的问题。根据啤酒厂淡、旺季水质、水量波动对处理系统的影响，开发了针对不同工况的啤酒综合废水深度处理与回用工艺。在生产淡季采用 A-O-A 工艺，在生产旺季采用 A-O-A-O 工艺，进而解决污水处理过程中高比例有机氮需长时间反应氨化和长时间曝气导致反硝化碳源不足之间的矛盾。

技术突破：针对啤酒企业污水中有机氮约占其 TN 量的 90.0%以上的特点，开发啤酒综合废水深度处理技术，重点解决了缺磷情况下生化法处理高有机氮啤酒综合废水的问题。通过对活性污泥段启动方式的改进，提高微生物对低磷环境的适应能力，保证在低磷情况下微生物的活性。通过对 HRT、DO 等影响因素的控制，提高在高有机氮比例调节下微生物对啤酒综合废水中各类污染物的去除效果。

应用效果：依据啤酒生产周期不同，分别采用 A-O-A 和 A-O-A-O 工艺对啤酒综合废水进行处理。缺氧 2～3 h、好氧 4～6 h、缺氧 0.5～1 h，反应周期不小于 8 h；控制反应器内 DO 不小于 1.2 mg/L，并依据公式确定反应器滗水比例，出水达到一级 A 标准。并提出序批式反应器脱氮的滗水比。

应用前景：本技术应用于本溪中日龙山泉啤酒有限公司 4 000 m^3/d 污水处理站改扩工程，该工程于 2010 年年底建成投入运行。出水可达国家一级 A 排放标准，每年可减少 COD 排放量 1 095 t，为太子河流域的水污染治理和环境质量的改善提供有力支持。目前企业污水处理设备总装机容量为 258 kW，常用容量 185 kW，年耗电 80 万 kW·h，按每千瓦时电 0.7 元计，全年电费为 56 万元。因此，该技术具有较好的适用性和较广阔的应用前景（图 19-4）。

图 19-4 啤酒综合废水深度处理中试装置

19.4 关键技术 38：IC-A/O-MBR 组合工艺玉米深加工废水处理技术

技术简介：针对玉米深加工废水水质特点，将 MBR 工艺引入玉米深加工废水处理系统中，集成开发了 IC-A-O-MBR 组合工艺。通过设备运行参数的优化，强化了系统有机污染物的去除，改善了出水水质，提高了系统耐冲击负荷能力，提升了系统运行稳定性。

技术突破：通过对现有可靠生物强化技术的筛选与甄别，分别对 MBR、载体流化床（MBBR）及 BAF 开展相关小试试验。结合处理效果分析、运行稳定性分析、运行成本分析，确定 MBR 工艺可实现玉米深加工废水处理系统的稳定运行，并保障较优的出水水质。该技术可以大幅度降低玉米深加工企业废水中有机污染物浓度，减少外排污泥量，降低运行成本，为东北地区高浓度有机废水的治理提供了技术支持。

应用效果：通过对系统运行参数的调整与优化，确定系统较优运行参数为：污泥度大于 8.0 g/L，曝气池内 DO 在 3.0 mg/L 左右，MBR 内 DO＞4.0 mg/L，好氧段 HRT13.5 h，缺氧段水力停留段时间 3.0 h。在此工况下，IC-A-O-MBR 组合工艺系统出水 COD 的平均去除率达到 95.3%，SS 平均去除率达到 100%；处理后出水 COD 平均浓度为 24.2 mg/L，工艺运行期间，COD 波动范围在 8～48 mg/L，标准差系数（$V\sigma$）为 0.37（$V\sigma \leqslant 0.5$），表明该工艺处理 COD 的稳定性较好。综合以上数据分析，MBR 工艺强化了系统有机污染物的去除，提高了系统耐冲击负荷能力（图 19-5、图 19-6）。

先进性分析：本技术组合充分利用并强化了微生物的降解功能，将厌氧菌、兼性菌和好氧菌综合在一个系统内，使其对废水中有机物进行高效率、低能耗、低成本的去除。该技术在保障系统处理效果的基础上，还能提高运行稳定性，增强系统耐冲击负荷，是一种灵活性较强、较为实用的生化水处理集成技术。因此，从技术集成角度上讲，具有一定技术先进性。

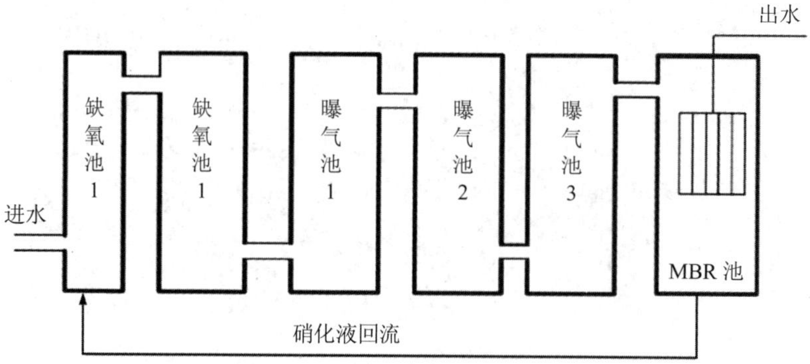

图 19-5 工艺流程图

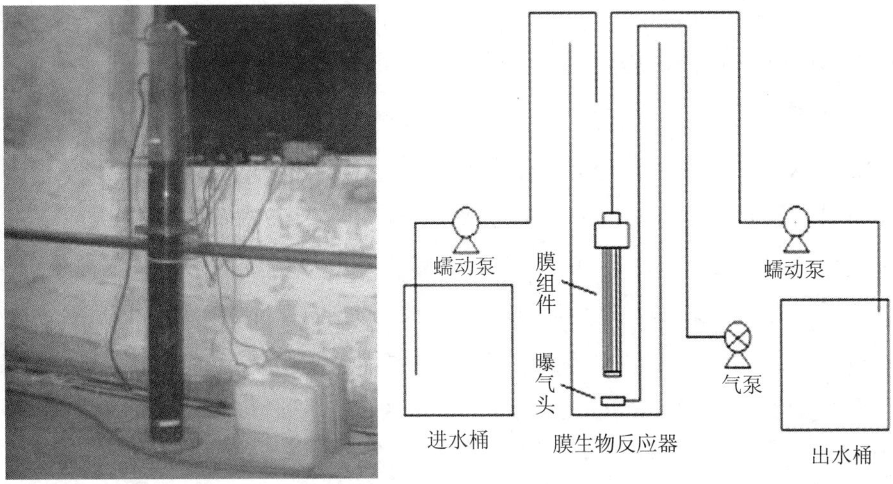

图 19-6 试验装置实物图和流程图

应用前景：中粮生化能源（公主岭）有限公司是世界 500 强企业中粮集团有限公司全资子公司，是目前国内的大型玉米深加工企业之一。小试结果表明，运用 IC-A-O-MBR 组合工艺，系统出水 COD 的平均去除率达到 95.3%，SS 平均去除率达到 100%。技术在中粮生化能源（公主岭）有限公司实施后，可实现减少企业废水排放量 43.8 万 t/a，COD 减排 46.72 t/a、NH_4^+-N 减排 2.7 t/a、TN 减排 7.59 t/a。本技术为一种高效率、低能耗、低成本、灵活性较强，以及较为实用的生化水处理集成技术，对玉米深加工废水而言具有较佳的适用性和应用前景。

19.5 关键技术 39：MBR-RO 组合工艺玉米深加工废水深度处理与回用技术

技术简介：结合我国环境污染特征，针对玉米深加工废水水质特点以及回用水水质要求，首次将 MBR-RO 联用耦合工艺应用于玉米深加工废水处理及回用领域。废水经过 MBR 处理后，有机物、悬浮物浓度大幅度降低，保障了出水水质稳定，出水满足反渗透进水要求。经 RO 处理后，废水中有机物进一步去除，Cl^-、Ca^{2+}、Mg^{2+}等离子被高效截留，RO 出水达到循环冷却系统补充水水质标准。MBR-RO 联用耦合工艺可实现玉米深加工行业废水污染控制及水资源的循环利用。

技术突破：膜分离技术是当今应用较为广泛的废水处理工艺，尤其是在中水回用方面的应用更为普遍。对于回用水水质要求较高的领域，通常采用双膜法，即 UF-RO 工艺组合，而国内鲜见采用 MBR-RO 组合工艺处理与回用污水的应用案例。针对玉米深加工废水水质特点，采用 MBR-RO 组合工艺实现废水深度处理并回用，大大节约了占地面积、便于现有工程的改造，而且在运行成本上具有一定优势。

应用效果：为了更好地模拟实际工程运行效果，课题组设计建设了玉米深加工废水的深度处理及回用技术中试装置，装置设计处理规模 12 m^3/d。采用 MBR-RO 组合工艺对玉米深加工废水进行深度处理并回用于冷却循环系统。中试结果显示，经过 RO 深度处理后，出水中 COD 未检出，去除率达到 100%，TN、TP 平均浓度分别为 0.51 mg/L 和 0.08 mg/L，去除率达到 98.0%以上。RO 出水水质与循环冷却系统补充水水质要求对比分析发现，各项指标均满足循环冷却系统补水水质要求，且 COD、NH_4^+-N、悬浮物、Cl^-以及铁离子指标均未检出，远远低于标准限值，表明工艺出水可以保障冷却循环系统长期、稳定运行，采用 MBR-RO 组合工艺作为玉米深加工废水的深度处理及回用技术是完全可行的（图 19-7、图 19-8）。

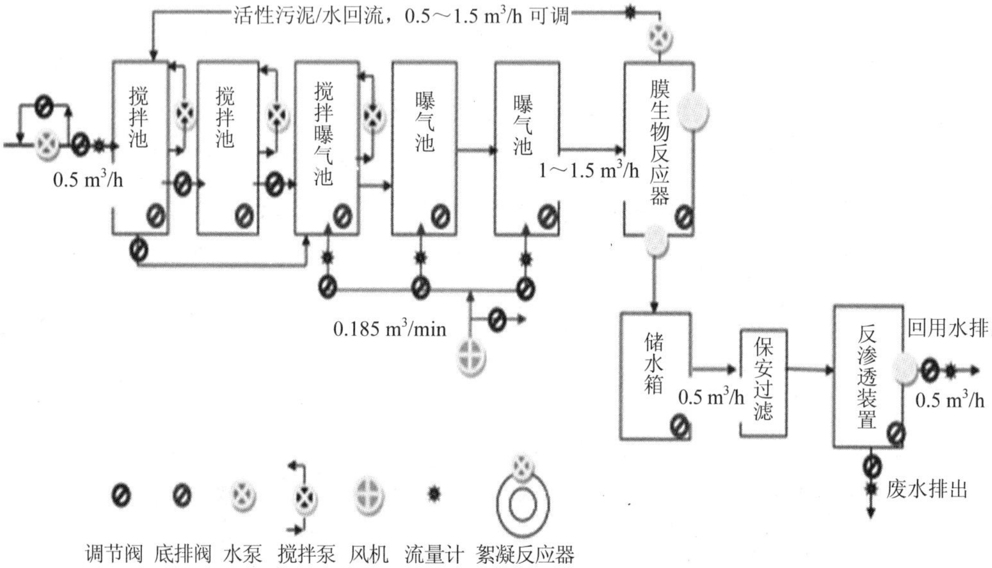

图 19-7 中试装置流程图

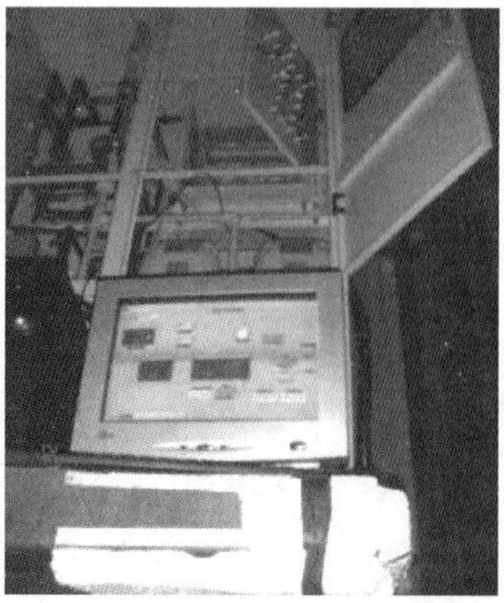

图 19-8 中试装置照片

先进性分析：本技术可实现物化、生化等工艺与膜分离技术的综合集成。工艺集成后可提高生物降解能力、增加污泥浓度、有利于微生物增殖、减少污泥排放，而且工艺系统废水处理效果较好，运行稳定，耐冲击负荷能力强，运行管理简单，是一种灵活性较强、较为实用的生化-水处理集成工艺。因此，从技术集成角度上讲，该套集成设备具有一定的技术先进性。

经济性分析：MBR-RO 组合工艺较双膜法大大节约了占地面积，缩短了双膜法的工艺流程，降低了运行成本。通过中试测算，并调研了大连石化公司供水厂、山东阳谷县凤祥集团污水处理厂，类比推算采用 MBR-RO 工艺进行中水回用，包括膜折旧新增运行成本吨水为 2.0～2.2 元。

应用前景：本技术在中粮生化能源（公主岭）有限公司废水深度处理及中水回用工程中试研究基地实施后，MBR 工艺出水满足反渗透系统的进水要求，可作为反渗透系统的前处理技术。经过 RO 深度处理后，出水中 COD、NH_4^+-N、悬浮物、Cl^-以及铁离子指标均未检出，TN、TP 平均浓度分别为 0.51 mg/L 和 0.08 mg/L，各项指标均满足循环冷却系统补水水质要求。因此，MBR-RO 组合工艺用于玉米深加工废水的深度处理及回用具有较好的适用性。

20 污水处理厂升级改造

20.1 关键技术 40：气浮-水解法难降解工业综合废水高效预处理技术

技术简介：针对工业综合废水中有机污染物浓度高、难降解，以及随着生产过程水质波动较大的特点，构建气浮-水解预处理集成技术，实现难降解有机物去除，提高水质可生化性，保障后续的污水生化深度处理的顺利进行。该集成技术通过对气浮溶气压力和回流比的优化控制，完成对工业废水中的残渣和油污的去除，通过对水解 HRT 和污泥浓度的优化控制，完成厌氧条件下的水质 B/C 比的提高，进而实现高浓度、难降解工业综合废水的高效预处理。

技术突破：工业综合废水中的油污、残渣以及难降解有机物对生化处理效果都具有较大影响，通过气浮和水解的预处理达到去除污染物和提高可生化性的目的。气浮单元控制溶气压力和回流比分别为 3.5 kg/cm^2 和 50.0%，在出水 DO 不影响后续厌氧处理的前提下，有效去除水中的油污。水解单元控制 HRT 为 2.0 h，使出水保持在较易进行生化处理的范围内。该技术除了可以降解和去除工业废水中的有机物，还对水中的固体悬浮物具有较好的去除功能，在污水处理厂的预处理工艺中可以取代沉淀池，既保障了对悬浮物的去除，又提高了出水的可生化性。综上所述，该技术以产酸菌的生理调控为关键，实现了对工业综合废水的有机物降解和固体悬浮物的去除等预处理功能。

应用效果：该技术在仙女河污水处理厂完成了小试和中试，取得了较好的处理效果。通过试验证明了在 HRT 为 2.0 h 的条件下，出水 B/C 比从 0.3 提高至 0.4 以上，明显改善了污水的可生化性。此外，水解酸化池还可以取代水厂的沉淀池，能够去除原水中 40%的有机物和固体悬浮物（图 20-1）。

先进性分析：该技术针对工业综合废水难降解、水质波动大的特点，在现有沉淀池的基础上，增加了水解酸化的功能。通过气浮和水解的技术集成，实现了提高水质可生化性功能，使其有助于后续的生化处理。此外水解沉淀技术还具有去除固体悬浮物的功能，因此在技术集成方面具有先进性。

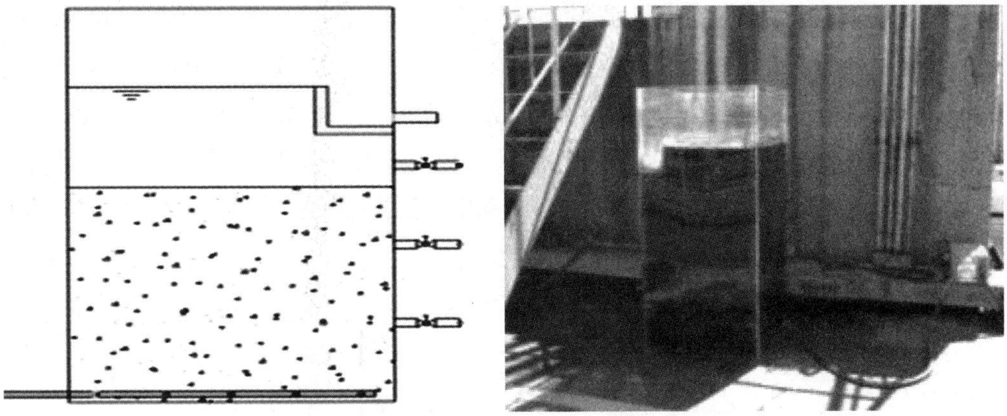

图 20-1 气浮-水解预处理中试设备示意图及照片

经济性分析：该技术通过 HRT 控制，实现对产酸菌的生理调控，无须额外的动力费用。相比使用污泥层对固体悬浮物进行截留的斜管沉淀池，水解沉淀池无须购置、安装和维护斜管，可以节省费用，此外污泥层作为产酸菌的生长载体，除了具有对有机物和悬浮物的去除功能，还起到降解有机物、提高水质可生化性的功能，水处理成本为 0.17 元/t。

应用前景：随着工业的发展，工业综合废水的排放量也在大幅增长，同时污水的达标排放日趋严格，众多的工厂污水处理设施以及城市污水处理厂面临着紧迫的升级改造任务。水解沉淀池既具有截留、沉降悬浮物的功能，又具有提高水质可生化性的功能，在工业综合废水的预处理工艺中具有广泛的应用前景。

20.2 关键技术 41：混凝/气浮-水解酸化-前置反硝化 BAF 工业综合废水深度处理集成技术

技术简介：该工艺主要包括混凝池、气浮池、水解沉淀池和前置反硝化 BAF 4 个处理单元，如图 20-2 所示，其中混凝池柱高 1.6 m、直径 0.6 m，原水和混凝剂溶液均从距底部 1.2 m 处注入，内设 JJ-1 大功率电动搅拌器，使原水和混凝剂充分混合，以去除原水中的 SS 和 TP；溶药池采用相同设计参数，同样使用搅拌器使固体混凝剂充分溶解为液状，并由蠕动泵注入混凝池；气浮池接触室高 2.2 m、直径 0.12 m，分离室高 2.4 m，直径 0.32 m，加入混凝剂的原水使用 DP-130 高压隔膜泵，与空气充分混合的回流液使用尼克尼 20FPD04Z 气液混合泵从接触室底部共同注入，经分离室将其中的泡沫残渣去除，并从顶部平台排出；水解沉淀池柱高 4.5 m、直径 0.5 m，盛装厌氧污泥，污水从底部注入，经污泥层去除部分 SS 和 COD；前置反硝化 BAF 使用柱高 4.3 m、直径

0.5 m 的有机玻璃滤柱填装火山岩滤料，滤柱中的火山岩滤料粒径分别为 6～8 mm、4～6 mm 和 3～5 mm，其中承托层高 0.3 m，滤料高 4.0 m，水面超高 1.0 m，设计三级生物滤柱分别为反硝化 DN 池、氧化硝化 CN 池和硝化 N 池，即分别进行反硝化、氧化和硝化反应，对污水中的 TN、COD 和 NH_4^+-N 进行生化去除，CN 池和 N 池使用空压机进行曝气，三级滤柱均采用上向流方式，使用高压隔膜泵从底部注水。中试装置日处理水量 2 t。

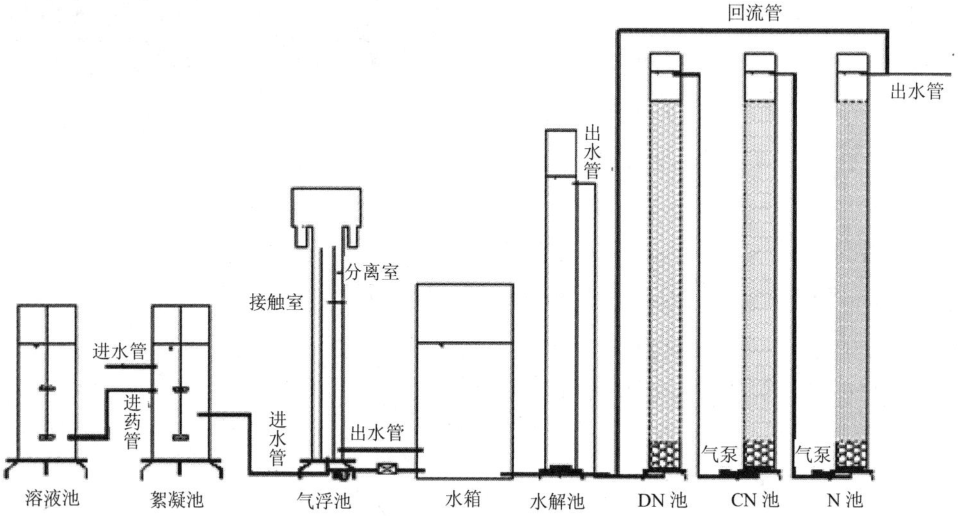

图 20-2 中试装置示意图

从仙女河污水处理厂的进水水质指标来看，有机污染物和固体悬浮物浓度都比较高，经过水厂现有的处理工艺，出水基本上能够达到国家二级排放标准，但对比一级 A 标准还有差距，一方面需要进一步去除水中的 COD、SS 和 NH_4^+-N；另一方面还需要增加脱氮除磷的功能。基于这两方面考虑，结合现有 BAF 工艺，对工业综合废水的全流程处理工艺进行了优选。首先在除磷方面，因工业综合废水中的 TP 浓度不高，所以选择使用效果显著、实施便捷的化学除磷工艺，同时混凝过程还具有去除水中 SS 的功能；而在脱氮方面，现有的 BAF 工艺对 NH_4^+-N 具有较好的去除能力，但并不能去除水中的 TN，又由于原水中的碳源较为充足，已无须再额外投加碳源，所以考虑使用经济节能、技术成熟的前置反硝化工艺；此外，为了进一步去除水中有机物，同时将大分子有机物进行降解，使其有助于后续的生化处理，可将现有的沉淀池增加水解酸化的预处理功能；为了消除工业废水中油污堵塞滤池，增加了气浮除油单元，同时去除混凝过程中产生的泡沫残渣。即中试装置工艺包括化学除磷、气浮除油、水解酸化和前置反硝化 BAF 4 个处理单元，工艺流程如图 20-3 所示。

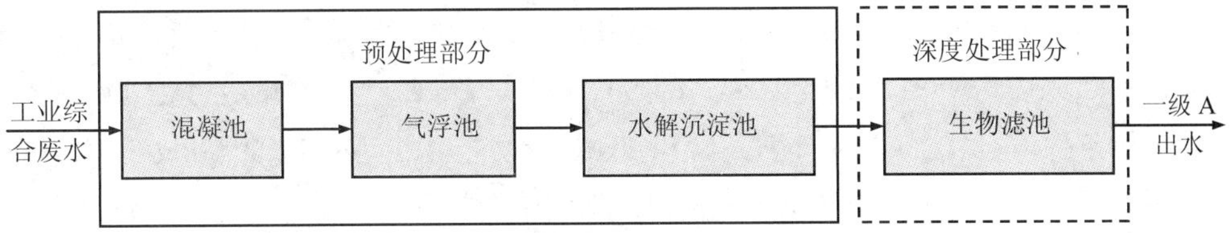

图 20-3　工业综合废水深度处理全流程工艺

应用效果：化学除磷+气浮除油+水解酸化+前置反硝化 BAF 的深度处理全流程工艺，对高油、高黏渣、高悬浮物、有机物浓度高又极难降解的工业综合废水具有较好的处理效果，出水能够达到国家一级 A 排放标准。

经济性分析：该技术经过在以工业综合废水为主要进水的水厂升级改造工程完成后，每天 40 万 t 的出水，可减少 COD 排放 20 t、减少 SS 排放 8 t、减少 NH_4^+-N 排放 8 t、减少 TN 排放 12 t、减少 TP 排放 1 t，对于改善受纳水体环境具有重要意义。工业综合废水深度处理全流程工艺以 BAF 技术为主，能够充分利用原水中的碳源，通过反硝化细菌自身的新陈代谢实现深度脱氮，不需要额外的投加碳源，节省了大量的运行成本。同时，结合混凝-气浮-水解酸化高效预处理技术，出水能达到一级 A 排放标准，经核算处理费用为 0.57 元/t。

20.3　关键技术 42：高负荷低回流比前置反硝化 BAF 深度脱氮技术

技术简介：针对工业综合废水有机污染物浓度较高、采用 BAF 的二级污水处理厂不具备脱氮能力的问题，营造硝化与反硝化菌的适宜代谢繁殖条件，并通过对缺氧-好氧工艺的运行参数控制，实现在低回流比条件下高负荷运行，即充分利用原有构筑物，实现对高浓度工业综合废水的深度脱氮。该技术可用于新建的工业综合废水的深度处理工程，以及对现有二级处理水厂在用地紧张条件下的升级改造工程中，具有经济节能的特点，出水水质可以达到国家一级 A 排放标准。

技术突破：通过对回流比、HRT 及曝气量的控制，为异养菌、硝化菌和反硝化菌创造适宜的生存环境。该技术针对高负荷的工业综合废水，保持了 BAF 自身占地面积小、出水效果好的优点，还弥补了其不能脱氮的缺点，在 125%低回流比条件下，获得了深度脱氮的良好效果。此外，该技术使用火山岩作为 BAF 滤料，粒径分别为 6～8 mm、4～6 mm 和 3～5 mm，增加了单位体积滤料的微生物承载量，提高了滤池的去除能力。综上所述，该技术以 BAF 工艺为基础，在低回流比、高负荷的条件下，实现了对工业综合废水的深度脱氮。

应用效果：该技术在仙女河污水处理厂完成了小试和中试研究，并且取得了很好的处理效果。通过试验证明了前置反硝化 BAF 技术在处理工业综合废水处理上的可行性，在 125%低回流比、单池 HRT 为 20 min，CN 池和 N 池的曝气量分别为 0.8 m^3/h 和 0.6 m^3/h 的条件下，出水 COD、NH_4^+-N 和 TN 浓度可以稳定保持在 50.0 mg/L、5.0 mg/L 和 15.0 mg/L 以下，达到国家一级 A 排放标准（图 20-4）。

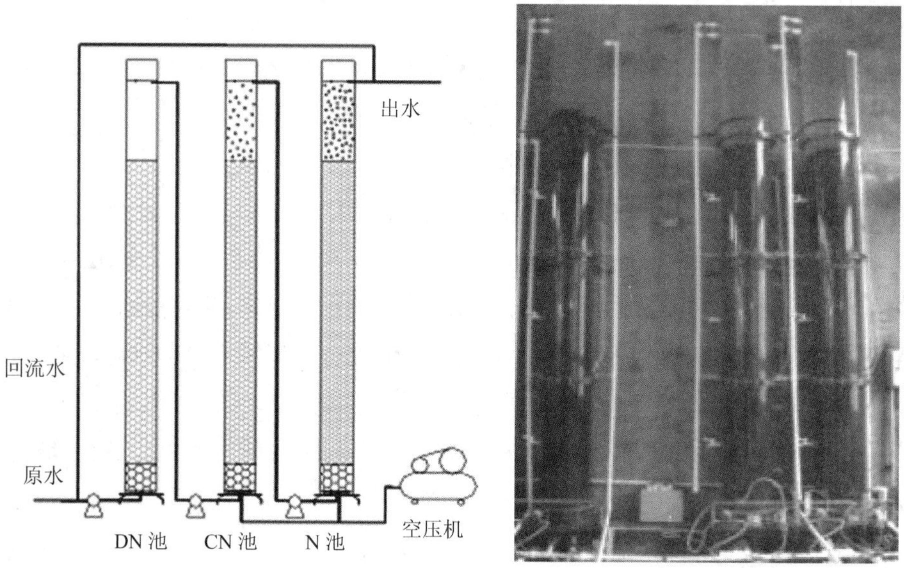

图 20-4 BAF 中试设备及流程示意图

先进性分析：该技术针对工业综合废水的特点，以 BAF 为基础，在无须额外投加碳源的条件下，通过对异养菌、硝化菌和反硝化菌的生理调控，在低回流比条件下实现了对高负荷工业综合废水的深度脱氮，使出水达到一级 A 排放标准，这也体现了低碳经济思想，符合低碳环保新理念，因此在技术集成以及应用的广泛性方面具有先进性。

经济性分析：该工艺在仙女河污水处理厂示范效果显示，出水 COD、NH_4^+-N 和 TN 浓度可以稳定保持在 50.0 mg/L、5.0 mg/L 和 15.0 mg/L 以下，达到国家一级 A 排放标准。与后置反硝化相比，前置反硝化 BAF 技术能够充分利用原水中的碳源，通过反硝化细菌自身的新陈代谢实现深度脱氮，不需要额外投加碳源，大大节省了运行成本，水处理成本为 0.36 元/t。在达到同样出水效果的条件下，后置反硝化工艺需要投加 30.0 mg/L 的甲醇，故在投药运行方面，前置反硝化技术可以节省 0.1 元/t 的药剂费。

应用前景：目前我国很多的经济发达城市都建有工业园区和工业基地，因此这些城市都将面临工业综合废水的深度处理以及原有老污水处理厂的升级改造任务，因此该技术具有广泛的应用前景。

20.4 关键技术 43：BAF 滤床厚度与粒径级配优化法工业综合废水处理技术

技术简介：针对仙女河污水处理厂进水水质差导致出水不达标、水厂扩建面积有限等问题，研发了深度挖掘两级 BAF 工艺去除能力的优化调控技术。该技术在滤池现有构筑物的基础上，通过对滤床厚度以及滤料粒径级配的优化调控，实现对工业综合废水的稳定达标排放。

技术突破：水厂目前使用的陶粒滤料堆积密度较大，反冲洗时不易膨胀松散，通过试验研究表明，当滤料堆积密度在 750～900 kg/m^3 时，反冲洗能够取得较好的效果。在升级改造过程中更换轻质的、比表面积更大的火山岩滤料，并将二级 BAF 粒径更换为 2～3 mm。在更有效去除水中 SS 的情况下，提高了滤料的微生物承载能力，改善了 BAF 的微环境，从而提高了滤池对有机污染物的去除能力。根据 BAF 去除能力与滤层高度相关性的中试研究结果，在低负荷的进水条件下，好氧异养菌主要聚居于滤池底部，大部分有机物在较低滤层便予以去除，此时生物膜处于最小底物质量浓度之下的状态，过高的滤层高度与设计高度在去除率方面基本相同。而在水厂进水的高负荷条件下，异养菌遍布整个滤池，且有机物去除率与滤层高度成正比关系，为使滤池出水实现稳定达标排放，改造中增加 0.2 m 高的滤层。

应用效果：通过工业综合废水 BAF 处理滤床厚度与粒径级配优化调控技术在仙女河污水处理厂 20 万 t/d 工程改造中进行了应用示范，滤池 COD 去除率提高了约 40%，出水稳定达到一级标准（图 20-5）。

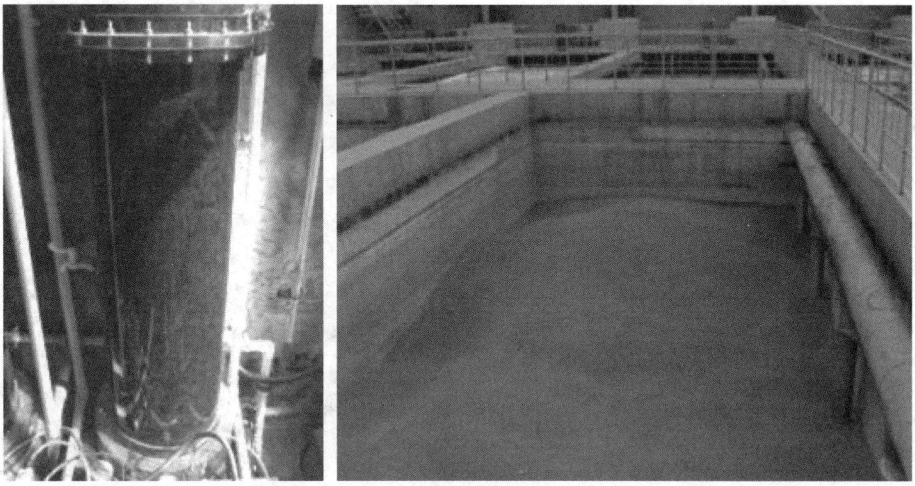

图 20-5 BAF 滤床优化级配中试及示范工程

先进性分析： 该技术针对工业综合废水高油、高黏渣、高悬浮物的问题，以原有两级 BAF 为主，在预留地面积有限的情况下，通过对滤池本身处理能力的深度挖掘，实现出水的稳定达标排放。有效解决了城镇二级污水处理厂普遍存在的进水中工业废水比例高、出水不达标、改造场地受限等问题，在工程方面具有技术先进性和实际价值。

经济性分析： 该技术是在污水处理厂现有两级 BAF 工艺的基础上，不对原有构筑物进行大面积土木工程改造，对滤池的处理能力进行了深度挖掘，节省了设备、人工等高额的改造费用，对于二级污水厂的达标改造具有较好的经济性，水处理成本仅增加为 0.04 元/t。

应用前景： 随着我国工业园区的兴起，工业综合废水排放量不断加大，同时该类废水存在难降解、不易处理的问题，给城镇污水处理厂的达标排放带来较大的压力。本技术通过对水厂滤池的优化调控，实现了出水稳定达标排放，在以工业综合废水为进水的水厂升级改造过程中，具有广泛的应用前景。

20.5　关键技术 44：北方寒冷地区 A/O-人工湿地组合工艺污水处理技术

技术简介： 人工湿地受季节、气温等因素影响较大，冬季低温时污染物的去除率比气温高的季节低，特别是 N、P 等污染物，影响了其在冬季低温地区的推广使用。针对上述问题，开展生态处理技术-人工湿地与生物处理技术-A/O 工艺相结合的新型工艺的研究。根据北方气候春秋短、冬夏长的特点，制定了不同的耦合工艺，分别适合冬季、夏季污水处理。筛选强化脱氮填料、研究低温硝化菌强化脱氮与不同人工湿地组合脱氮技术（图 20-6、图 20-7）。

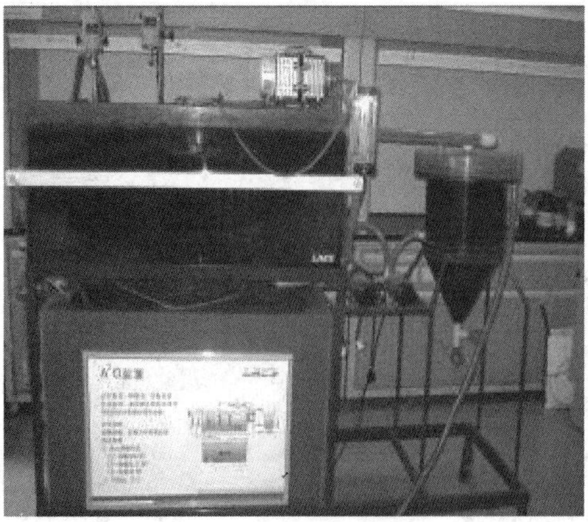

图 20-6　A/O 装置

图 20-7　人工湿地小试装置

技术突破：根据北方地区春秋短、冬夏长的特点，以及运行“低耗、高效”的理念，把处理工艺分冬、夏两种处理方案。冬季运行时，对污染物的去除以 A/O 为主、人工湿地为辅；夏季运行时，对污染物去除以人工湿地为主、A/O 为辅，保证处理后的污水常年达标排放。培养、驯化出在低温条件下仍能保持较强活性的耐冷脱氮菌株，使硝化过程在冬天较低温度条件下仍可正常进行，从而显著提高人工湿地在低温条件下的脱氮效果。

应用效果：目前，在辽宁省政府的支持下，经辽宁北方环境保护有限公司承接、以该技术为核心工艺的中小城镇人工湿地处理厂，已经建设并成功运行了 8 座，见表 20-1。

表 20-1 人工湿地冬季稳定运行与强化脱氮技术应用工程列表

序号	工程名称	工程规模/（万 t/d）
1	昌图县污水处理厂	2
2	台安县污水处理厂	3
3	岫岩县污水处理工程	2
4	义县城市污水处理工程	1.5
5	沟帮子污水处理工程	2
6	西丰县污水处理厂	1.5
7	喀左县污水处理厂	1.5
8	盘山县新县城污水处理厂	2

先进性分析：采用了 A/O-人工湿地污水处理耦合新工艺，筛选了新型填料及低温硝化菌株，保证处理后的污水在全年稳定达标，并且提高了脱氮效果。

经济性分析：采用 A/O-人工湿地污水处理耦合工艺大大降低了污水处理的成本，节约了投入资金。

应用前景：人工湿地冬季稳定运行与强化脱氮技术具有较大的技术及经济优势，且具有良好的景观效益，必将拥有更为广阔的推广应用前景。

20.6 关键技术 45：北方寒冷地区人工湿地强化脱氮技术

技术简介：人工湿地技术作为一种生态处理工艺，以其低运行成本、低维护费用等优势，在近年来的污水处理中应用较为广泛。但是，人工湿地脱氮效率低，特别是低温时脱氮效率低的问题，限制了其推广应用。为此，针对当前人工湿地脱氮研究热点，分别进行了强化脱氮填料筛选研究、低温硝化菌强化脱氮研究、不同人工湿地组合脱氮能力研究。

技术突破：

1）在新型填料筛选研究中，选取了沸石、陶瓷填料、砾石、高炉钢渣等四种填料作为人工湿地基质，比较其对污染物的净化效果。结果表明：在沸石、陶瓷填料、砾石、高炉钢渣等四种填料中，沸石对 NH_4^+-N、TN 的去除效果最好，去除率分别达到 90%、85%以上，适合作为强化脱氮填料。

2）不同人工湿地组合脱氮效果研究表明，不同的人工湿地组合对 TN 的去除效果差异明显。水平流湿地单元整个床体被污水充满，湿地内部为厌氧环境，适合反硝化菌生长，反硝化作用较强；垂直流湿地单元污水从湿地表面纵向流入湿地，湿地内部处于不饱和状态，氧气通过大气扩散进入湿地，硝化能力强。而垂直+水平单元类似于硝化反硝化工艺，TN 去除率较高。如果地形条件合适，建议使用垂直+水平组合人工湿地，形成自然硝化反硝化工艺，强化脱氮。

3）在低温硝化菌的筛选与应用中发现，投加菌剂湿地 NH_4^+-N 去除率最高值为 60%，最低值为 18%，基本稳定在 20%～40%；未投加菌剂湿地 NH_4^+-N 去除率最高值为 61%，最低值为 8%，基本稳定在 15%～35%。这说明系统中的亚硝酸细菌在起主要作用，在湿地系统运行过程中，个别时候会降低到 10%以下，可能是由于进水 NH_4^+-N 负荷的变化造成水中游离氨浓度的变化，从而抑制了亚硝酸菌生长。从结果可以看出，投加菌剂对人工湿地 NH_4^+-N 的去除有一定效果。

应用效果：以该技术为核心工艺，建设并成功运行了 8 座中小城镇人工湿地处理厂。

先进性分析：采用筛选的新型填料及低温硝化菌株，保证处理后的污水在全年稳定达标，并且提高了脱氮效果。

经济性分析：新型填料及低温硝化菌株的应用，在提高运行效果的前提下，节约了资金投入。还可通过人工湿地的建设，构建生态公园，既能给当地人民提供休闲场所，又可以吸引游客带来新的创收。

应用前景：寒冷地区人工湿地强化脱氮技术主要针对北方地区中小城镇资金短缺、污水处理率低等问题，开展生态处理新型工艺的研究。首先针对适合北方地区春秋短、冬夏长的特点，分别对 A/O 工艺与人工湿地技术进行了参数优化，然后将两者有机地结合起来，以其能低耗、高效地实现全年污水处理达标（图 20-8）。

20.7 关键技术 46：接触氧化-炭吸附组合工艺矿区生活污水处理技术

技术简介：本技术针对红透山矿区的生活污水，主要包括选场的卫生废水、雨水、生活及商业污水等。组合工艺集成与示范主要依据污染区域特性：①水库上游敏感区域，污染治理避免产生二次污染，工艺中控制污泥的产生量；②浑河上游山区平均温度比同

图 20-8　人工湿地强化脱氮小试装置

纬度城市偏低，而温度是生物处理的主要限制因子，所采取工艺重点考虑低温条件下对生活污水处理工程的适用性；③对于独立矿区及其普通乡镇的生活污水处理，最大的制约因子是运行经费，选取及研发的工艺要比常规技术运行成本稍低，运行操作简单，才真正能有效解决此类型的点源污染问题。针对以上特征及问题，开展生物接触氧化-生物炭吸附组合工艺研究及应用，采用好氧—缺氧—好氧等措施，提高有机物、TN、TP及悬浮胶体去除率，降低污泥产生量，削减水库上游浑河红透山断面有机及无机污染，实现出水达到辽宁省污水排放标准。

技术突破：在二级接触氧化处理中，以不同级配砾石作为填料，提高反应器附着型微生物的降解效率，产生局部的好氧—缺氧微生态环境，将出水同炭吸附联合，能有效地解决 COD、TN、TP 等去除问题，相比传统常规的活性污泥或 SBR 方法，接触氧化法在生物段减少了污泥量，避免了二次污染问题，且对 TN 和 TP 的去除效果均较好；同时采用接触氧化和生物活性炭的结合，通过炭粒固定的优势降解微生物，在处理过程中，实现了达标外排。

应用效果：该技术的小试及中试试验对波动性较大的生活及其他商业混掺污水进行试验，取得了较好的处理效果。试验反应器内设有组合填料，底部设有 150 mm 盘式微孔曝气器，设计为淹没式，填料布于上部；动力源采用可调曝气泵、过滤出水管及硝化回流装置。有效容积 0.40 m^3。在接触氧化停留时间 1.5 h、气水比 5∶1 的条件下，达到辽宁省综合污水排放标准（图 20-9）。

图 20-9 生活污水接触氧化处理

先进性分析：生活污水的处理方法很多，尤其是传统的活性污泥法和 SBR 法，但多适用于大规模的污水处理。接触氧化法布气采用在填料下直接布气，生物膜受上升气流的冲击、搅动，加速脱落、更新，使其经常保持较高的活性；此外，生物膜上大量生长的丝状菌能够充分发挥氧化分解有机物的能力，这使得其容积负荷较其他工艺高，工艺运行稳定，尤其适合小水量处理。本项目研究示范单元由于处理敏感区域，从具体实施上，有一定的适宜性和工艺组合的先进性。

经济性分析：该技术通过二级接触氧化与炭吸附组合工艺，处理成本同其他同等规模的污水处理厂相比，虽然吨水处理价格经济优势并不明显，但节省工程占地面积，减少了污泥的产生量，避免了二次污染问题。

21 农业面源污染控制

21.1 关键技术 47：北方寒冷区沼气化-好氧堆肥法畜禽粪污资源化技术

技术简介：辽河上游地区畜禽养殖业发达，畜禽养殖粪污治理滞后，大量的畜禽养殖废物通过地表径流或直接排放等方式进入辽河，是造成辽河流域水体污染的重要因素之一，其畜禽养殖场（户）达 487 万个，年产畜禽粪便 7 200 万 t，年产尿 4 510 万 t。该区域畜禽养殖 COD 排放量达到 8.5 万 t/a，占辽河流域 COD 排放总量的 22%；NH_4^+-N 排放量达到 1.6 万 t/a，占辽河流域 NH_4^+-N 排放总量的 32%。畜禽粪便污染治理适用的技术主要为厌氧制沼气技术以及好氧堆肥技术。但是，辽河流域冬季环境温度低，且畜禽养殖粪污具有含砂、含草量高，产生量大，污染负荷高的特点。传统厌氧沼气工艺处理此类畜禽粪污存在管道易堵塞、罐内易结壳、产气效率低下、冬季难以稳定运行的问题；传统的好氧堆肥技术存在发酵周期长、营养成分流失大的缺陷。针对上述问题，通过多项关键技术的集成和创新，开发出适合辽河流域农村地区工程化应用的畜禽粪污沼气化技术及好氧堆肥技术。利用改进型 USR 厌氧反应器，开展了畜禽粪便厌氧消化以及畜禽粪便、剩余污泥、农村垃圾联合厌氧消化的技术研究。在大堆堆肥发酵过程中筛选低温高效好氧发酵菌种，保证了菌剂投入工厂化生产后不会因为堆肥条件的变化而降低效果。

技术突破：研发畜禽粪便高效除砂除草工艺技术与设备，解决粪便中含砂、含草量高，工艺管道易堵塞，沉砂在罐体沉积的问题。研发高效厌氧发酵技术与设备，进料含固率可达 12%以上，容积产气率可达 2.55 m^3/（m^3·d），解决畜禽粪便污染负荷高、传统发酵工艺易结壳、产气率低下的问题。畜禽粪便好氧堆肥技术研究开发了连续大堆堆肥菌种筛选技术，直接在大堆堆肥过程中筛选出 7 株低温好氧菌种，并进行了菌种复配，新菌剂提高了冬季低温期的堆肥效果，缩短堆肥时间为 12 d，有机肥产品经检测符合《农业标准商品有机肥料标准》（NY 525—2002）（图 21-1）。

图 21-1　北方寒冷地区大型沼气工程示范

应用效果：其主要应用领域为农村地区畜禽养殖粪污的治理。目前该技术在辽河流域农村地区 10 项大型畜禽粪便治理项目中得到应用推广，年处理畜禽养殖粪污 20 万 t，年削减 COD 7 200 t、削减 NH_4^+-N 480 t，对流域农村地区水质改善与污染物削减发挥了巨大作用（表 21-1）。

表 21-1　畜禽粪便资源化技术应用工程列表

工程名称	工程规模
天祥生物科技有限公司畜禽粪污综合治理工程	年处理畜禽粪便 5 万 t
铁岭大牛再生能源有限公司大型沼气工程	年处理畜禽粪便 3 万 t
铁岭宏福肉类有限公司畜禽养殖大型沼气工程	年处理畜禽粪便 3 万 t
铁岭大牛再生能源有限公司大型沼气二期工程	年处理畜禽粪便 1.5 万 t
盘锦市新开镇畜禽养殖大型沼气工程	年处理畜禽粪便 1.5 万 t
沈阳正旺乳牛专业合作社大型沼气工程	年处理畜禽粪便 1.5 万 t
本溪市雅河乡边哈村畜禽养殖大型沼气工程	年处理畜禽粪便 0.8 万 t
本溪市桓仁镇四合村畜禽养殖大型沼气工程	年处理畜禽粪便 0.8 万 t
抚顺县马圈子乡草盆村畜禽养殖沼气工程	年处理畜禽粪便 0.8 万 t
盘锦大洼县新兴镇园林村畜禽养殖沼气工程	年处理畜禽粪便 0.8 万 t
法库县大孤家子镇敖牛堡村畜禽养殖沼气工程	年处理畜禽粪便 0.8 万 t

先进性分析：畜禽粪便高效除砂、除草工艺技术与设备，解决粪便中含砂、含草量高，工艺管道易堵塞，沉砂在罐体沉积的问题。高效厌氧发酵技术与设备，解决畜禽粪便污染负荷高、传统发酵工艺易结壳、产气率低下的问题。系统分析了大型沼气工程能量平衡及其影响因素，提出了保温措施、进料浓度控制下限，解决了寒冷地区沼气工程的稳定运行问题。

经济性分析：相关研究成果，指导了辽河流域 10 项畜禽粪便大型沼气工程的运行，保障了寒冷地区冬季沼气工程的稳定运行，使其冬季产气率不低于全年平均产气率的 70%。

应用前景：随着水专项的进一步实施，农村环境连片整治工作的推进以及各级政府对绿色能源示范县建设的大力投入，兼顾污染治理与能源循环利用的沼气工程技术必将拥有更为广阔的推广应用前景。

21.2　关键技术 48：北方寒冷山区沼气池保温技术

技术简介：北方寒冷山区冬季气温低、沼气池无法正常产气、越冬困难；夏季高温爆发产气，产气不稳定，针对这些问题采用日光温室与沼气池保温措施相结合的技术提高冬季沼气池内温度，保证发酵所必需的温度；增加沼气池地下防水措施，防止冬季土壤含水冻结；对沼气池填料进行预堆沤处理，添加玉米秸秆等填料，调解发酵填料 C/N，改变以往以动物性固体废物填料为主 C/N 偏低的现象，使填料 C/N 更加接近发酵所需最佳比例，在稳定发酵的同时延长发酵时间。

技术突破：获得了寒冷山区沼气池在地下水位较高时，保温与防水相结合的应用技术措施，取得了以秸秆等为主的最佳堆沤时间与配比标准。

应用效果：综合采用沼气池保温措施与填料配比等技术措施的沼气池，年产气时间由不足 240 d 延长到约 340 d，产气量在冬季也能满足农户一日三餐燃料所需，夏季能够实现稳定产气，避免了夏季沼气池产气过剩的现象。同时通过在沼气池填料中添加秸秆这一当地主要的农业固体废物，不仅改善了沼气发酵条件、提高了产气量，也减少的秸秆等固体废物的入河量（图 21-2）。

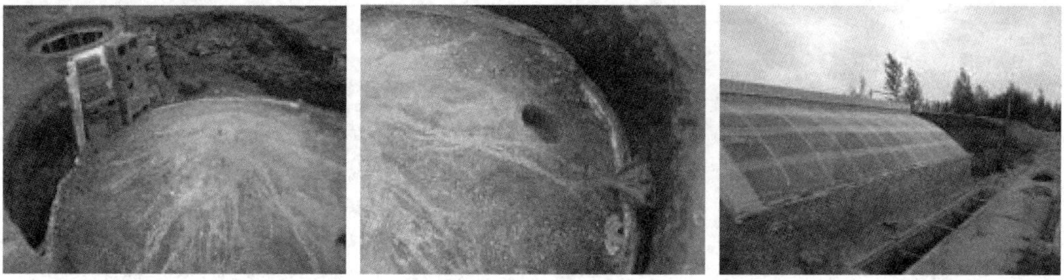

出料口保温　　沼气池保温防冻措施　　沼气池上部日光温室

图 21-2　“四位一体”沼气池保温措施及与日光温室相结合

经济性分析：沼气池保温技术所使用材料主要为苯板、塑料布、发泡剂、稻草等均为较易获得的材料，单个沼气池在增加保温措施时以沼气池造价 3 000 元计，增加成本 400 元左右，只增加总成本的 10%左右，却使沼气池的使用时间延长了近 1 倍，经济效益比较高。同时沼气池填料的预处理技术采用堆沤技术，在农村劳动力较为富余的情况下，相对而言仅增加了应用步骤未增加实际经济成本，两种技术相结合具有较高的经济性。

应用前景：目前随着水土保持措施的愈加严格及对森林涵养的要求，在辽宁东部山区已不允许私自砍伐山林以获取燃料，沼气成为该地区推行生物质能源的主要手段之一，寒冷山区沼气池冬季保温技术与填料预处理调节技术，能够有效地延长沼气池使用时间，方便农户使用，由此将有助于农村能源工程的开展，具有较好的应用前景。

21.3 关键技术 49：稻田水肥调控与节肥节药栽植技术

技术简介：针对稻田氮磷养分侧渗流失的问题，以及为节省化肥施用量，降低 N、P 流失风险和提高水稻产量及品质，开发了稻田内水肥调控技术和高光效栽植技术。①稻田内水肥调控技术：根据试验地土壤特性，设置不同生态田埂厚度，同时设置在田埂种植大豆和不种植作物两种方式，精准施肥，设置防止侧渗的生态田埂，减少 N、P 养分侧渗流失。②高光效栽植技术：可充分利用太阳光效，保证水稻群体冠层上方直接辐射，避免植株阴影在群体内行间相互遮蔽。依据公式 $\sin h = \sin\varphi \times \sin\delta + \cos\varphi \times \cos\delta \times \cos\omega$（$\varphi$ 为地理纬度，δ 为求算日期太阳赤纬，ω 为求算时间的时角），确定栽培垅向为磁南偏西 18°，采用 0.2 m 小行距 2 行种植，株距 9～11 cm，0.6 m+0.2 m 组合垅，最大限度地提高光能利用率（图 21-3、图 21-4）。

图 21-3 稻田水肥调控制剂与相关技术

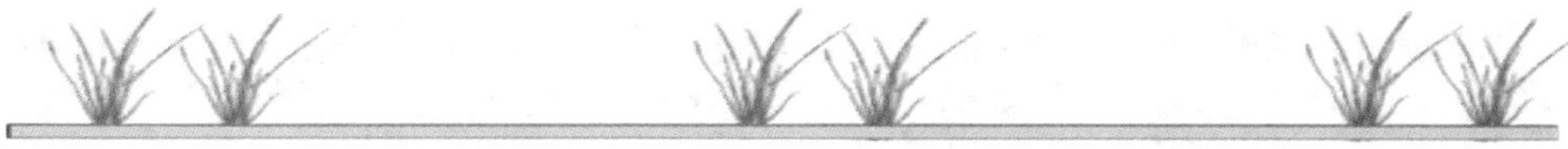

大行距 60 cm，小行距 20 cm，株距 9～11 cm

大行距 60 cm 高光效栽植技术

图 21-4　不同行距高光效栽植技术

技术突破：在水肥调控技术方面，研制了 N 肥抑制剂 DCD（1%）和 P 肥促释剂还原型谷胱甘肽（480 mg/kg）。在高光效栽植技术方面，获得了盘锦水稻高光效种植具体工艺参数和方法，通过改变垄向和扩大垄距，延长了水稻群体受光时间，提高了水稻叶片光合作用面积，在不增加投入的条件下，实现了增产控肥，减少了 N、P 输出（图 21-5、图 21-6）。

图 21-5　稻田水肥调控与高光效栽植工艺

图 21-6　水稻二化螟节药防治技术试验示范

先进性分析：该技术不额外增加水稻生产成本，在不减产、不降低品质的基础上，减少了稻田 N、P 污染物的流失，对稻田面源污染源头控制具有重要作用，可实施性高，技术简单，可操作性强。该技术具有一定的先进性。

经济性分析：利用水肥调控和节肥、节药栽植技术，可以在保障水稻产量和品质的基础上，充分发挥水稻对阳光的利用率，最大限度地减少 N、P 肥施用量，减少生产投资成本，降低水稻田对河口支流水体污染的影响。初步估算，采用以上技术，水稻生产成本可降低 15%，经济效益突出。

21.4　关键技术 50：稻田外生态拦截沟渠污染阻控技术

技术简介：根据当地稻田沟渠众多、沟渠中水流速度不快的实际条件，充分利用现有的自然资源条件，对稻田区排水沟渠进行一定的工程改造，建成了生态拦截型沟渠系统，使之在原有的排水功能基础上，增加对稻田排水中所携带 N、P 养分去除、降解的生态功能。生态沟渠系统主要由拦截箱和植物部分组成。拦截箱由箱体、基质和植物组成。箱体四周为孔状结构，水流能顺利进出箱体，内充基质。拦截箱有助于沟体拦截水流，减缓水速，其中填充的基质对水体中的营养物质具有吸附作用，它和生长其上的植物共同组成一个功能完整的小单元，拦截箱有选择性地在沟渠水体污染严重地段或沟渠系统末端摆放，以加强沟渠系统的去除功能。拦截箱每隔 3 m 在沟底布置，呈 S 形排布。将现有硬质化沟渠改为生态型渠道，即在硬质板上留适当的孔，供作物或牛鞭草等生长。沟渠植物部分主要在沟底种植多年生芦苇，该作物在当地生长旺盛，生态景观良好。对沟渠中的水体和稻田田面水中的 N、P，平均每隔半个月进行定期检测；在刈割和收获前进行植株取样；水稻收获后对沟渠底泥采样。水样主要的分析项目为 TN、NH_3-N、NO_3^--N、TP、PO_4^{3-}-P；植株、土壤和底泥的主要分析项目为 N、P 含量。最终通过对现有排水沟渠进行工程改造，设计拦截箱，并构建植物体系，建成具有排水和 N、P 截留功能的生态拦截型沟渠。利用稻田下水沟渠，根据沟渠结构和输水规律，在其中设置外排水 N、P 拦截生态沙箱系统，并构建相应的植物体系。具体工艺为：①沟渠清淤；②重塑沟渠结构 500 m×3 m×1.5 m；③构建拦截沙箱 2 m×1 m×0.8 m，主要滤料为沙子、硅藻土、炉渣；④设计沙箱间隔 5 m；⑤在下游设置拦截坝 3 m×1 m×0.8 m，调控 HRT（图 21-7）。

图 21-7　稻田外排水阻控沙箱设计及中试

技术突破：优化了阻控沙箱的结构参数，确定了沙箱的沿程布置方法。通过该项技术的实施，对稻田外排水 N、P 污染物进行进一步阻控，强化了 N、P 污染物的截留效果。

应用效果：现场试验结果表明：长度约 100 m 的阻控系统可实现 N 削减 8%，P 削减 34%。

先进性分析：生态沙箱去除污染物的机理主要是物理过滤、化学吸附，不破坏稻田自然环境，不影响下水通畅，具有一定的技术先进性。

经济性分析：生态沙箱基质为人工配置的滤料（沙子、硅藻土、炉渣），获取容易，管理方便，沙箱更换和位置调整灵活，技术成本低廉。

应用前景：该项技术操作简单易行，占地面积小，无运行成本，适宜于稻田下水线外排水水质的进一步保障，是稻田水与河流水体之间的人工屏障，具有良好的应用前景。

21.5 关键技术 51：河岸乔—灌—草三带植物群落配置净污技术

技术简介：依据河岸现有植物及组成，在遵循生物多样性、适应性及乡土性等原则基础上，结合辽河源头区的地域特点及河岸植被净化带服务功能，在河岸边开展了乔木、灌木、草被不同组合的“三带”“双带”“单带”植被净化带野外试验，“三带”由岸边带、中间净化带及外围净化带组成，优选植物为：岸边带以当地速生、耐湿乔木柳树配置，中间净化带以紫穗槐配置为主，外围净化带以芦蒿及杂草配置；“双带”由乔木柳树-蒿草组成及紫穗槐-蒿草组成；“单带”由蒿草组成。

技术突破：结合辽河源头区的地域特点及当地植物生长情况，在未被硬质化的自然河道的河岸“三带”配置应为，岸边带以乔木及灌丛为优势种的沿河条带，乔木优先选用萌芽力强、根系发达的柳树，中间净化带及外围净化带视岸边可利用土地情况，也可以合二而一为单层草被，优先选择多年生的草本植物芦蒿。河溪滩地的植物配置，在不影响河道行洪的前提下优选以乔木及灌丛为优势种的沿河条带，乔木优先选用萌芽力强、根系发达的柳树。

应用效果：试验研究结果，坡面径流经由不同组合河岸植被净化带后 COD 浓度平均削减 38.6%，NH_4^+-N 浓度平均削减 53.0%，TP 浓度平均削减 41.0%，其中“三带”植物配置对 COD 阻控效果最为显著，削减率达到 44.7%，以芦蒿为主的“单带”植物配置对 NH_4^+-N 的阻控效果最为显著，削减率达到 57.3%。

应用前景：水土流失是面源污染物的载体及重要途径，控制农业耕地的水土流失成为减少面源污染物入河的主要措施之一。河岸植被过滤带可有效截留、吸收农田面源污染物，该技术可以应用于河岸边，同时也可应用于沟头、坡脚、坡耕地的汇水区域等。该项成果目前已应用在东辽县辽河源镇小流域治理工程中。

21.6 关键技术 52：山地小流域多级生态透水坝构建技术

技术简介：透水坝是采用打桩、编篱、沉树、植树、堆石等方式修建，对水流干扰较小并具有缓流落淤作用的河道整治建筑物。透水坝能起到坝体透水作用，改变橡胶坝等只能通过坝顶漫流方式过水的局限性并兼具拦截漂浮物强化沉淀的作用。但在小流域河流的使用中发现，单级透水坝的作用往往只体现在对漂浮污染物的拦截上，对缓流及水质净化的作用不明显。根据这一实际情况，开发出多个透水坝的混合应用技术，由多个透水坝组成多级透水坝系统，从整体上提高透水坝对小流域河流的水质净化能力。具体为在小流域河道中依据河流地质地貌特征、水文特点等实际情况修建二级或二级以上透水坝，组成多级透水坝系统。并在河流两岸构建植被隔离带减少由水土流失产生的农田面源污染物入河量，结合多级透水坝系统的缓流作用减少河流对河岸的侵蚀，同时起到提高水深、增强河流水体自净能力的作用，减少河流上游农业面源污染物向下游的迁移。

技术突破：已获得透水坝的构建方法、构建材料的选择、透水率的保持、两级透水坝间距离、透水坝级数确定等相关技术突破。具体为石质透水坝采用八号铁丝编织成网状，中间添加直径不小于 10 cm 的砾石形成的梯形或不规则梯形坝体，坝体表面要求平整，内部砾石填满坝体空间，同时在透水坝两端设置石质护坦，护坦长度大于有效坝高的 1.5 倍。多级透水坝的级数按 $n=(C_0-C_n)/C_x$ 的公式获得，式中 n 为多级透水坝的级数，C_0 为未处理河流水体浓度，C_n 为预计净化后浓度，C_x 为单级透水坝净化效果。多级水坝间的距离按 $L=H/\tan\alpha$ 获得（其中，L 水坝间距离，H 为有效坝高，α 为河床坡度）（图 21-8）。

透水坝一级坝

透水坝二级坝

透水坝二级坝过流效果

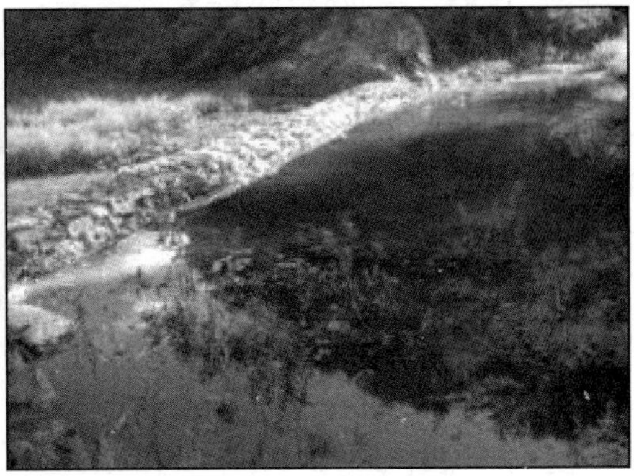

透水坝一级坝拦截漂浮物

图 21-8　透水坝

应用效果：对透水坝的监测结果表明，单级透水坝主要起到对漂浮污染物的拦截作用，能拦截大部分河流水体漂浮物，能使水体中全氮、全磷的浓度分别降低约 15%和

10%；经过两级透水坝组成的多级透水坝系统后，流经河流水体中的泥沙、悬浮物等在的沉淀作用下沉积在两级坝间的河道，流经河流水体总氮、总磷的浓度分别降低约 30% 和 70%；但多级透水坝系统对硝氮、氨氮等的去除率较低，硝氮、氨氮的浓度只下降约 10%。由此说明，多级透水坝系统对流经水体中的漂浮物和颗粒态物质有较好的祛除效果，对溶解态物质的去除效果不佳。实测结果表明，经多级透水坝及沿岸植被过滤带共同作用，流经河流水体的总氮、总磷平均浓度分别由 1.5 mg/L、0.042 mg/L 降低到 1.1 mg/L 和 0.015 mg/L，结合多级透水坝系统控制流域断面年均径流量 3.87×10^{7} t（AnnAGNPS 模型估算值），氮、磷负荷年削减量分别为 15.48 t 和 1.05 t。

先进性分析：多级透水坝构建技术实现了前置库技术在小流域河流的综合集成应用，明确了多级透水坝的应用条件及相关应用参数，并与植被隔离带农业面源污染缓控技术相结合，减少农业面源污染入河量的同时能够对河流水质起到一定净化作用，是多种农业面源污染阻控技术的集成与优化。

经济性分析：多级透水坝构建技术采用小流域地区较易获得的碎石、铁丝等材料构建，施工简单，施工周期短，建筑成本较低。同时多级透水坝系统在运行中，仅需定期清理阻拦的漂浮物的基本养护，运行成本低，从构建及运行维护方面多级透水坝系统均具有较好的经济性。

应用前景：多级透水坝具有建造成本低、无动力运行、少维护等特点，适合在浑河上游以山地小流域为主地区的推广使用，削减由农业面源造成的氮、磷等营养物流失对河流水质产生的污染。

22　河流水环境修复

22.1　关键技术 53：浑河上游水源涵养区植被生态恢复关键技术

技术简介：依据浑河上游的现有森林植被特点，应用生态学与林学理论、方法与技术，系统集成人工落叶松与天然水源涵养林结构优化技术，通过调整林分结构与树种组成，达到提高水源涵养功能的目的。

技术突破：本项集成技术主要取得两项技术突破。

1）人工落叶松水源涵养林结构优化与调控关键技术（图 22-1）。

落叶松人工林结构优化　　落叶松人工林结构优化样地　　结构优化示范区

图 22-1　人工落叶松水源涵养林结构优化与调控关键技术

调控对象与目的：针对不同立地、林龄、抚育强度对林分水源涵养功能的影响差异，提出落叶松水源涵养林结构优化与调控技术，对现有人工落叶松水源涵养林进行大强度间伐，培育针阔混交林，从而达到生态恢复的目的。对更新阔叶幼树进行针对性抚育，保留珍贵阔叶树，伐除非目的树种及灌木等，达到林地环境和经济效益同步增长的效果。

调控方法：该技术针对人工落叶松水源涵养纯林进行大强度间伐，培育针阔混交林，坚持“留优去劣、密间稀留”的原则。初次弱度抚育，伐除全部非目的树种和目的树种中没有培育前途的林木，伐除全部藤本植物和灌木；首次强度抚育，伐除全部Ⅳ、Ⅴ级木和少部分Ⅲ级木；持续弱度抚育，伐除超弯、腐朽、纵裂、双头等有缺陷的林木，以及处于林冠下层的Ⅳ、Ⅴ级木；最终强度抚育，伐除超弯等有缺陷的林木和胸径小于平均胸径 2/3 的林木，对生长势较高的优势木可以按植生组方式保留。

具体技术指标：最后一次强度间伐后的密度控制在 350～400 株/hm^2。同时对更新阔叶幼树进行针对性抚育，保留珍贵阔叶树，伐除非目的树种及灌木等。

调控效果：通过对典型人工落叶松水源涵养林强度间伐后 4 年的效果监测表明，人工落叶松水源涵养林强度间伐后，林下植物生长旺盛，初步形成复层林，同时林分的植物多样性提高，水土保持能力提高，水源涵养量增加 15%左右。

2）天然水源涵养林结构优化与调控关键技术（图 22-2）。

人工林窗设置　　林窗全天空照片　　林窗面积与形状测算

图 22-2　天然水源涵养林结构优化与调控关键技术

调控对象与目的：针对不同类型的天然水源涵养林，人工伐除非目的树种，形成人工林窗，通过人工促进更新的方法实现天然水源涵养林结构优化和生态恢复。

调控方法：在天然水源涵养林内，选择地势平坦，非目的树种分布集中的区域，在非生长季伐除相应的非目的树种，放置在原位腐烂。

具体做法是：通过人工伐除非目的树木，人工控制天然水源涵养林的林窗大小（直径），对更新阔叶幼树进行针对性抚育，保留珍贵阔叶树等。

具体技术指标：林窗直径为 D=（2～3）×L（L 为林窗边缘木高度），同时兼顾林窗总面积不超过天然水源涵养林总面积的 10%。

调控效果：林窗形成的空隙有助于阳光照到地面，促进地面幼苗生长，天然水源涵养林下人工林窗更新后，早期下层木本植物物种丰富度随光照强度的增加而增加，且在林窗形成后的第 2、第 3 年均存在显著相关性，促进了天然水源涵养林的更新演替。同时林窗更新还实现了小干扰、原生境、恢复快的效果，达到保证天然水源涵养林结构不变、水源涵养功能逐渐提高的效果。

应用效果：本项关键技术可操作性强，在浑河源头典型支流水质改善与水生态恢复示范区进行推广应用（该示范工程控制支流河道长度 6 km，控制流域面积 5 km^2）。经第三方检测机构（抚顺市环境中心监测站）的监测分析表明（示范区建立前后典型断面监测对比）：该监测断面的各项水质理化指标均达到国家地表水Ⅱ类水标准，同时 N、P 污染降低超过 20%。

先进性分析：人工落叶松水源涵养林结构优化与调控关键技术突破了现在落叶松水源涵养林的常规培育方法与技术，将现有的保留密度 600 株/hm^2 减少到 350～400 株/hm^2，具有一定的创新性。

应用前景：将现有人工落叶松水源涵养林结构优化与调控关键技术和天然水源涵养林结构优化与调控关键技术应用于浑河源头区，通过调整水源涵养林结构，促进人工更新，恢复源头小流域的水生态环境，提高了源头区森林植被的水文生态功能。本研究成果主要在浑河上游地区的清原县推广应用，主要包括清原县北三家乡、敖家堡乡、大苏河乡、英额门镇和湾甸子镇等，以及辽宁省实验林场、大边沟林场、大苏河林场和杨树崴子林场等单位。在上述试验区不同类型的典型水源涵养林内，采取不同的经营管理措施进行植被结构优化，主要措施包括：①人工改造技术；②抚育间伐；③人工诱导技术；④封山育林；⑤人工更新造林等。已建立以下几个试验区：①红松人工水源涵养林抚育间伐试验区（0.2 km^2）；②人工落叶松水源涵养林结构优化与调控试验区（0.5 km^2）；③天然次生水源涵养林封山育林示范区（1.2 km^2）；④天然水源涵养林结构优化与调控示范区（1.2 km^2）；⑤天然次生林冠下人工更新红松示范区（0.2 km^2）。上述植被结构优化总面积达到 3.3 km^2，占示范区总面积的 66%。同时部分研究成果已经在清原县林业系统开展成果推广与转让，其中“水源涵养林结构优化与调控”关键技术在国家“十一五”林业科技支撑课题研究示范中开展了大面积的应用。

22.2 关键技术 54：浑河上游河岸植被缓冲带构建与恢复技术

技术简介：针对浑河源头区典型流域溪流水质净化与河岸周边植被缓冲带的关系。将生态学手段与工程技术措施相结合，筛选合适植物种系，根据入库河道水体污染特征，集成不同的河岸植被缓冲带构建模式。

技术突破：根据调查与监测结果，集成 3 种河岸植被缓冲带构建模式：①控制和削减水土流失效果明显的灌—草河岸植被缓冲带（60%草+40%灌丛）；②对农村综合垃圾污染控制削减效果突出的乔—灌型河岸植被缓冲带（70%灌丛+30%乔木）；③削减 N、P 污染效果最佳的乔—灌—草有机结合的河岸植被缓冲带（20%乔+30%灌+50%草）（图 22-3）。

乔灌草型河岸植被缓冲带　　乔草型河岸植被缓冲带　　灌草型河岸植被带构建

图 22-3 河岸植被缓冲带生态恢复与构建

应用效果：将河岸植被缓冲带构建技术应用于浑河源头典型支流水质改善与水生态恢复示范区内，控制支流河道长度 6 km，控制流域面积 5 km^2，监测后分析结果显示，关键技术应用减少了示范区内支流水土流失量 10%～20%，N、P 污染降低超过 20%，示范区内水质达到Ⅱ类以上。

先进性分析：河岸植被缓冲带构建与恢复技术实现了河岸带构建与水土流失控制技术的综合集成应用，明确了源头区河岸植被缓冲带的应用条件及相关应用参数，并与河道建设技术相结合，充分发挥河岸带的削减污染负荷作用，对河流水质起到一定净化作用，是多种面源污染控制技术的集成与优化。

经济性分析：河岸植被缓冲带构建与恢复技术采用适宜的原生植被，在河流的源头区构建不同类型的河岸植被缓冲带，施工简单、施工周期短，成本较低，效果明显且延续时间长。同时河岸植被缓冲带在削减污染负荷的过程中，运行成本低，构建及运行维护方面均具有较好的经济性。

应用前景：本项关键技术形成规范后，可在北方河流源头区域推广应用，有利于改善河流源头流域水质，保护水源地生态环境，同时为水生态环境保护和维系提供技术支持。

22.3 关键技术 55：FBBR-植物床组合在线修复技术

技术简介：设计了以除磷作用为主的复合植物床载体、植物和基质；设计了一组折流式浮动生物反应器（FBBR），并确定了 FBBR 的气水比、冲击负荷、气格室数量、单因子去除效果等，对关键技术参数进行了优化，优化分配了不同隔室对污染物的去除率。

技术突破：各单元技术针对不同污染物的去除率不同而设计。复合植物床对 TP 的平均去除率达到 89%，FBBR 对 COD 平均去除率大于 85%。联合净化效果：TP 去除率大于 92%，COD 去除率大于 90%，对有机物、NH_4^+-N、SS 去除率分别为 89.1%、82.28%、95.3%。

先进性分析：该技术可实现水体在线修复，复合植物床规模可放大缩小、灵活调节、无动力消耗；FBBR 设备化程度高。两者集成可实现污染物的有效去除，可实现水力学物理调节、微生物降解、植物修复，该项技术具备一定的技术先进性（图 22-4～图 22-8）。

图 22-4　复合植物床小试系统

图 22-5　复合植物床中试系统

图 22-6　复合植物床现场示范工程

图 22-7 FBBR 模拟系统开始运行前和稳定运行后

图 22-8 示范工程中 FBBR 装置

经济性分析：以复合植物床和 FBBR 进行缓流段水体原位修复，主要靠水力学调控、微生物降解、植物吸收转化、基质吸附为主要途径将污染物去除，流水水体氧含量基本满足净化需求，鼓风设施可利用水能或风能，减少动力消耗，技术手段节能环保、美化环境、运行费用较低。

应用前景：复合植物床和 FBBR 联合修复水体，对有机物、TP、NH_4^+-N、SS 等污染物去除率均在 80%以上，修复效果显著，技术成本低廉，具有环境友好性和生态适宜性。因此，该技术可以应用于水体在线修复，工程推广应用具有很好的适用性和应用前景。

22.4 关键技术 56：生态滤床法支流河水质改善技术

技术简介：条子河作为上游地区污染物的受纳水体，给下游地区的生活生产造成了严重影响。在下游一些沿河乡镇，已经出现了饮用水无水可采、“望水兴叹”的地步。农村居民饮用水供应不足，所饲养家畜的饮用水保证更无从谈起。常规的河流旁路治理技术方案主要为人工湿地技术。但是由于条子河流量较大，河流平均流量 10 万 t/d，两岸主要为基本农田，可用来进行污染治理的土地面积有限。常规的人工湿地河流旁路处理技术规模小、占地面积大，不适用于条子河水质改善工程。针对上述问题研发了人工强化生态滤床污染支流河水质改善技术。人工强化生态滤床，改变传统生物滤池的竖流式设计，结合自然河道的水文特征，充分利用河道的自然流向，设置成平流式反应器，有助于将上游的 DO 逐步转移到下游。

技术突破：河道生态处理节能曝气技术，没有在好氧区和厌氧区之间设置隔板，或各自启用单独的处理设备，而是利用微生物消耗 DO 的特征，自然分割出好氧、缺氧和厌氧区域。从而简化曝气系统的布置难度，进而减少处理构筑物的设计难度。采用植物复氧与曝气复氧相结合的工程技术手段，在提高工程生态景观效果的同时，降低了机械曝气强度，使整个系统实现低耗高效运行。

应用效果：以人工强化生态滤床为核心的河流水质改善技术，其主要应用领域为农村地区污染支流河水水质改善和生态修复。该技术在“招苏台河、条子河综合治理项目”中得到应用推广，建成条子河水质改善分项工程，工程日处理污染河水 10 万 t，主要污染物负荷削减 60%，年 COD 削减量 1 440 t，治理后河水满足《地表水环境质量标准》Ⅴ类水质标准（图 22-9）。

图 22-9 生态滤床法支流河水水质改善技术及应用

先进性分析：开发了生态滤床节能曝气技术，采用植物复氧与曝气复氧相结合的方式降低运行成本，实现污水处理装置的生态化、景观化。

经济性分析：由于采用了节能曝气技术，该工程年运行费用合计 29.82 万元，折合吨水运行费用为 0.009 元/m^3（以年处理 3 300 万 t 水计）。在有效减少面源污染的同时，可以使河流两岸 1 万亩旱田改造为水田，使当地农民年增收 400 万元。

应用前景：本技术在实现污水处理功能的基础上还具有生态景观效果，并且降低了曝气成本，提高农民收入，在今后必将拥有更为广阔的推广应用前景。

22.5 关键技术 57：接触氧化-傍河塘-模块化生物浮岛组合城市支流河生态净化技术

技术简介：浑河中游沈抚地区支流普遍存在补水水质差、河流自净能力低、水质/水量季节差异大等问题，导致大部分支流已退化成城市排污沟，不具备水生态直接修复条件。针对北方地区城市重污染支流特点，研发了城市重污染支流高效接触氧化-傍河塘和湿地-模块化多层组合生物浮岛生态净化技术集成体系。其中包括重污染支流傍河塘和湿地组合生态净化技术；重污染支流物化预处理与生态组合净化技术；重污染支流在线污染控制及景观构建技术。该技术主要通过塘和湿地、物化预处理和湿地、污染控制和景观构建等多项集成生态净化工艺，实现重污染河流内 COD 的有效削减，以及 NH_4^+-N 和 TP 的持续控制，提高水环境自净能力，同时实现河流景观建设和生态恢复，进而为浑河干流水环境污染削减及达到Ⅳ类水体要求提供技术支撑。技术流程如图 22-10 所示。

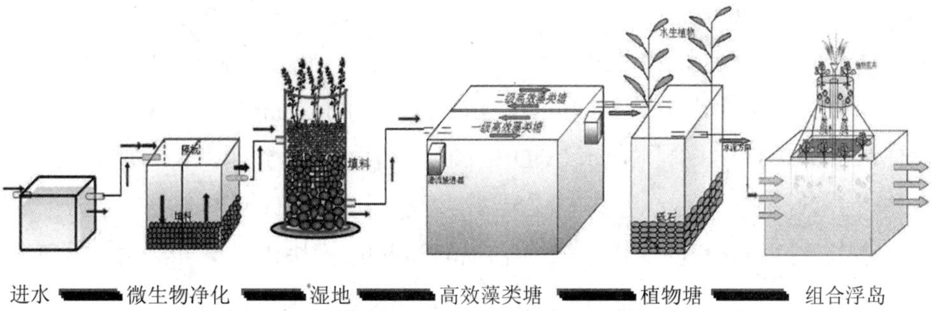

图 22-10　生态水面扩增及景观构建流程图

技术突破：该关键技术中主要有三个方面的技术突破：

1）针对河流补水以污水处理厂尾水为主，水质无法达到河流生态重建需求的典型城市重污染支流，通过高效接触氧化和模块化多层组合生物浮岛技术的集成，实现河水中 N、P 营养物的原位有效去除，水体的深度净化，同时提升了河流水体的景观化效果；

2）针对水质/水量季节差异大、外源污染长期存在、河边有闲置土地的典型重污染支流，通过傍河式高效藻类塘、水生植物塘、潮汐流人工湿地等技术的集成，增加了水体的自净时间，扩展了水体面积，实现了水体中 N、P 营养物的持续高效去除，提升了河流整治工艺的景观效果；

3）针对北方地区河水浊度高、污染严重的典型城市河流，通过絮凝沉淀与人工湿地技术的集成，在降低河水浊度后，实现水体的净化。

应用效果：该关键技术完成了 BAF 和多层组合生物浮岛集成技术，高效藻类塘、水生植物塘和潮汐流人工湿地组合技术，絮凝沉淀和人工湿地组合技术的小试研究。效果为：

1）高效藻类塘和水生植物塘联用技术：在进水 COD、NH_4^+-N、TN、TP 和磷酸盐浓度分别为 86.2 mg/L、2.04 mg/L、3.14 mg/L、0.93 mg/L 和 0.37～0.58 mg/L 时，净化后出水中 COD、NH_4^+-N、TN、TP 和磷酸盐浓度分别为 35.4 mg/L、0.66 mg/L、1.51 mg/L、0.16 mg/L 和 0.17 mg/L，其对应的去除率分别为 58.8%、66.8%、51.1%、82.8%和 63.2%，出水 COD、NH_4^+-N、TN 和 TP 浓度分别达到地表水Ⅴ类、Ⅲ类、Ⅴ类和Ⅲ类标准。

2）潮汐流人工湿地技术：在进水 COD、NH_4^+-N 和磷酸盐浓度分别为 111.0～186.9 mg/L、31.1～44.8 mg/L 和 3.36～5.46 mg/L 时，净化后出水中 COD、NH_4^+-N 和磷酸盐的浓度分别为 38.8 mg/L、18.9 mg/L 和 3.20 mg/L，其对应的去除率分别为 74.0%、49.0%和 29.0%，出水 COD 浓度达到地表水Ⅴ类标准。

3）沸石、陶粒和火山岩曝气生物滤床技术：在进水 COD、NH_4^+-N 和 TP 浓度分别为 64.5～82.1 mg/L、2.69～3.56 mg/L 和 0.57～0.76 mg/L 时，净化后出水中 COD、NH_4^+-N 和磷酸盐浓度分别为 30～40 mg/L、1.0 mg/L 和 0.4 mg/L，其对应的去除率分别

为 50.0%、77.8%和 30.0%，出水 COD、NH_4^+-N 和 TP 浓度都达到地表水Ⅴ类标准。

4）多层组合生物浮岛技术：在进水 COD、NH_4^+-N 浓度分别为 64.5～82.1 mg/L 和 2.69～3.56 mg/L 时，净化后出水中 COD 和 NH_4^+-N 的浓度为 36.7 mg/L 和 1.5 mg/L，其对应的去除率分别为 50.0%和 52.0%，出水 COD 和 NH_4^+-N 浓度都达到地表水Ⅴ类标准。

先进性分析：针对仅依靠源头削减无法实现水环境明显改善的北方地区城市重污染支流，开展了重污染支流高效接触氧化-傍河塘和湿地-模块化多层组合生物浮岛生态净化集成技术研究，通过实现高效接触氧化、高效藻类塘、水生植物塘、人工湿地、多层组合生物浮岛和景观塘等多个单项技术的优化组合，实现了重污染支流的原位深度净化，扩展了水体面积，实现了水体中 N、P 营养物的持续高效去除，削减了重污染支流及干流污染负荷，实现了水环境改善、水生态恢复与景观构建的有机结合。

经济性分析：通过生态水面扩增及景观构建技术的研发，能够解决城市重污染支流补水水质差、河流自净能力低、生态系统破坏严重和景观效果差的环境问题，对水体中 COD 和 NH_4^+-N 具有较好的净化效果，对 COD 的去除率可以达到 50%～70%，对 NH_4^+-N 的去除率可以达到 50%～80%。城市重污染支流高效接触氧化-傍河塘和湿地-模块化多层组合生物浮岛生态净化集成技术主要处理成本来自对塘和湿地的日常维护，以及对受污染水体的提升。河水处理成本主要来自部分水体的动力提升费用及管理费，组合工艺的综合处理成本约 0.1 元/t，而通过芦苇等水生植物的回收能够实现部分的收益，进一步降低处理成本。

应用前景：目前，浑河流域面积大于 100 km^2 的支流有 20 余条，绝大部分属于劣Ⅴ类水体；由于北方地区冬季降水较少，造成河流补水季节性受控严重，河流绝大部分补水来自周边生活污水及污水处理厂排水，导致河流补水水质差，河流水环境持续恶化，水生态完全被破坏。本研究针对北方地区城市重污染支流水环境存在的代表性问题，开展相关典型城市河流的水环境改善技术研究。技术具有较高的实用性，有望在辽河流域大部分重污染支流中推广使用。

22.6 关键技术 58：高效降解菌剂法湿地石油污染物净化技术

技术简介：针对辽河河口区 N、P 和石油类污染问题，利用芦苇植株对 N、P 的高效吸收和同化能力，筛选和分离出的高效、耐盐型土著石油降解菌，以芦苇裸露根须为固定化载体，构建了对氮、磷和石油污染具有高效净化能力的植物—微生物—土壤复合污染物净化技术。

技术突破：高效石油降解菌种的获取、固定化载体的筛选及固定化方法的建立是该净化技术的主要突破点。

先进性分析：以菌浊液喷洒法固定高效石油降解菌，有效防止菌种在水力作用下的流失，在维持对氮、磷高效去除能力（分别为 50%和 60%）的基础上，使芦苇湿地对石油污染水体的净化效果提高 15%以上，强化了河口大型湿地对复合污染物的净化能力，形成了典型污染物的植物—微生物—土壤复合净化技术，具有一定先进性。

应用前景：该技术具有工艺简单、费用低、净化效果好、便于大面积推广使用等优点。

22.7　关键技术 59：河流水体中固定化菌剂法污染物相互转移与分离技术

技术简介：根据水体中溶解性污染物的扩散过程及在固相表面的吸附解吸规律，研究了污染物的增强吸附技术，促进液相中污染物向固相转移，实现污染物在两相间的重新分配。

技术突破：根据水体中固液两相分离原理，尤其是在离心力和重力作用下的分离特征，分别研究了两相在离心力与重力条件下的强化分离技术，实现水体污染物的去除。根据典型河段的河流结构与水力学特征，采用污染物的相转移与相分离技术，探索急弯转流、平滩缓流等特定河段的污染物削减途径，建立了一种河流水体在线修复新技术。

先进性分析：通过该项技术实施，获得了高效污染物降解菌剂 KYSD-60，并应用于研发的 FBBR 反应器和复合植物床联合工艺中，取得了较好的修复效果，该项技术微生物培养技术成熟、菌剂加工生产过程简便易行，为重污染支流河道水体、静水面水体修复提供了可选方案。

经济性分析：固定化菌剂生产成本较高（500～700 元/kg），但考虑到固定化微生物投放后活性维持期大于 30 d，因此在重污染支流修复中其经济性尚可（图 22-11、图 22-12）。

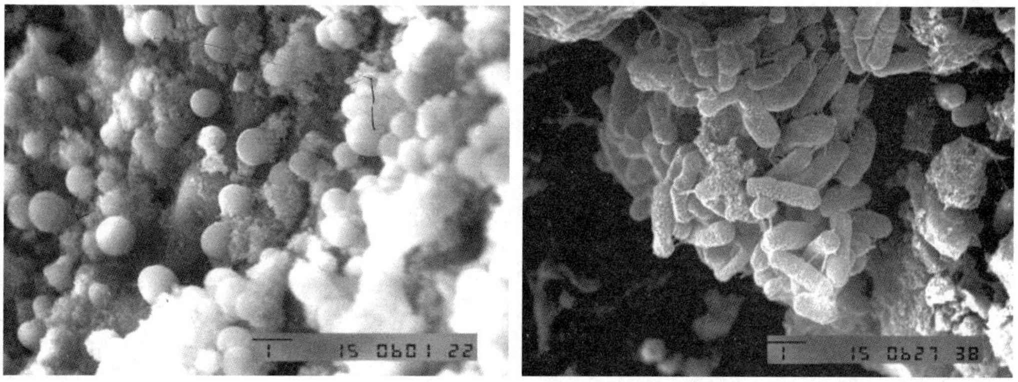

图 22-11　固定化菌剂扫描电子显微照片

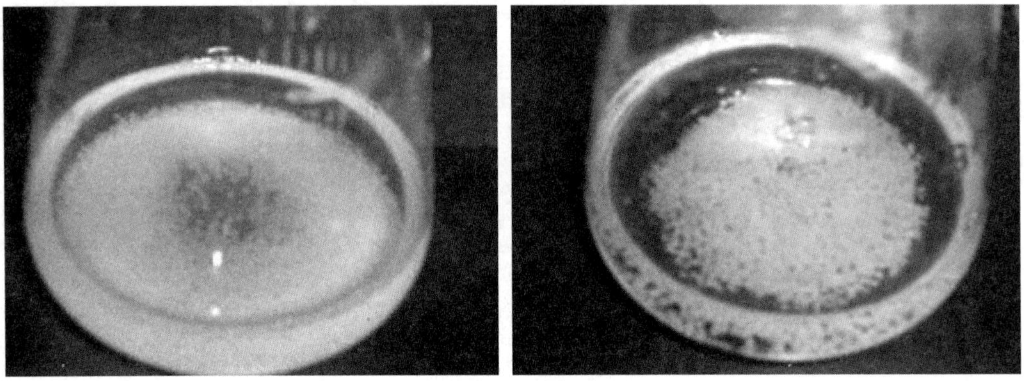

图 22-12 固定化菌剂实物照片

应用前景：菌剂技术一直是污染环境修复方兴未艾的绿色技术，菌剂不仅局限于技术装置和载体，可以在更广的污染物修复方面加以应用和推广。

22.8 关键技术 60：阿克曼生态基水体脱氮净化技术

技术简介：阿克曼生态基技术原为美国应用于水产养殖的生态基载体被引入中国，在生态学、系统论、可持续经济等理论指导下，生态基技术开启了在水资源治理领域的革命性发展。经过 10 年的探索，生态基技术成功研发出在水资源治理领域的综合应用系统，为我国的水环境治理事业发展提供了新的思路。目前，生态基技术已经在微污染治理、城镇生活污水处理、农村面源污染治理、工业废水处理、水产养殖、家庭水族养殖等领域取得广泛的成功应用，尤其是在农村面源污染治理领域。

应用效果：由于生态基具有高生物附着表面积，表面菌藻共生，生物多样性较高，材料微观结构发育，有利于形成优良的微 A/O 环境，为硝化、反硝化作用的细菌群落繁殖以及藻类生长创造适宜的条件，通过生物吸附、絮凝、富集、降解作用，强化氮、磷去除。经过现场试验，脱氮生态基对 TN 和 NH_4^+-N 的去除率平均达到 45%和 70%以上（图 22-13）。

先进性分析：该技术利用菌藻共生体系将污染物吸附、富集、降解，符合自然规律，属于纯生态技术，完全无外来生态风险，可实现河流中低浓度污染物的有效去除。脱氮生态基技术先进性较高，是一种成熟的水生态技术。

经济性分析：示范工程中阿克曼技术实施的河道水质监测结果表明，阿克曼生态基污水治理效果显著，并适用北方的气候条件，适宜在北方推广应用。生态基技术是全生态模式水污染治理和水环境修复技术，主要用于水体脱氮。采用脱氮生态基技术，对污染源头、污染流通通道（河）、最终污染积聚地（塘）分别治理，测算对比表明，使用生态基体系的总成本只有传统体系总成本的 5%～10%。

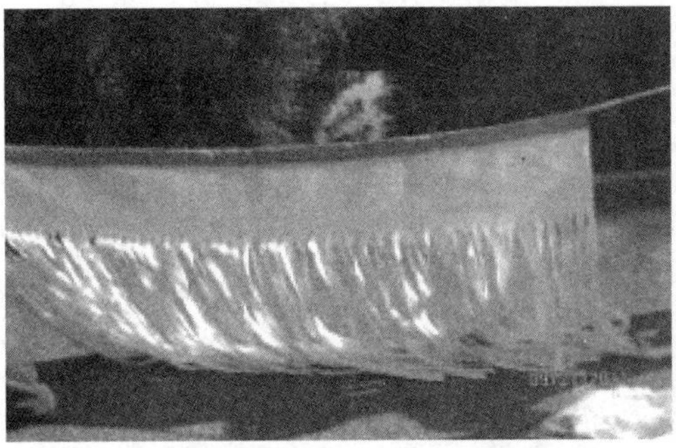

生态基材料

生态基铺设过程

图 22-13　生态基示范工程现场应用

应用前景：生态基经济性适宜，技术先进，产品可以实现回收再次利用，可以广泛应用于水体污染修复。

22.9　关键技术 61：入海河口区高抗逆性芦苇植株和翅碱蓬植株培育技术

技术简介：以当地高盐碱湿地生长的芦苇植株及其种子和抗盐性较强的翅碱蓬植株为供试材料，开发入海河口区高抗逆性芦苇植株和翅碱蓬植株培育技术。入海河口区高抗逆性芦苇植株培育技术应用梯级盐分组织培养和田间高盐胁迫筛选等手段，从被选的当地普通芦苇品种 12 个品系中筛选出抗盐能力强、生物量相对较高、遗传稳定的两个优良芦苇品系。以抗盐性较强的翅碱蓬植株为供试材料，通过茎尖离体组织培养获得具有分化能力的愈伤组织，将不同品性和不同抗性的愈伤组织细胞化后进行细胞融合，进而对融合细胞进行激素诱导、组织培养和高盐筛选，从近千株融合细胞中获得了 10 余株具有高抗盐的翅碱蓬植株新品系。入海河口区高抗逆性翅碱蓬植株培育技术以抗盐性较强的翅碱蓬植株为供试材料，通过茎尖离体组织培养获得具有分化能力的愈伤组织，将不同品性和不同抗性的愈伤组织细胞化后进行细胞融合，进而对融合细胞进行激素诱导、组织培养和高盐筛选，从近千株融合细胞中获得了 10 余株具有高抗盐的翅碱蓬植株新品系。

技术突破：在入海河口区高抗逆性芦苇植株培育技术中，通过两个生长周期的观测，在淹水条件下，该品系可在盐分为 1.5%的土壤中正常分蘖和生长，且其生物量与淡水环境中无显著差别，突破了一般芦苇生长盐分不超过 1.0%的限值。在入海河口区高抗逆性翅碱蓬植株培育技术实验条件下，该植株品系可在盐分为 3.0%的土壤中萌发，显著高于野生翅碱蓬植株 2.5%的萌发盐分耐受极限；生长期内极限耐受土壤盐分达到 5.0%，远高于国内外相关研究报道：野生翅碱蓬植株仅能够耐受 3.0%左右盐分的上限。

应用效果：培育的芦苇品系可用于高盐退化河口湿地的生态恢复，将极大地拓展利用芦苇进行退化湿地生态修复的范围。而且，采用传统选育技术获得该种子资源，不需要进行扩散风险评价即可规模推广。通过入海河口区高抗逆性翅碱蓬植株培育技术获得的高抗盐翅碱蓬植株可为辽河口退化翅碱蓬湿地的生态恢复提供良好种子资源。

22.10 关键技术 62：湿地退化多尺度识别技术

技术简介：该项技术主要应用遥感影像解译、植被指数反演、区块对比和源解析等方法综合分析河口区不同湿地类型的演化趋势与退化机理，是一种宏观与微观相结合的多尺度综合识别技术。其主要内容为：在宏观尺度上，该项技术主要利用不同时相遥感影像进行解译，并利用转移概率方法和 Kappa 指数来对比分析两种湿地的主要退化驱动因子和湿地变化程度。微观尺度上，该技术主要选取了最有可能引起湿地退化的盐分、重金属、石油类污染物、生源要素等指标，并结合湿地生物量退化梯度设定点位，利用数理统计、源解析等方法综合分析两种湿地的退化因子。

技术突破：该技术是一种快速识别湿地生态系统健康状况和退化机制的技术，适用于各类型河口湿地退化机制的识别。该项技术弥补了以往湿地退化机制研究中只注重机理而忽视驱动因子，或只注重驱动力而忽略机理探讨的不足，速度快、方法简单。解决了河口湿地生态修复缺少湿地退化基础理论研究的支持，为退化湿地的生态恢复技术与工程示范提供了理论依据。

应用效果：其应用成果表现在，明确了湿地生态系统功能的退化是不同驱动力和各种因子在多尺度下共同作用的综合表现：农田开发和建设用地是芦苇湿地面积缩减的主要驱动因素，土壤盐分是造成芦苇湿地退化的重要因子；水产养殖、农业种植、水利设施和自然演替是翅碱蓬湿地面积缩减的主要驱动力；土壤返盐和植物无法泌盐是翅碱蓬湿地退化的主因。利用该结论，可以更好地指导示范工程湿地生态系统的修复。快速综合地鉴别河口湿地演变与退化机理，为退化湿地的生态恢复技术与工程示范提供了理论依据，同时可作为其他河口湿地退化生态系统识别和恢复的技术范例。

22.11　关键技术 63：河口湿地净污功能评估方法

技术简介：环渤海经济带的发展使辽河河口芦苇湿地面临日益严重的污染压力和生态退化等问题。针对辽河河口芦苇湿地水体污染和生态退化特点，建立了净污功能评价指标体系和相应的评估方法。

技术突破：克服了通常在净化功能评估中仅考虑 N、P 等营养物质的局限，筛选并建立了包括重金属、石油类和 COD 等不同类别污染物在内的多层次多元化的净污功能评价指标体系；采用污染防治成本法、模糊数学法、影子工程法和成果参照法等多种方法从不同角度评估了辽河河口湿地的净化功能价值（现金价值），建立了相应的评估方法，提高了河口湿地净化功能价值评估的可靠性和可信度。

应用效果：综合评价结果表明，辽河河口湿地净化功能的平均经济价值为 47.2 万元/（km^2·a）[10.2 万～64.7 万元/（km^2·a）]，该价值处于国内外自然湿地净化价值的中等水平，说明辽河河口芦苇湿地仍具有一定的净化功能开发潜力，对进一步完善和发展利用自然湿地系统净化 N、P 等营养物质和有机污染物、减少陆地对海洋的污染物输入具有指导意义。

22.12　关键技术 64：辽河口湿地污染物入海通量计算方法

技术简介：该技术采用优化监测布点、水量平衡估算等方法，基于湿地水利工程结构布局，利用现场调查并结合 GPS 定位，从所有节点中筛选出流量相对较大、开放时间较长的关键沟渠节点作为水质监测点，采用定点连续监测手段测定湿地进、出水水质；基于提水泵站水泵流量、工作时间，计算湿地年提水量，结合湿地年降雨量、生态需水量、蒸发量实测数据，依据水量平衡法估算湿地排水量。根据湿地进、出水水质监测结果，采用瞬时浓度平均法对进、出水污染物实施分时段加和计算，估算湿地污染物的输入、输出通量。

技术突破：该方法针对河口湿地进/出水节点分布散、流量小、开放时间随机性的特点，解决了实地、实时监测较为困难的实际问题，实现了在较大尺度上对河口湿地污染物输入—输出通量的估算，可为我国同类湿地的污染物通量平衡估算提供技术范式，同时其结果可为河口湿地生态服务功能评价提供科学参考。

应用效果：根据 2008 年、2009 年在辽河口区湿地的实际应用，估算的湿地面积为

6.76×10^4 km^2，年提水量为 2.74×10^6 m^3，年排水量为 3.76×10^5 m^3，据此建立辽河口湿地污染物输入、输出通量平衡表。根据该方法估算，由辽河口湿地排出的污染物入海通量为 COD 1 440～2 981 t、TN 86～213 t、NH_4^+-N 7～45 t、TP 2.1～7.2 t、Cd 0.003～0.04 t、Pb 0.08～0.62 t、Cu 0.09～0.23 t、Zn 0.16～0.58 t。湿地对营养物质的去除率为 70%～90%，对重金属的去除率为 50%～70%。

22.13 关键技术 65：河口区湿地水资源调控技术

技术简介：由于辽河口湿地淡水资源缺乏，河口湿地出现生态退化。辽河口湿地水网调控技术是针对河口区生态缺水问题，对河口区淡水资源进行调控和优化。该技术采用模型预测方法，建立了河口区大型湿地生态-水文耦合模型和辽河口赶潮河网水量-水质耦合模型，通过对湿地生态水文过程模拟及河网水质和水量预测，进行湿地淡水资源调控方案的优化。

技术突破：该技术构建的模型适合大型河口湿地和河口赶潮河网区域，解决了河口区湿地内部降水径流量、水文过程存在不确定性等技术难点，突破了湿地生态需水量理论计算与实际水文过程脱节的局限性；利用河网水量-水质模型，可以实时给出特定方案下的水位、盐度和水质时空变化过程，可以实现河网水资源调控的动态化和可视化管理。

应用效果：该技术提出枯水年可增加微咸水提取量 3.0×10^7 m^3（约占总缺水量的 5.3%）和平水年可增加微咸水提取量 1.2×10^8 m^3 的水资源综合调控方案，将芦苇湿地的生态需水与河网供水特征（盐度、水质、水量）相结合，充分考虑赶潮河段河海相互作用的复杂性，将微咸水作为一种重要的湿地生态需水来源，拓宽了河口区湿地生态需水仅依赖上游淡水资源供应的思路，从技术上解决了枯水年辽河口湿地淡水供应不足的问题，为辽河口区微咸水的资源化利用提供了技术支撑，具有明显的经济效益和生态效益。

23 河流水环境管理

23.1 关键技术 66：经济社会发展-水环境质量关系定量化技术

技术简介：在综合分析近年来产业结构、城市化率、水质、污染物排放等社会经济及环境指标的变化情况，运用多元线性回归分析，定量研究了辽河流域水环境演变与流域内社会经济发展之间的关系，为制定水环境经济发展政策提供理论和科学依据。

技术突破：建立了基于水资源水环境约束的工业结构调整优化模型。充分考虑水资源系统、宏观经济系统、社会系统，以及水环境系统之间的协调与制约关系。通过对区域社会经济、水环境现状评价、工业行业用水结构和排污结构的分析研究，寻求适宜于水环境、水资源约束条件下的工业结构。本研究在参考其他有关水资源与产业结构调整关系研究成果的基础上，针对水资源与产业结构之间的相互影响与制约关系，运用多目标规划方法，以工业增加值最大、COD 和 NH_4^+-N 排放量最小为目标，建立了水资源与水环境约束下的工业结构优化模型，模型包括目标函数和约束条件两部分内容，其基本框架形式如下：

1）目标函数。反映经济发展规模的指标有很多，由于总产出指标存在重复计算和不能很好反映生产活动效益的缺点，因此，采用工业增加值最大作为优化目标之一。

$$\max X = \sum_{i=1}^{n} x_i$$

式中，x_i 为 i 行业规划水平年的工业增加值（万元）；n 为决策个数（下同）。

以废水中排放的 COD 和 NH_4^+-N 量最小来表示环境效益最大。

$$\min \mathrm{COD} = \sum_{i=1}^{n} x_i \times d_i$$

式中，d_i 为 i 行业规划水平年 COD 排放系数（kg/万元）。

$$\min \mathrm{NH_3\text{-}N} = \sum_{i=1}^{n} x_i \times e_i$$

式中，e_i 为 i 行业规划水平年 NH_4^+-N 排放系数（kg/万元）。

2）约束条件。包括国内生产总值 GDP 约束、工业用水量约束、工业新鲜水量约束、废水排放总量约束、COD 排放总量约束、NH_4^+-N 排放总量约束等。

以上述理论基础建立工业优化多目标模型，在既定水环境目标和社会经济系统条件下，选取工业增加值最大和 COD、NH_4^+-N 排放量最小作为目标函数，以工业部门生产规模与水环境的关系作为重点，将各行业工业增加值、用水量、需水量、排污量等作为约束条件，建立优化方程来描述经济发展与水污染的关系，经过预测分析、经验比选确立各项参数，量化近、中、远三期（2010 年、2015 年、2020 年）的工业产业结构优化方案，从整体角度协调社会经济发展、水环境保护与改善等之间的关系，提出工业发展的建议。路线图如图 23-1 所示。

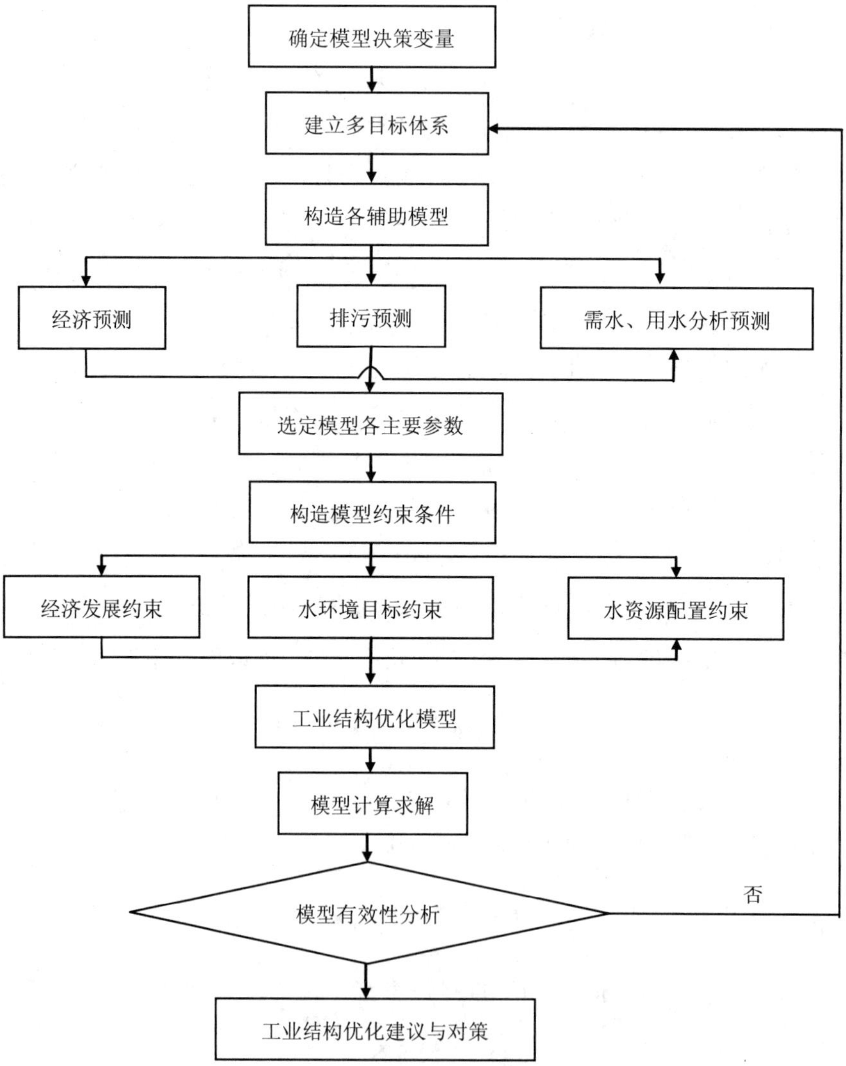

图 23-1 工业结构优化技术路线图

23.2　关键技术 67：环境技术评估指标识别与体系构建技术

技术简介：通过对流域内 6 大行业 1 293 家企业所采用的污水处理方法进行调查、汇总、分类，运用动态指标体系，开展对 101 类水环境治理技术的评估工作。在对比分析不同环境技术评价方法基础上，确定采用多项技术评估方法，将环境技术分解成若干评价因子，通过一定数学模型，对技术进行综合评价，建立了基于费用-效益模型的环境技术评价指标体系。

技术突破：对流域内冶金、石化、制药、造纸、印染、啤酒 6 大行业 1 293 家企业所采用的污水处理方法进行分类，结果见图 23-2。6 大行业污水治理技术类型见图 23-3。

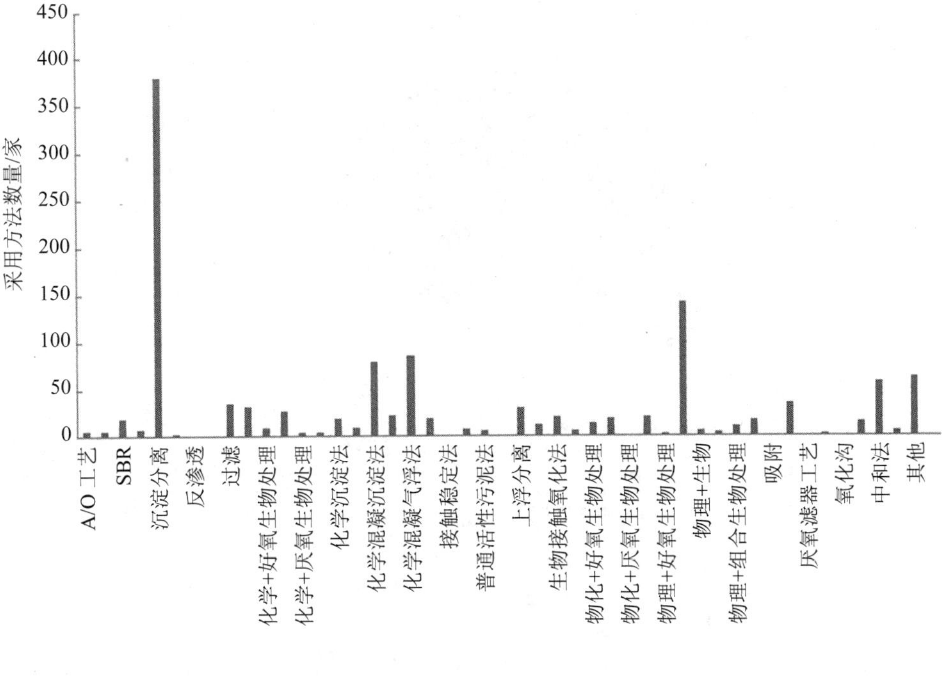

图 23-2　辽河流域企业污水处理方法分类图

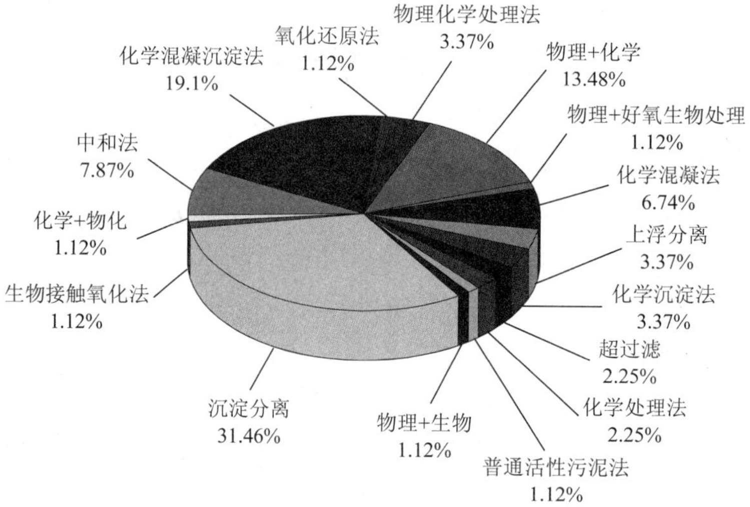

a. 冶金行业污水治理技术类型

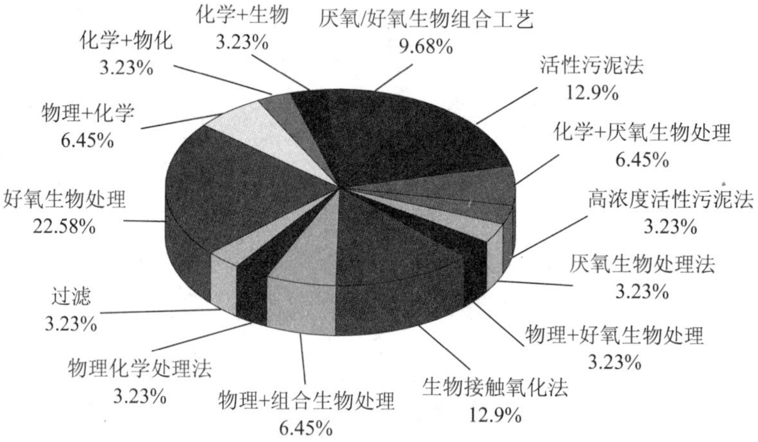

b. 石化行业污水治理技术类型

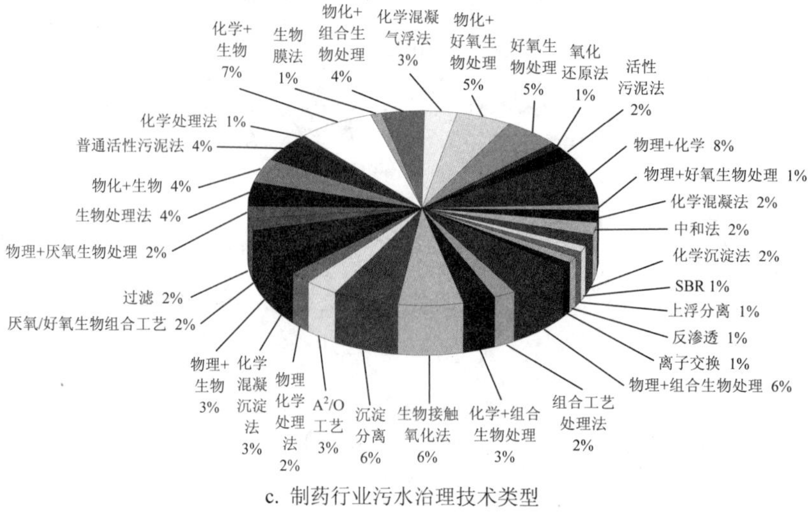

c. 制药行业污水治理技术类型

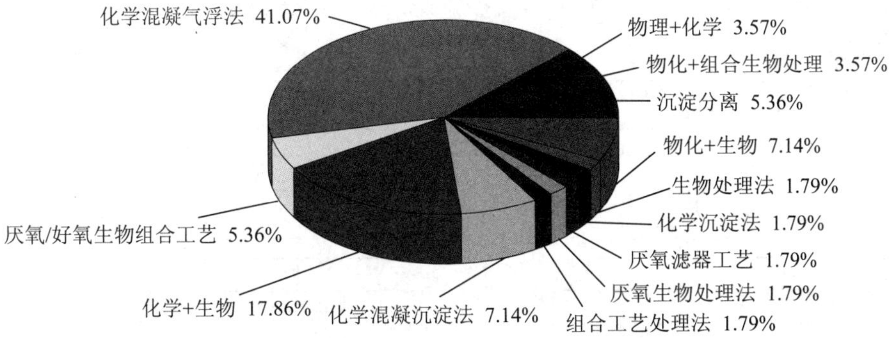

d. 印染行业污水治理技术类型

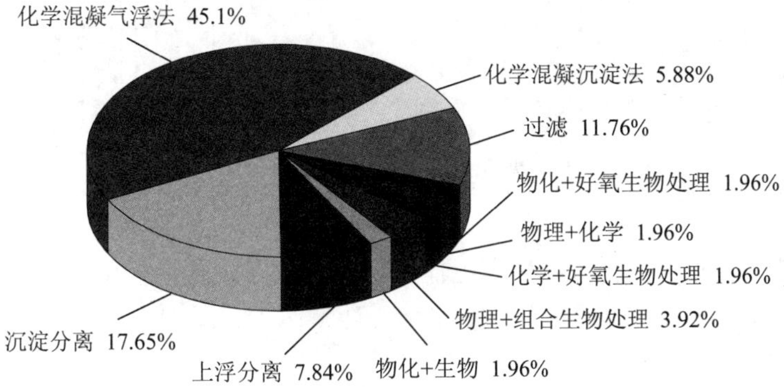

e. 造纸行业污水治理技术类型

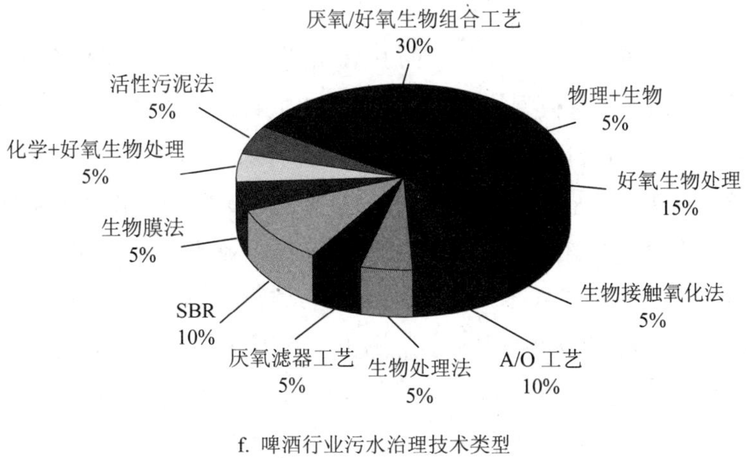

f. 啤酒行业污水治理技术类型

图 23-3 6 大行业污水治理技术类型

建立的基于费用-效益模型的环境技术评价指标体系包括经济效益、技术效益和社会效益。其中经济效益评价指标包括初投入、运行费用及投资效益。技术效益评价指标包括 COD 去除率、BOD 去除率、色度去除率、水可利用率、二次污染率、处理水量、节约水量等。社会效益评价指标包括环境净化指数、水体净化指数。具体评估指标体系如图 23-4 所示。

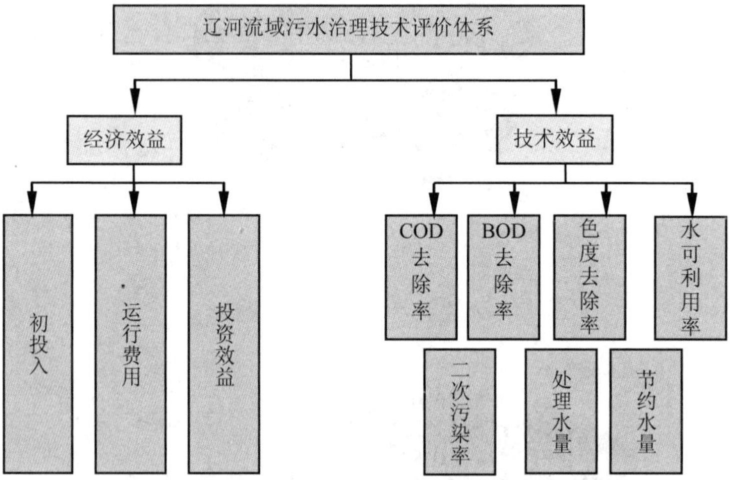

图 23-4 基于费用-效益模型的环境技术评价指标体系

应用前景：该项环境技术评估指标体系识别与建立技术，为辽河流域环境技术评估提供了支撑。

23.3 关键技术 68：辽河流域行业污水治理技术评估方法

技术简介：参考某些种类废水处理的 BAT 相关模型及美国 EPA 环境技术评估方法及细则等资料，在拟合大量模型的基础上，筛选出适合辽河流域典型重污染行业污水治理技术评价模型。基于评价模型，开发了“辽河水污染治理技术评估软件”。

技术突破：筛选出模糊-灰色集成评判法、技术成本效益评价法、层次分析法、灰色综合评判法、模糊综合评价法、费用-效益评价法等效益评价模型。其中灰色综合评价法+模糊综合评判法、技术成本效益评价法均较适合辽河流域行业污水治理技术评价。取得的关键成果：①模糊-灰色集成评判法模型；②技术成本效益评价法；③灰色综合评判法效益评价模型；④层次分析法模型；⑤模糊综合评判法模型；⑥费用-效益分析法。以 Visual C#为开发平台、Microsoft Access 为数据库环境，建立辽河水专项技术评估软件系统。该软件系统能够按照处理成本低、处理效率高等要求，对各行业水污染治理技术进行评价，评价结果可以按照不同用户的需求以 Microsoft Word 或 Microsoft Excel 形式输出。软件系统还具有查询功能和数据输入、输出功能。用户可以通过查询功能了解废水处理工艺的介绍和技术评价方法的介绍与模型公式。数据输入、输出功能支持用户将输入的数据以标准表格的形式输出备份。

应用效果：现阶段，污水治理技术的评价工作多以人工计算为主，但由于计算过程相对复杂，故人工计算量大。为了减少计算过程中人工计算的工作量，以及降低计算过程产生的误差，故将评价模型与计算机系统相结合，建立了“辽河水污染治理技术评估软件”，应用于辽河流域 6 大行业污水治理技术的评估（图 23-5）。

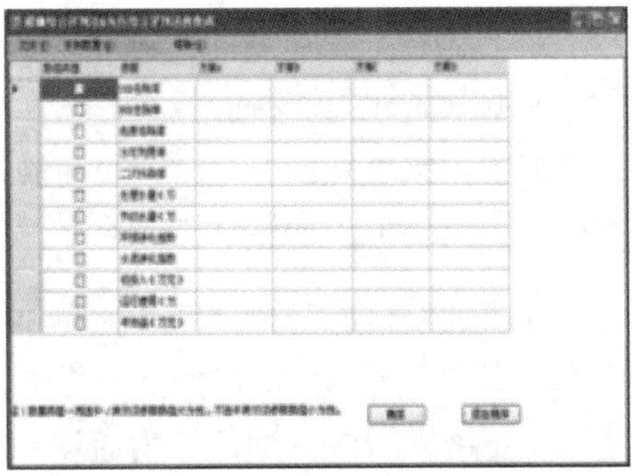

技术评价主界面

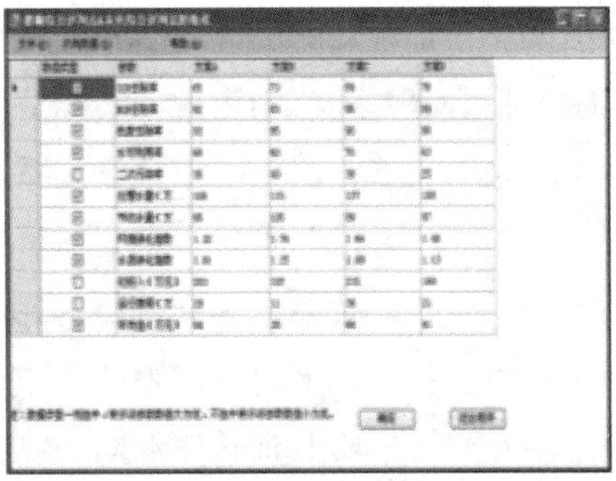

示例数据

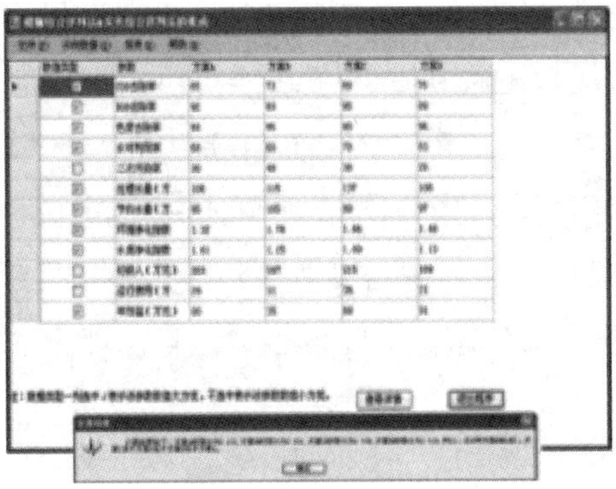

简单评价结果

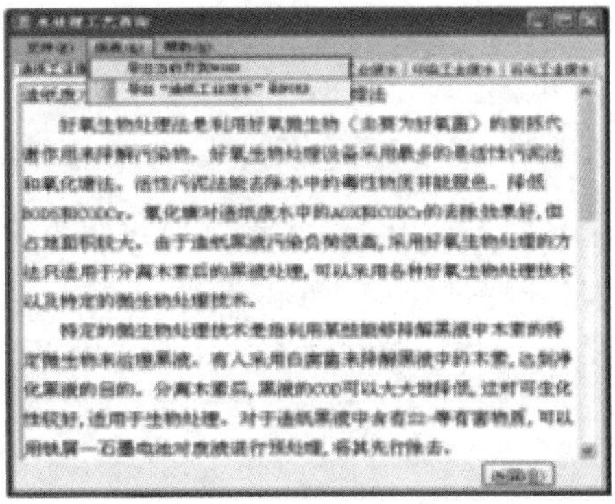

转存功能

图 23-5　辽河水污染治理技术评估系统展示

23.4　关键技术 69：东辽河源头区多元数据分析水环境问题诊断技术

技术简介：系统研究了辽河源头区水污染特征。结果表明，有机污染物和富营养化是影响东辽河、条子河和招苏台河水质的主要因素，流域河水水质呈季节性变化、有机污染和富营养化严重。项目以调查数据、实时监测和模拟实验为基础，研究了辽河源头区东辽河、条子河和招苏台河的水环境质量的时空演变规律，其中包括利用“十五”“十一五”期间历史水文水质数据、主要河流各断面水质年际沿程变化规律。通过利用自制流水模拟装置，以东辽河和条子河为代表的典型河流优先污染控制指标为研究对象，研究了其迁移转化特征，研究了温度、底质构成和不同水体等因素对典型指标的迁移和转化规律的影响，同时通过实时监测、结合自制的沉积物释放模拟装置研究了典型区域沉积物及间隙水中N、P形态分布特征及沉积物中有机物、氮和磷的迁移和释放规律。分析了优先控制指标的主要污染来源及其时空分布特征。

技术突破：基于工业污染主要行业及重点企业调查、统计分析，得到了工业源主要贡献行业及其分布，其中流域工业源的主要工业污染行业为农副食品加工业、化学原料及化学制品制造业、医药制造业、纺织业、造纸及纸制品业、饮料制造业，累计行业污染物贡献率大于80%。调查了包括低温条件下城镇的污水处理能力，结果表明城镇污水的排放趋于主导，河流水质与污水处理厂的运行和处理能力密切相关，低温条件对各主要污水处理厂的处理效率有不同程度的影响。统计了面源污染情况，结果表明收集率、处理率不高的面源排放主要是以畜牧养殖为代表的农业面源为主。筛选了跨界断面污染物通量计算方法，并基于河流分水期情况计算了主要跨界断面典型污染物通量。课题根据水文水质基础数据、实验所得数据及相关参数，形成了流域水环境基础数据库，并基于TopMAp地理信息系统软件，结合Access数据库系统，开发了具备系统操作、地图操作、数据操作、数据查询、水质评价和水质预测模块共六项功能模块的“辽河源头区地表水环境地理信息系统”。在以上研究内容的基础上，对控制单元主要水环境问题进行了诊断，提出了辽河源头区主要水环境问题，主要体现在不同水期城市中下游各河段有机污染和富营养化严重、二级支流污染严重、面源与城乡生活污水污染贡献大、水质呈季节性变化、枯水期和冰融期污染严重、水生态环境脆弱且缺乏自净能力的水污染特征。

23.5 关键技术70：东辽河源头区基于水质目标的总量核算与分配技术

技术简介：利用输入响应模型计算了辽河源头区各控制单元内上游断面、各支流和各主要纳污区段对下游各监测断面的响应系数以及对各控制断面的浓度响应值，从而分析了上游断面、各支流和各主要纳污区段对跨界断面水质的影响，提出了水质控制目标。

技术突破：根据主要控制断面水质现状，沿河区吉林省境内经济发展需求和辽河源头区水质控制的紧迫性，考虑《吉林省地表水功能区划》中的各控制断面的水质目标，研究设定了近期和远期两种目标情景，东辽河跨省界四双大桥断面近期和远期COD浓度均为30 mg/L；招苏台河跨省界六家子断面近期和远期COD浓度均为40 mg/L；条子河跨省界汇合口断面近期COD浓度均为60 mg/L，远期COD浓度均为40 mg/L。

根据制定的水质目标，开展了典型流域分水期水环境容量核算方法的研究。根据两种水质目标情景，计算了东辽河干流、招苏台河及条子河各计算单元在丰、平、枯三个水期内COD和NH_4^+-N的管理水环境容量、点源可利用水环境容量和剩余水环境容量。

对水环境容量的计算结果分析可知，从总容量来说，辽河源头区有较大的 COD 管理水环境容量，存在 COD 点源可利用水环境容量，COD 剩余水环境容量为负值。在平水期和枯水期，存在一定的 NH_4^+-N 点源可利用水环境容量，NH_4^+-N 剩余水环境容量为负值。从点、面源入河量及各河流不同水期的 COD 和 NH_4^+-N 的点源可利用水环境容量可以看出，在丰水期和平水期，面源入河量更多，所造成的污染更为严重。因此为实现水质新目标，需对排污总量严格控制。

根据制定的水质目标，同时开展了 COD 总量控制方案的研究。根据目标情景一，对“十二五”辽河源头区工业污染物排放量、城镇生活污染物排放量及农业污染源污染物排放量进行了预测。根据各控制单元情况，设定了水环境容量目标、最大允许排放量及总量控制目标。基于信息熵法计算各分配对象的削减率、削减量和各分配对象的分配率，形成 COD 总量分配方案。根据分配方案可知，流域总削减量为 3.88 万 t，分配量 3.32 万 t。各地区 COD 总量分配的削减量从大到小依次是四平市区、梨树县、东辽县、公主岭市、辽源市区、伊通县、双辽市；分配量从大到小依次是梨树县、四平市区、东辽县、公主岭市、辽源市区、双辽市、伊通县。基于基尼系数法对分配方案进行了评估，同时对平均削减率进行了调整。对分配方案的可达性和目标合理性进行了分析，提出了减排思路和减排途径。其中削减压力最大的是四平市区。同时根据水质目标情景二，研究了 COD 总量分配方案并进行了可行性分析。

23.6　关键技术 71：太子河流域生态需水量估算技术

技术简介：由于辽河流域高度人工调控河流水资源紧张、水环境恶化、栖息地持续受到破坏，社会经济用水与生态用水相争的问题频发，因此对太子河流域生态需水量进行估算。在河道内生态需水估算过程中，首先对流域生态系统特征，包括流域地形地貌、水系、土壤类型、土地利用、土壤侵蚀等进行分析，研究确定流域生态水文特征，进行流域生态水文分区；再根据河道内水质特征，以水功能分区为基础，划分内部水质时、空分布特征一致的水质分区；最后在水质分区内部，根据污染源分布、排污强度、行政区划特征，建立生态需水估算分区（图 23-6）。

根据生态需水估算分区，按照先水质改善，后水生态系统健康恢复的顺序确定各分区生态需水估算目标。再以水文学法逐月估算各分区维持水生态系统基本生态功能、水质改善、恢复近自然水文节律以及维持河道水沙平衡等目标的生态需水值，然后采用外包法确定各分区逐月生态需水阈值。

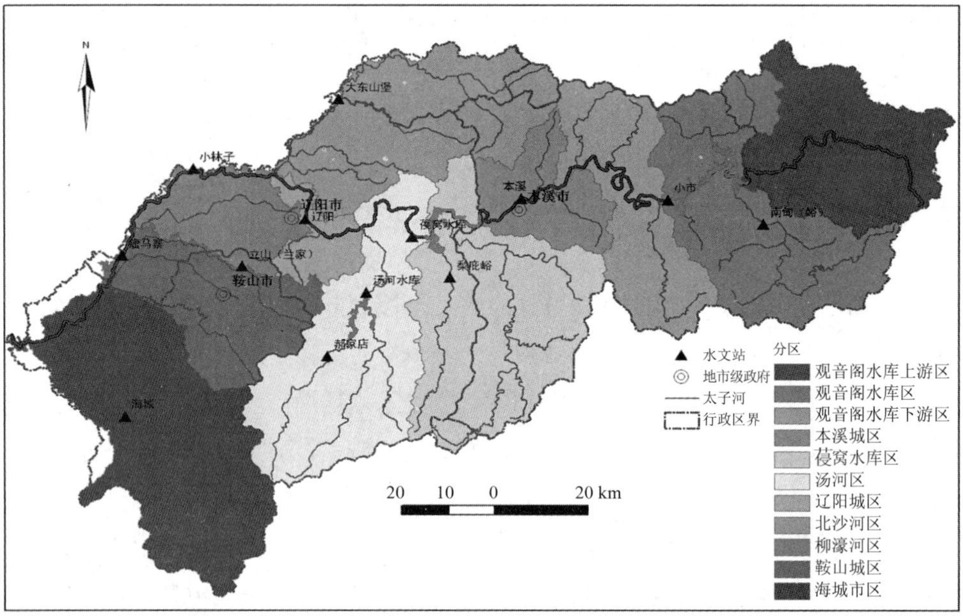

图 23-6　太子河流域生态需水分区图

技术突破：从流域生态水文过程入手，结合流域用水格局、污染物排放格局以及水工程调控模式，在综合国内外河道内生态需水估算方法的基础上，研究建立了适应有限水资源条件下，在维持经济增长的同时能够维持社会期望目标的分区、分期河道内生态需水估算方法。

应用效果：辽宁省辽河保护区管理局和辽宁省江河流域管理局已接受该技术研究成果，并纳入河流生态治理规划，全面推广应用。

23.7　关键技术 72：太子河流域水体功能改善水量配置技术

技术简介：从流域供水安全和生态安全角度出发，依据《国务院关于落实科学发展观　加强环境保护的决定》对辽河流域水污染治理提出的一系列新要求，利用新理念、新思路、新理论和新方法，通过理论探索和思想创新，分析和提出“辽河流域水资源优化配置技术方案研究”系列成果，不仅顾及了流域供水安全而且考虑了河流水质改善，为保障辽河流域经济社会的快速、健康和可持续发展及生态文明建设提供了主要依据。

技术突破：

1）以流域“自然-人工”二元水循环过程为基础，按照流域四级区水资源可利用量对国民经济耗水与生态环境耗水实施总量控制、按照节水型社会建设要求对用水效率实施控制等，确保流域水资源的“二元”良性循环和可再生能力，为严格流域取用水总量控制与定额管理、抑制水资源过度消耗和实现可持续利用奠定坚实基础。

2）以改善河流水质为目标，按照河道内水生态、水环境与水景观、农业灌溉引水等流量要求实施河流断面流量过程控制，以满足水功能区纳污能力和入河污染物总量控制要求，确保实现河道外与河道内竞争性用水之间的协调，为确立水功能区限制纳污红线和维护河流健康、改善人居环境提供支撑与保障。

3）以水质水量联合配置为主线，率先将流域“自然-人工”二元水循环过程互相耦合，构建了面向河流水质改善的水质水量联合配置模型，通过引进世界先进的 Windows GAMS 2.50 软件工具，开发了水质水量联合配置计算软件系统，研制了集数据库、模型库与人机交互界面等于一体的计算平台，为辽河流域面向河流水质改善的水质水量联合配置调节计算等提供强有力的技术支撑。

4）基于流域“自然-人工”二元水循环过程和五大决策机制，利用所构建的面向河流水质改善的水质水量联合配置模型及开发的计算平台，在考虑关键控制断面河道内水生态、水环境与水景观、农业灌溉引水等流量约束条件下，通过长系列逐月调节计算，提出辽河流域水质水量联合配置系列成果。研究成果在面向“三生”用水需求及水质水量联合配置理论技术及应用等方面取得了突破性进展，不仅率先构建了面向河流水质改善的水质水量联合配置模型和集数据库、模型库与人机交互界面等于一体的计算平台，而且首次全面提出了支持辽河流域可持续发展、供水安全和水质改善的水资源配置系列成果，为辽河流域合理开发利用和有效保护水资源、实行最严格的水资源管理制度提供了重要依据。

应用效果：该技术研究成果不仅在理论上取得了一些重大突破和科技创新，而且具有重要的实际应用和推广价值，在辽宁省水资源配置格局调整及实行最严格水资源管理制度等方面得到了实际应用，并指导谋划重点输供水计划等重要配置实践，取得了显著效果。

23.8 关键技术 73：太子河流域水质水量优化配置仿真模型技术

技术简介：研究了辽河流域水文坡面过程和水体水质水量响应过程；调研辽河流域水质改善的库群闸坝联合调度技术需求；分析辽河流域社会经济、水资源利用、水利工程运行，以及污染物排放与流域水质水量的定量耦合与响应关系。采用 SWAT 模型对辽河流域坡面过程进行模拟，该模型基于物理过程，能够利用 GIS 和 RS 提供的空间数据信息，模拟地表水和地下水水质水量在复杂的大流域中径流的产生和汇集过程。太子河流域和浑河流域的坡面过程通过模型精细模拟，辽河干流通过输出系数法估算。

技术突破：建立了辽河流域水质水量仿真模型系统；耦合了流域分布式水文-非点源模型、河流-水库水量水质模型和水工程水力模型等；揭示了辽河流域库群闸坝联合调度对水质水量的影响过程及水质水量迁移变化规律；建立了流域调度方案实施效果动态仿真平台，实现了水质水量调度过程的水流场及污染物输移结果的图形化表达及三维场景的动态效果展示。

应用效果：以辽河流域中水工程调控作用最为显著的太子河流域为例，分析流域水质水量模型的模拟结果。根据频率分析结果选取的典型年分别是丰水年（1996 年，p=20%），平水年（1990 年，p=50%），偏枯年（1972 年，p=75%）和枯水年（1989 年，p=95%），选取 2 月表示枯水期，8 月表示丰水期，11 月表示平水期，运用流域水环境系统模型对不同典型年、不同水期的太子河水流水质沿程分布情况进行模拟。

水动力模拟结果显示，平均沿程水位从大到小依次为典型丰水年、典型平水年、典型枯水年和典型特枯年，丰水期依次大于平水期和枯水期，太子河上游河段受到闸坝蓄水和葠窝水库调控影响，水位变化较下游不显著。流速沿程分布规律与水位相似，从大到小依次为典型丰水年、典型平水年、典型枯水年和典型特枯年，丰水期依次大于平水期和枯水期。由于受闸坝建设的影响，太子河干流上游流速呈现显著的离散化分布，流速峰值与静水状态交替出现；葠窝水库库区流速十分小，接近静水；干流下游流速分布较为连续。

水质模拟结果显示，沿程水质从典型丰水年、典型平水年、典型枯水年到典型特枯年，从丰水期、平水期到枯水期，有一定程度的提高。但由于污染物入河总量过大，在典型特枯年、典型枯水年和典型平水年水文条件下各个水质控制断面水质对于水量变化不敏感。典型丰水年水质较其他典型年有显著提高。太子河上游河段主要超标污染物为COD，而下游河段 NH_4^+-N 为主要超标污染物。7 个水质控制断面，在不同典型水文年条件下模拟的水质情况，即 COD 和 NH_4^+-N 的现状浓度与水质目标之间的差距。除干流上游砬子断面满足水质目标要求之外，其余断面在不同水文年下均有不同程度的水质超标。

23.9 关键技术 74：库群联合调度-闸坝调控太子河水质改善技术

技术简介：开展了辽河流域水质水量调度模型、流域用水过程分析、辽河流域水质水量调度方案及识别关键技术、流域联合调度规则等研究；以保障河流水质改善为导向，河流水量调控切入点，依据系统工程理论，开发了具备辽河流域水质水量联合调配所需的数据库、模型库、方案库，以及具有良好人机交互界面的面向对象的决策支持系统。

技术突破：结合流域水质水量仿真模型，根据辽河流域供水需求、可持续发展需求、防洪需求和水质改善需求，在充分明晰辽河流域调度目标、约束条件和流域用水过程的基础上建立了多目标优化调度模型；在充分考虑河道物理特性、社会经济、流域自然环境和生态等因素的基础上，构建了辽河流域水质水量联合调度预案辨识体系，运用层次分析模糊综合评价方法对调度预案进行全面的辨识评估；开发了嵌套辽河流域水质水量联合调配数据库、模型库、方案库、辨识系统，以及具有良好人机交互界面的面向对象的决策支持系统，辅助决策部门制定水质水量联合调度方案。

应用效果：技术研究成果于 2011 年 2 月末起在观音阁水库应用实施，根据水库下游河道水量情况指导观音阁水库泄流运行，保障河流水质改善。并首次将生态供水纳入水库供水调度法规中。本溪市自来水有限责任公司在太子河干流的取水口所在断面（老官砬子断面）流量较 2006 年同期提高 1 倍以上，较 2009 年同期提高 20%以上，取水口以上河水中主要污染物 COD 和 NH_4^+-N 多数月份未检出，水质状况良好，类别处于Ⅱ类以上。本溪市河务处负责管理的太子河本溪城市河段（本溪水文站断面监测数据）枯水期流量较 2006 年同期提高 1 倍以上，较 2009 年同期提高 30%以上，城市段河道水量明显增大，城市河道景观好于往年。截至 2011 年 10 月，根据 3—10 月水质水量监测结果，在示范工程在 8 个月运行时间里，辽宁省葠窝水库管理局负责管理葠窝水库入库断面（白石砬子断面）枯水期流量较 2006 年同期提高 1 倍以上，较 2009 年同期提高 30%以上。枯水期河道断面通过水量明显增大，水质状况好转。2012 年，政府有关部门采纳本课题研究成果，调度大型水库泄放生态用水，为辽河重度污染流域的“摘帽”提供了水量保障。2013 年年初，辽河流域通过了环保部、国家发改委、监察部、财政部和水利部的联合考核，水质已达到国家对辽河的相应要求，成功“摘帽”，率先从全国“三河三湖”重度污染名单中退出。

先进性分析：在太子河流域，首次以水质改善为目标，以水库群结合河道闸坝联合调度技术为支撑，实现了从调度技术研究→调度管理机制调整→调度运行规则的全过程的优化，实现了库群闸坝联合优化调度，达到了预期的水质改善效果。

应用前景：示范流域提前实现了“十二五”期间Ⅳ类水质目标，为其他流域水质改善提供了可供借鉴的经验，推广应用前景广阔。

23.10 关键技术 75：水污染突发事件水力应急调度预案制定关键技术

技术简介：水污染事件具有突然发生、来势迅猛、在瞬间或短时间内排放大量的污染物质、起因复杂、难以判断、蔓延迅速、危害严重、影响广泛等特点。随着我国工农业生产和经济建设的迅猛发展，水环境污染突发事件不仅在发生次数上，而且在污染的危害程度上均有增加的趋势。课题针对水污染事件的特点，开展水污染事件应急处理关键技术的研究。研究内容集水污染突发事件应急调度基础数据库建设、流域污染风险源识别、水污染突发事件预测模型、水力调度模型、应急调度预案、水力应急调度决策支持系统为一体，不仅体现了单项技术的创新，还体现了明显的集成创新。

技术突破：

1）采用瓦片金字塔技术构建了面向辽河流域的水污染突发事件应急水力调度系统空间数据库，实现了多元动态空间数据与属性数据的无缝连接，实用、创新性突出。

2）基于太子河流域水污染突发事件的特点，研发出多闸坝河流水动力模型、水质模型、水力调度模型，并实现了动态耦合，为水污染突发事件应急水力调度管理提供了决策支撑。

3）以三维 GIS 为平台，应用 KML 标记语言技术和动态纹理映射技术研发出了太子河流域水污染突发事件应急调控仿真管理系统，实用、功能性强。

4）结合水污染应急处理数据采集的特殊需要，研制出了深水水温测定器、方框式水底淤泥样品采样器、水质监测取水罐，并提出了水污染突发事件水力应急调度编制导则。

应用效果：“太子河流域水污染突发事件应急水力调度决策支持系统”，可为辽河流域太子河流域发生水污染突发事件提供动态模拟、应急调度、辅助决策等集成功能；“辽河流域水污染突发事件水力应急调度基础信息数据库”为水力应急调度提供了基础的数据支持。上述系统及数据库于 2010 年 9 月在辽宁省水文局试运行，运行较为稳定，已成为辽宁省水文局水文信息化中的一个重要组成部分，该系统与辽宁省水文局现有水质、水情等管理模块能够有效融合，为太子河流域在发生水污染突发事件情况下水质应急监测、水力应急调度提供了依据，为科学决策提供了技术保证。

先进性分析：研发了河流水污染突发事件应急水力调度模型库，建立了多层次目录式水污染突发事件应急水力调度数据库，集成开发了具有数据库子系统、模型库子系统和三维虚拟现实子系统的太子河流域水污染突发事件应急水力调度决策支持系统。系统可实现专业数据管理、模型管理、应急调度预报、应急调度方案制定及效果评估等功能，为水污染突发事件的预测、应急水力调度措施的模拟评估，以及应急监测、处置预案的制定提供科学依据，从而有效地提升流域的水污染应急处置能力。

应用前景：该技术应用可为流域发生水污染突发事件处置赢得宝贵时间，减少直接经济损失；可为江河流域水污染控制、治理和水资源保护提供技术支撑；可为应急处置响应和决策提供支持，如应急水源的启用等，避免引起社会恐慌。推广应用前景广阔。

第三篇

技术验证与示范工程

24 技术验证与示范工程清单

本项目属于技术验证与示范类项目。按照水专项第一阶段控源减排阶段目标，按照问题导向、目标导向，结合流域地方治理需求，依托地方水环境治理工程，开展了关键技术的验证和应用示范，技术支持示范工程 31 项，见表 24-1。

表 24-1　项目的技术验证与示范工程清单

编号	工程名称	工程承担单位	工程原理及技术	工程地点	工程规模、运行效果
1	钢铁行业清洁生产示范工程	鞍山钢铁集团，东北大学	采用程序优化循环用水及节水代水综合技术	辽宁省鞍山市铁西区千山西路 1 号	规模：22 万 t/d。示范企业吨钢污（废）水排放量降低 25%；外排污（废）水中 COD、氨氮等减少 20%；水重复利用率达到 95%以上
2	造纸废水深度处理及回用示范工程	辽宁振兴生态造纸有限公司，大连理工大学	利用黑液改性制备黏合剂和清洁制浆工艺从根本上减少了黑液产生，苇田深度处理及回用工艺，实现了造纸废水循环利用	辽宁省盘锦市盘山县东郭造纸工业园区	规模：3.5 万 t/d。黑液提取率达到 85%，生产用水节水达 70%，吨纸耗新水从 130 t 下降至 40 t
3	石化行业节水减排清洁生产示范工程	中石油抚顺石化分公司乙烯化工厂，辽宁省环境科学研究院	采用曝气生物滤池—超滤/反渗透耦合工艺技术处理石化企业高浓度有机废水，装置出水满足企业循环冷却水补水水质要求	辽宁省抚顺市东洲区城乡路 2 号	规模：7 200 t/d 通过该工程示范，年减排污水 200 万 t，废水回用率达 80%，改造后工艺比原工艺主要污染物去除效率提高 80%
4	本溪中日龙山泉啤酒有限公司废水处理改建工程	本溪中日龙山泉啤酒有限公司，沈阳建筑大学	通过示范企业改造和采用深度处理工艺，实现企业污染减排，降低新鲜水用量	辽宁省本溪市明山区牛心台镇滨河路 10 号	规模：4 000 t/d，处理后企业排水水质达到《辽宁省污水综合排放标准》（DB 21/1627—2008）中一级 A 的要求

编号	工程名称	工程承担单位	工程原理及技术	工程地点	工程规模、运行效果
5	制药行业VC发酵醪液渣高效回收古龙酸钠示范工程	东北制药集团股份有限公司，中国环境科学研究院	利用无机陶瓷膜高效分离VC发酵醪液渣中古龙酸钠，实现生产过程节水减排和废物资源化	沈阳市铁西区重工北街37号	规模：120 t/d，分离工艺稳定性好，古龙酸收率比原工艺提高了20.64%，创经济效益126.2万元/a，COD排放量降低了38.91%
6	印染行业冷凝水回收与废水预处理示范工程	海城海丰集团，大连理工大学	通过水封法消除闪蒸汽的冷凝水回收技术提高水利用率，减少废水排放量；利用电中和酸碱絮凝作用，削减COD排放量	辽宁省海城市感王经济开发区海城海丰集团	规模：4万t/d；年减排污水20%以上，削减COD排放量15%以上
7	抚顺石化大乙烯废水处理及资源化回用示范工程	抚顺石化乙烯化工厂，大连理工大学，中国环境科学研究院	臭氧高级氧化技术和“絮凝沉淀—多介质过滤—双膜法”工艺组合应用于乙烯废水处理示范工程	抚顺石化80万t乙烯厂内	规模：1.5万t/d，其中：生产生活废水650 t/h、清洁下水380 t/h、反渗透浓缩水180 t/h，可实现回用水量1 030 t/h，年减排COD 912.5 t
8	东北制药集团张士综合污水处理示范工程	东北制药集团股份有限公司，中国环境科学研究院	生物共代谢技术和“水解酸化—接触氧化”的组合工艺应用于低浓度磷霉素钠废水处理示范工程	东北制药集团股份有限公司	规模：2 000 t/d。示范工程进水COD：4 000 mg/L，BOD_5：1 000～1 500 mg/L，废水排放浓度能够达到《污水综合排放标准》（GB 8978—2002）三级标准。年减排COD 420 t
9	仙女河污水处理厂达标排放升级改造示范	沈阳振兴环保产业集团，北京工业大学	工业综合废水BAF处理滤床厚度与粒径级配优化调控技术被应用于20万t污水处理示范工程	仙女河污水处理厂	规模：20万t/d。出水COD达到《污水综合排放标准》（GB 8978—2002）一级A排放标准，每年可减少COD排放量约1 460 t
10	抚顺城市河道和城市综合废水治理示范工程	抚顺市环保局，中国环境科学研究院	将PACl絮凝沉淀—废弃垃圾场的填埋及生态恢复—表流式人工湿地—污水处理厂污泥回收利用技术进行集成和示范	榆林垃圾场	规模：6 t/d一级污水处理装置和4.6万m^2人工湿地，COD由149 mg/L降至20 mg/L，年削减COD 876 t，出水回用至热电厂
11	细河水质改善与水环境建设示范工程	沈阳市环保局，中国环境科学研究院	将研发的重污染支流底泥安全处理处置及资源化集成技术和生态水面扩增技术进行集成和示范	细河源头仙女湖及细河中游段15 km河段	规模：13 km河流。清淤底泥150 000 m^3，改造40 000 m^2的景观湖，构建1 000 m^2的水体景观，实现3 km河流水质的明显改善
12	鞍钢焦化废水处理示范工程	鞍山钢铁公司，中国科学院过程工程研究所	基于陶瓷膜除油预处理—强化短程硝化反硝化—臭氧非均相催化氧化技术的钢铁焦化废水处理关键技术示范	鞍山钢铁公司	规模：4 800 t/d。出水水质达到辽宁省《污水综合排放标准》（DB21/1627—2008），年削减COD为300 t

编号	工程名称	工程承担单位	工程原理及技术	工程地点	工程规模、运行效果
13	北台钢铁综合废水处理与资源化示范工程	北台钢铁集团股份有限公司，大连理工大学	基于混凝调控—沉淀—过滤—水质稳定—回用钢铁综合废水处理与回用关键技术示范	北台钢铁集团股份有限公司	规模：13 万 t/d，示范出水与原有工艺相比，COD、硬度、碱度等指标都大幅度降低。每年获得回用水 3 600 万 t
14	辽阳石化化纤废水处理示范工程	中石油辽阳石化分公司，大连理工大学	基于 A/O—絮凝—接触过滤的化纤废水处理关键技术示范	中石油辽阳石化分公司	规模：24 000 t/d，出水水质达到辽宁省《污水综合排放标准》(DB 21/1627—2008)；减排 COD 175.2 t/a
15	海城印染工业园区污水处理示范工程	海城汇通污水处理公司，大连理工大学	基于强化厌氧—氧化曝气除硫—好氧—高效絮凝—排放的印染废水处理关键技术示范	海城汇通污水处理公司	规模：2 万 t/d。出水水质达标；每年削减 COD 超过 2 190 t
16	畜禽养殖粪污资源化关键技术示范	天祥鹅业有限公司，辽宁北方环境保护有限公司	技术核心为厌氧发酵制沼气以及好氧发酵制有机肥，其主要应用领域为农村地区畜禽养殖粪污的治理	铁岭市调兵山	规模：20 万 t/a，年削减 COD 95 t、削减 NH_3-N 120 t。该技术在辽宁省内十余项大型畜禽粪便治理项目中得到应用推广
17	北方地区昌图县城区 20 000 m^3/d 城市污水处理工程	昌图县污水处理厂，辽宁北方环境保护有限公司	基于城镇污水人工湿地冬季低温运行与高效预处理关键技术的示范	铁岭市昌图县	规模：20 000 t/d。通过昌图人工湿地污水处理厂的建设，可以年减排 COD 693.5 t，显著改善了辽河支流马仲河水质
18	昌图县招苏台河及条子河水体生态修复工程	辽宁北方环境保护有限公司	本工程主要是通过河道综合整治工程建设，改善条子河污染情况，增加条子河环境容量	铁岭市昌图县	规模：10 万 t/d。示范工程建成后，主要污染负荷削减 20%，年 COD 削减量 1 095 t，从根本上解决了辽河上游 16 个乡镇（场）、66 个村、203 个自然屯、24 340 户、89 659 人及 38 814 头大型牲畜的饮用水安全问题
19	糠醛厂废水循环利用零排放示范工程	昌图县糠醛厂，大连理工大学	采用“废水闭循环工艺”，共投入列管式蒸发气两台，总换热面积 500 m^2	铁岭市昌图县	规模：3 000 t/a。通过该成果的示范推广，可使辽河流域 26 家糠醛厂每年减排废水 3 000 t 以上，减少 COD 排放 300 t 以上
20	中粮生化能源（公主岭）有限公司污染控制和中水回用	中粮生化能源有限公司，中国环境科学研究院	新建污水处理设施，采用 IC/A/O/MBR/RO 组合工艺	公岭市	规模：1 600 t/d。进水 COD：3 000～10 000 mg/L，NH_3-N：300～10 mg/L，出水水质较为稳定，可以满足企业循环冷却系统补水要求。实现减少企业废水排放量 43.8 万 t/a，COD 减排 91 t/a、氨氮减排 0.365 t/a

编号	工程名称	工程承担单位	工程原理及技术	工程地点	工程规模、运行效果
21	小流域面源污染控制与重要支流生态修复示范	吉林省环境科学研究院	以小流域为单元，通过“田间—岸边”野外研究成果集成的农业面源污染控制及河流生态修复关键技术，对小流域出口上游约 5km 河段采用植被过滤带形式进一步吸收、阻隔径流带来的面源污染物	东辽县辽河源镇	规模：控制面积 26.2 km^2，河流长度 5.0 km。结合“国家农业综合开发东北黑土区水土流失重点治理工程项目东辽河流域辽河源项目区”黑土流失治理项目，在辽河源镇小流域进行示范应用，出示范区断面 COD 削减 33%、NH_3-N 削减 32%、TP 削减 34%
22	典型支流污染防治与生态水系维持综合示范工程	中国科学院沈阳应用生态研究所	充分发挥森林植被水源涵养功能，集成水源涵养林结构优化、调控与河岸植被缓冲带构建/恢复两项关键技术	辽宁省抚顺市清原县大苏河乡	规模：流域面积 5 km^2。河道长度 6 km。示范区域出水断面各项水质理化指标均达到国家地表水Ⅱ类水标准，示范工程建设完成后，对比开展示范工程建设之前源头区水环境有较大改善，N、P 污染降低 20%以上
23	农村固体废物与农业面源污染控制技术综合示范工程	清原满族自治县农村发展局	利用多级透水坝减缓流速减少侵蚀；通过沼气池对固体废物能源化利用，减少废水排放	辽宁省抚顺市清原县大苏河乡	规模：面积 15km^2。透水坝拦截漂浮污染物，使流经河流水体 TN 削减 30%以上，TP 削减 70%以上。通过沼气池等措施，使示范区农村固体废物等 75%以上得到循环利用
24	红透山污水生态处理工程示范	清原县环保局	采用矿区生活污水接触氧化—碳吸附处理，选矿污水塘处理—沉淀分离—氧化联合处理回用技术，削减矿区生产及生活污水的负荷	辽宁省抚顺市清原县红透山矿区	规模：3 000 t/d。该污水厂稳定运行，外排水指标达到辽宁省《污水综合排放标准》（DB 21/1627—2008）；工业选矿水实现全部回用
25	寒冷地区入库河道与生物治理综合示范工程	清原满族自治县水务局	采用多自然型入库河道植被模式构建技术，提高入库河道整体防洪能力的基础上，有效削减入库河道的污染负荷	辽宁省抚顺市清原县	规模：流域长度 10.5 km，流域面积 7.15 km^2。入库河道示范区 TN、TP 污染负荷削减分别为 33.2%和 32.5%；对 N、P 总去除量达 0.6 t/a
26	大型联合化工企业综合废水处理与回用示范工程	辽宁华锦化工集团，辽宁省环境科学研究院	采用 A/O—BAF—UF/RO 组合处理工艺，实现了物化技术、生化技术的集成与协同	盘锦市红旗大街	规模：5 万 t/d。排水满足辽宁省《污水综合排放标准》（DB 21/1627—2008）标准，可年减排 COD 1825 t

编号	工程名称	工程承担单位	工程原理及技术	工程地点	工程规模、运行效果
27	石油污染控制与资源化技术示范工程	辽河油田华油实业公司，中国科学院沈阳应用生态所，	油泥处理采用清洗—焚烧工艺；采油污水采用厌氧—絮凝—厌氧—絮凝—氧化处理工艺	盘锦市曙光工业园区	规模：5 000 t/a。实现了所在绕阳河地区的含油污泥全部收集和资源化处理
28	辽河口稻田面源污染生态阻控与削减技术示范	鼎翔米业有限公司，沈阳大学	通过河流水体脱氮生态基—复合植物床—FBBR 联合修复技术、稻田面源污染水肥调控—排水阻控技术，对水体进行修复	盘锦市新生镇	规模：控制面积 5.45 km^2。削减示范控制区 COD32%、氮磷 23%，示范区内辽河一级支流太平河入辽河断面水质得到显著改善
29	河口区芦苇湿地生态恢复关键技术示范工程	辽宁省盘锦市湿地科学研究所，中国海洋大学	通用水力调配技术、保水技术、生物脱盐技术及耐盐型芦苇种源及营养体选育等技术，实现退化芦苇湿地生态恢复	辽宁省盘锦市东郭苇场	规模：示范面积 3.1km^2，湿地生态恢复示范区生物量增长 10%以上。削减示范控制区 COD 32%、削减氮磷 23%，示范区内辽河一级支流太平河入辽河断面水质得到显著改善
30	辽河口芦苇湿地水质净化功能研究示范工程	辽宁省盘锦市湿地科学研究所，中国海洋大学	围绕辽河口湿地的净化功能，结合污染负荷调控、水流漫渗和水质水量合理调配等工程技术措施，建立净化功能研究工程示范区，以削减进入地表水体的污染物质的量	辽宁省盘锦市羊圈苇场	规模：工程面积 2.9 km^2。湿地污水净化示范。实现污染净化示范区污染物浓度（COD）削减 15%～20%、生态功能提高了 19.2%
31	太子河水量调度管理技术示范	辽宁省供水局，本溪市河道处，辽宁省水利水电科学研究院	通过对水库群与闸坝联合调度，提高示范河段流量，降低污染物浓度，为示范河段水质改善提供水量保障条件	辽宁省本溪市	规模：示范河段 78 km，含大型、中型水库各 2 座，闸坝 12 座。通过运行，流量提高 29%以上，COD 和氨氮浓度降低 22%以上

25　技术验证与示范工程简介

25.1　钢铁行业清洁生产示范工程

所属课题：辽河流域重化工业节水减排清洁生产技术集成与示范研究（2009ZX07208-002）

示范工程简介

根据“分段处理，按质用水，梯级利用”的原则，结合鞍钢内部生产工艺对水质、水量的不同需求，在原有废水处理系统基础上增加深度处理系统和除盐系统，用深度处理后的水来代替部分工业新水，产生的除盐水用于冷轧工序。实现整个冶金企业生产全流程循环用水合理匹配、生产工序与污水处理中心的“大循环”。2010 年示范工程开始建设施工，投入运行后示范工程包括深度处理及除盐两个系统。由鞍钢股份能源动力总厂负责管理运行，运行情况良好。西大沟污水深度处理项目每年节约新水消耗 1 700 万 t，可节约 8 500 万元/a；COD 减排 803 t/a，氨氮减排 25 t/a；满足鞍钢冷轧工序的除盐水需求 1 150 万 t。该示范工程采用以企业为主导，科研单位提供技术支持的管理方式。利用工业用水的大、中、小循环理论，对全厂工业用水进行全盘优化分配，做到物有所用，减少中间环节浪费，可以在其他类似大型钢铁企业推广应用。示范工程如图 25-1～图 25-4 所示。

图 25-1　西大沟污水深度处理项目鸟瞰

图 25-2　西大沟污水深度处理项目现场

图 25-3　处理前水质

图 25-4　处理后水质

25.2　造纸废水深度处理及回用示范工程

所属课题：辽河流域重化工业节水减排清洁生产技术集成与示范研究（2009ZX07208-002）

示范工程简介

选取典型草浆造纸企业为研究对象，形成适合于草浆造纸废水循环回用的清洁生产工艺技术模式，形成废水闭路循环及苇纸生产一体化，其具体技术包括：①黑液资源化：通过三段挤压两段置换的黑液提取技术，实现黑液提取率达到85%以上，黑液合成木质素磺酸钙黏合剂技术，实现废物资源化，黑液制备脱硝催化剂技术，脱硝效率达到90%以上，实现造纸厂以废治废。②造纸中段废水苇田湿地深度处理及回用技术：因地制宜，通过氧化塘和苇田湿地对造纸废水进行深度处理，达到回用要求，并为苇田湿地提供灌溉用水，实现芦苇—造纸—芦苇的生态循环。③生物絮凝剂强化脱色技术：以造纸厂生化处理单元产生的剩余污泥为原料制备生物絮凝剂，工艺流程简单、基建费用低、脱色效果好，实现污水深度处理和剩余污泥资源化利用。示范工程处理规模为3.5万 m^3/d，示范技术为"混凝+水解+氧化沟+气浮+氧化塘+苇田湿地"等处理工艺。造纸中段水经生化和气浮工艺处理后，进入苇田湿地进行深度处理。目前示范工程运行稳定，处理效果良好。出水COD低于50 mg/L，回用到造纸工艺中，实现年削减COD 1 277.5 t，年减排污水990万～1 190万 t。吨纸耗新水从130 t下降至40 t以下。应用生物絮凝剂强化脱色关键技术于示范工程：利用二沉池的剩余污泥制备生物絮凝剂；生产出的絮凝剂用于现有的污水处理工艺，用生物絮凝剂对二沉池出水进行深度处理，有良好的处理效果。生物絮凝剂混凝处理前后效果对比见图25-5。

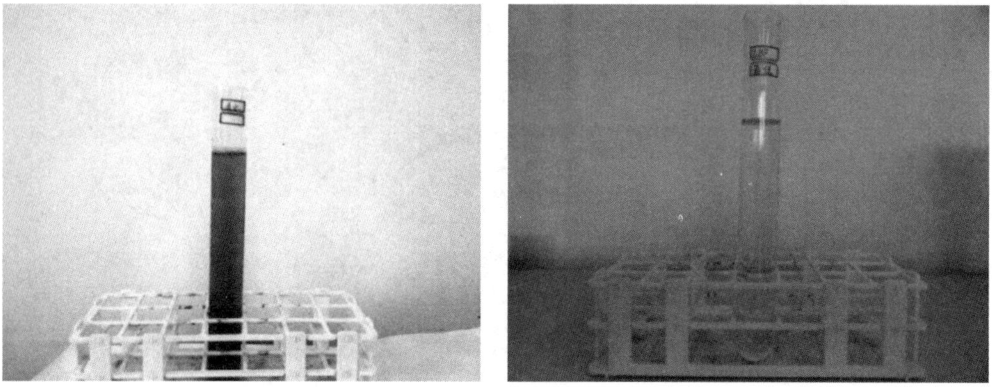

图 25-5　生物絮凝剂混凝处理前后效果对比

以厂内剩余污泥为原料制备生物絮凝剂，混凝处理二沉池出水，取得较好的处理效果，结果见图 25-6。COD 平均去除率为 45%～80%，色度平均去除率大于 80%；优于 PAC 33%的 COD 去除率和 27%的脱色率。示范工程中所使用的生物絮凝剂由厂内二沉池剩余污泥制备，属于以废治废，有效提高了剩余污泥资源化利用附加值，且仪器设备、制备过程简单，具有更替厂内原有工艺，实现工业扩大化的可行性。

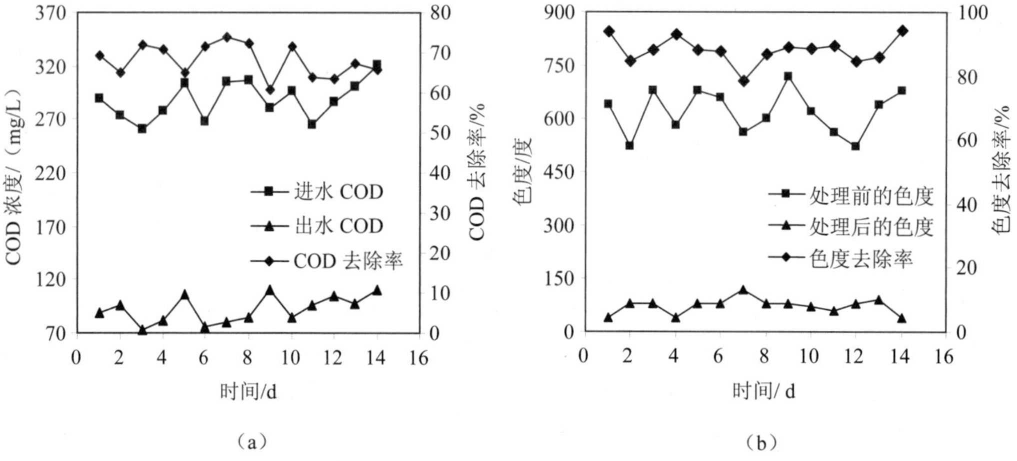

图 25-6　COD 去除效果与色度去除效果

25.3　石化行业节水减排清洁生产示范工程建设与运行

所属课题： 辽河流域重化工业节水减排清洁生产技术集成与示范研究（2009ZX07208-002）

示范工程简介

针对抚顺乙烯化工废水达标排放率低、资源化回用程度低的问题，采用了 BAF-UF/RO 耦合工艺集成技术，主要研究开发了 BAF 新型生物陶粒填料、超滤反渗透膜材质选择、清洗药剂及其方法和周期、各处理单元耦合集成等，解决了膜污染及其使用寿命的问题，提高了处理系统的效率，降低了处理成本。设计规模为 7 200 t/d，目前该示范工程正式投入运行（图 25-7）。示范工程进水是该厂原污水处理场排水、循环冷却水排水及滤池反洗水的混合废水（厂区总排口外排废水），处理后的出水满足抚顺乙烯石化厂对循环冷却水补水要求，反渗透系统外排废水满足当地环保要求，即地表水Ⅳ类水体水质标准。根据抚顺乙烯化工厂的要求和实际问题，当进水 COD 在 30～90 mg/L、NH_4^+-N 在 0.79～3 mg/L、浊度在 18～36 NTU、电导率在 1 112～1 741 μS/cm 范围内波动的情况下，组合工艺运行稳定，COD、NH_4^+-N、盐度平均去除率分别达 93%、73.92%、97%以上，出水 COD 浓度 1～8 mg/L、NH_4^+-N 浓度＜1 mg/L、浊度＜0.2 NTU、电导率＜40 μS/cm，出水水质可稳定满足抚顺乙烯化工厂对循环冷却水补水水质的要求。每年可生产工业循环水 208 万 t，即节约新鲜水 208 万 t，减少 COD_{Cr} 排放 52 t，环境效益显著，有力支撑了辽河下游水质改善目标的实现。

图 25-7　示范工程现场

25.4　本溪中日龙山泉啤酒有限公司废水处理改建工程示范工程

所属课题：辽河流域重化工业节水减排清洁生产技术集成与示范研究（2009ZX07208-002）

示范工程简介

示范工程位于本溪牛心台镇本溪中日龙山泉啤酒有限公司厂区内，规模为 4 000 t/d，采用流域清洁生产潜力分析模型（SDM-BCPP 模型）对啤酒生产过程中的污染、耗水关键生产节点进行测算和分析，利用相关数据和测算模型从啤酒生产源头来设法减少生产过程中污染物排放和提高水资源化效率。在以上清洁生产模型的指导下，经过滤回收利用减少啤酒生产中碱液的消耗和排放量，降低其对企业周边环境的污染和对末端污水处理设施的冲击；针对灭菌废水进行再生与循环利用，提高啤酒生产过程中灭菌工艺的水循环利用率，减少啤酒生产过程中高温热水的消耗量，实现热能和水资源的回收；提出序批式反应器处理高有机氮含量啤酒综合废水的最佳滗水比，提高了对啤酒综合废水中有机物、有机氮的去除效率，提高企业末端处理设施的处理效率。示范企业经清洁生产改造后，在产量增加的情况下，企业年耗新水量由 90 万 t 降至 73.5 万 t，千升啤酒耗水量由原来的 11.6 m^3 降至 7.69 m^3，其中新生产线单位产品耗水量降至 3.6 m^3，年节水 50 余万 m^3，减排 COD 700 t，年节约生产成本近 186 万元（图 25-8）。

图 25-8 啤酒生产车间设施改造前后对比图

25.5 制药行业 VC 发酵醪液渣高效回收古龙酸钠示范工程

所属课题： 辽河流域重化工业节水减排清洁生产技术集成与示范研究（2009ZX07208-002）

示范工程简介

研发无机陶瓷膜高效分离 VC 发酵醪液中古龙酸钠技术，代替原有的絮凝—沉淀技术，分离 VC 发酵醪液渣中的古龙酸钠，建立制药行业 VC 发酵醪液渣高效回收古龙酸钠示范工程。示范工程位于辽宁省沈阳市东北制药集团股份有限公司，已经投产运行，处理规模 120 t/d。无机陶瓷膜高效分离 VC 发酵醪液渣中古龙酸钠新工艺与原絮凝—沉淀回收工艺效果比较。①收率指标大幅提升，古龙酸的收率比原工艺平均提高了 20.64%，年创经济效益 126.2 万元；②工艺稳定性好，不受料液发酵程度的影响，处理效果稳定，能处理原絮凝工艺无法处理的物料；③减少污染排放，陶瓷膜处理过程中无须添加助剂，浓缩物质（菌丝体等）可回收利用，每年减少有机污染物产生与排放（折 COD）142 t；滤液中杂质含量明显降低，减轻了后续离子交换工艺的负担，减少了清洗水和污染排放量，COD 排放量降低了 38.91%（图 25-9、图 25-10）。

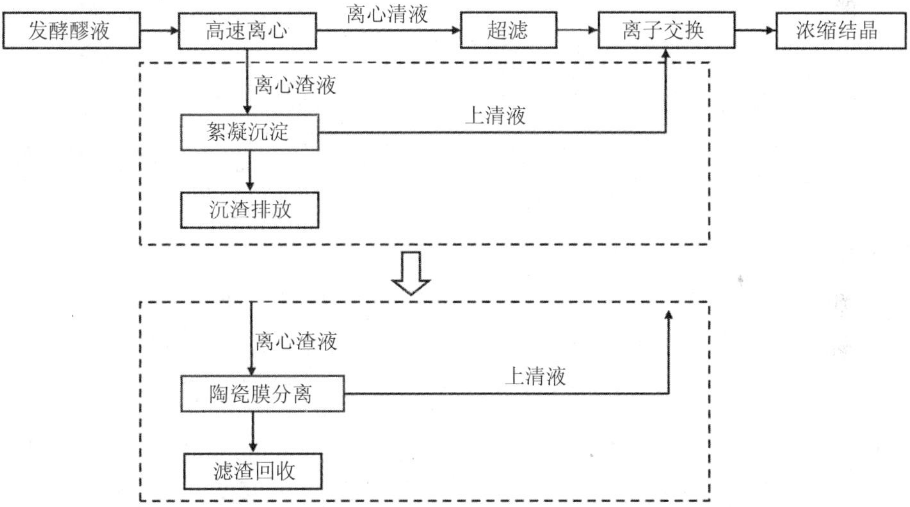

图 25-9　古龙酸钠回收新、老工艺流程

图 25-10　VC 醪液陶瓷膜分离示范工程

25.6 印染行业冷凝水回收与废水预处理示范工程

所属课题：辽河流域重化工业节水减排清洁生产技术集成与示范研究（2009ZX07208-002）

示范工程简介

“印染工业示范工程”包括“冷凝水回收”和“印染废水预处理”工程，在海城海丰集团的轧染车间和污水处理厂进行工程示范。

示范工程 1：印染企业在其生产过程中的退煮、氧漂和染色等工序需要蒸汽间接加热，因此各机台烘干机烘筒和烘燥箱的热交换器烘干湿布时会产生大量的冷凝水。印染企业蒸汽冷凝水产生于下列几种设备：①由各机台烘干机烘筒烘干湿布时在烘筒内产生；②由烘燥箱的热交换器在烘干湿布时产生。在正常情况下，印染生产的退煮、氧漂和染色工序均需在一定高温下完成，将这些工序烘燥机所产生的冷凝水就近回收利用，可完全满足氧漂机、退煮机、染浴水洗的要求，节约了部分自来水的使用，同时也节约了大量用于自来水升温的蒸汽量，具有非常好的回收余热和节水的效果。“冷凝水回收”工程示范采用水封法消除闪蒸汽的冷凝水回收技术，该技术将蒸汽经间接用气设备并由疏水器或疏水设备排放出的凝结水，基于水封技术未经闪蒸（或最小限度的闪蒸）和散热降温，回用到水洗工序。海城海丰集团轧染车间已完成冷凝水回收清洁生产技术改造工程，将前处理、染色和后整理的各工序所产生的冷凝水就近回收利用。该项目的实施节约了大量的新鲜水，同时也减少了废水的排放量，减轻末端治理的负担。目前，海城海丰集团的轧染车间冷凝水回收系统正常运行。示范工程实施后年减排污水达到 20%以上。轧染车间的冷凝水水质完全可以回用于退煮、染色、漂洗等工序。设计时将各烘筒及热交换器疏水器的出口管将冷凝水就近回用于前端水洗工序（图 25-11、图 25-12）。

图 25-11 烘燥机回收冷凝水

图 25-12 漂洗槽回用冷凝水

示范工程 2：海城印染工业园区内数十家印染企业的生产废水采用集中处理方式，进入园区污水处理厂的各种污水水质差异大，造成处理难度不一、末端治理难度大。印染废水一般具有较强的碱性，大部分 pH 在 11 以上。同时，废水中的各种染料和助剂，除部分溶解在水中外，大部分在水中呈胶体状态，并带有一定的电荷。不同的生产工序或不同的印染企业排放的印染废水所含的染料不同，所带电荷也各有差别。当各类印染废水混合时，各类染料（或助剂）的电中和作用可能使染料分子发生絮凝作用，从而获得一定的沉淀效果，实现部分有机物杂质的处理。“印染废水预处理”示范工程所采用的技术是自絮凝预处理技术。利用各类污染物，如染料、助剂等之间的电中和与酸碱絮凝作用，有效降低进水负荷，依托海城汇通污水处理厂工程进行示范。海城海丰集团已完成印染废水预处理示范工程，印染废水预处理工程设计处理规模为 4 万 m^3/d。该工程将园区中各印染企业排放的印染废水进行预处理，通过各类染料（或助剂）的电中和作用使染料分子发生絮凝作用，获得一定的沉淀效果，实现部分有机物的处理。目前该种方式已经在海城汇通污水处理厂成功运行。通过印染废水预处理削减 COD 排放量大于 15%。示范工程运行结果表明，各印染厂在废水处理方面，无须设置专门的预处理单元，可以直接将污水排放至园区集中污水处理厂。在污水处理厂内各类印染污水经过调酸、混合，利用各种染料之间的电中和和自絮凝作用，可以有效降低废水的有机负荷，运行费用低廉。这种预处理方法不仅节约各企业的开支，减轻后续处理负荷，使园区污水处理厂运行保持稳定，而且为污水处理厂的进水管理提供了便捷的管理方式：可以按照污水量进行计量收费，避免了以浓度为标准造成的计量和收费难题（在线 COD 监测造价高、准确性差、容易引起纠纷）（图 25-13）。

图 25-13 印染废水预处理工程现场

25.7 抚顺石化大乙烯废水处理及资源化回用示范工程

所属课题：浑河中游工业水污染控制与典型支流治理技术及示范研究（2008ZX07208-003）

示范工程简介

该示范工程按照“清污分流、分质处理”的原则，结合污水特性及回用要求，将污水分为生产生活废水、清洁下水及反渗透浓水3类分别用不同的工艺处理。示范工程总投资1.6亿元，处理规模为：生产生活废水处理650 t/h，清净下水处理380 t/h、反渗透浓缩水处理180 t/h，运行后生产生活废水、清洁下水达到《炼油化工企业污水回用管理导则》要求，反渗透浓缩废水达到辽宁省《污水综合排放标准》（DB 21/1627—2008），回用水量为1 030 t/h，可实现COD减排912.5 t/a、氨氮减排16.04 t/a。该示范工程于2011年12月顺利通过第三方评估。课题组所研发的臭氧高级氧化技术在抚顺乙烯废水处理示范工程中得到了示范应用。该工程批复的原初步设计中，反渗透浓水的排放可以按80万t乙烯化工厂的COD排放总量进行控制，根据选定的工艺流程，排放COD浓度指标定为 80 mg/L，然而辽宁省最新修改的排放标准将反渗透浓水的排放标准明确为 COD 50 mg/L，为此本课题向示范工程提供了臭氧高级氧化技术，并得到了应用。“十一五”期间，辽宁省提出了严格的污水排放地方标准DB 21/1627—2008。课题研究发现，原初步设计中：反渗透浓缩水处理工艺不能实现稳定达标，且生产生活废水处理工艺出水回用风险高，不能稳定达到回用标准，需要优化和调整初步设计工艺流程。因此于2010年向工程项目提供了调整方案和技术，具体如下：

1）生产生活污水处理单元工艺流程的调整方案。考虑到生产废水水量与水质的波动性和处理后回用水的稳定达标，提出建议：在设计方案流程中增加臭氧高级氧化单元，构筑物新设臭氧氧化池，增加相关仪表设备。修改前和修改后初步设计流程如图25-14、图25-15所示。

2）反渗透浓水处理单元工艺流程的调整方案。本单元系统处理对象为废碱液和清净下水处理及回用系统过程中产生的浓液，具有含盐量高、难降解物质比重大的特点，是整个污水处理装置污水唯一的外排口。随着辽宁省排放标准的提高，该单元的处理流程和工艺参数均发生了变化。因此，石化子课题组针对反渗透浓水高盐难降解的典型特征，提出调整后设计方案将在流程中增加臭氧高级氧化单元，构筑物新设臭氧氧化池，增加相关仪表和设备。修改前和修改后初步设计流程如图25-16、图25-17所示。

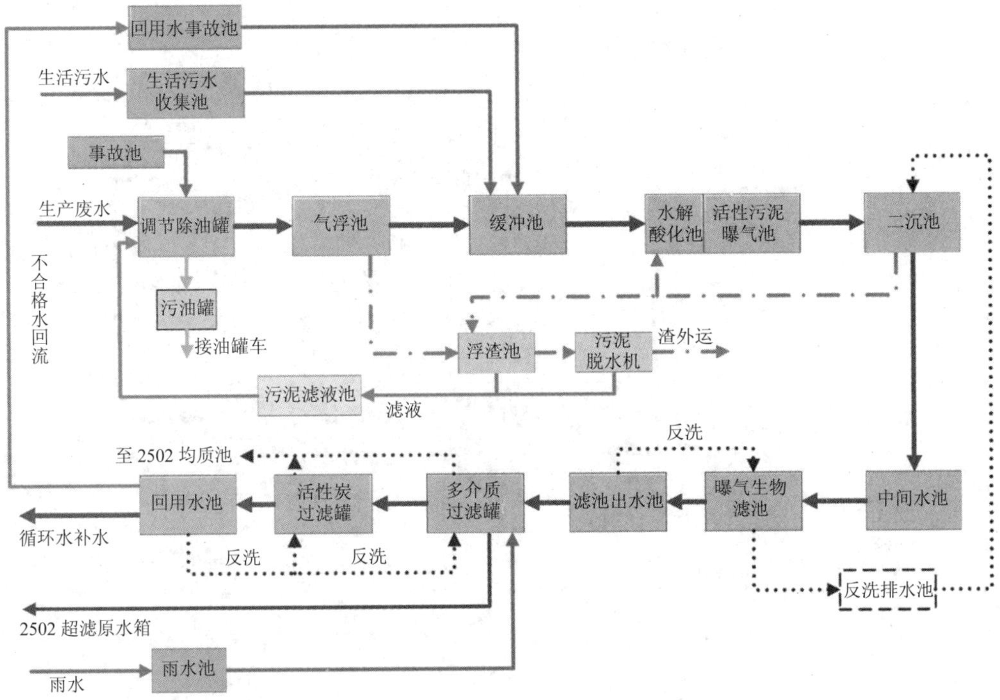

图 25-14 调整前初步设计生产生活废水单元工艺流程示意

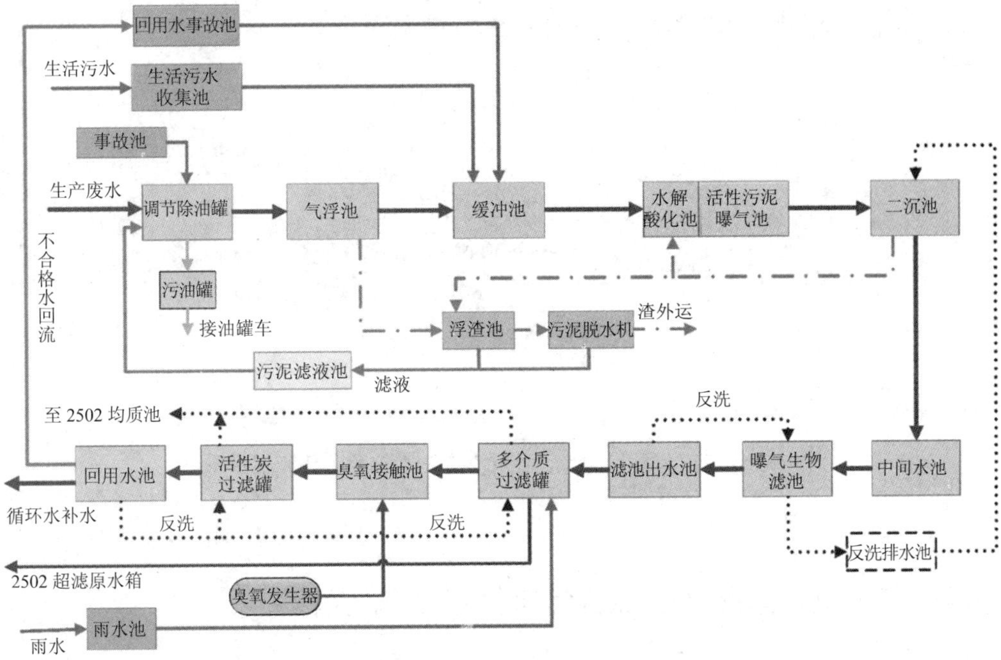

图 25-15 调整后生产生活废水单元工艺流程示意

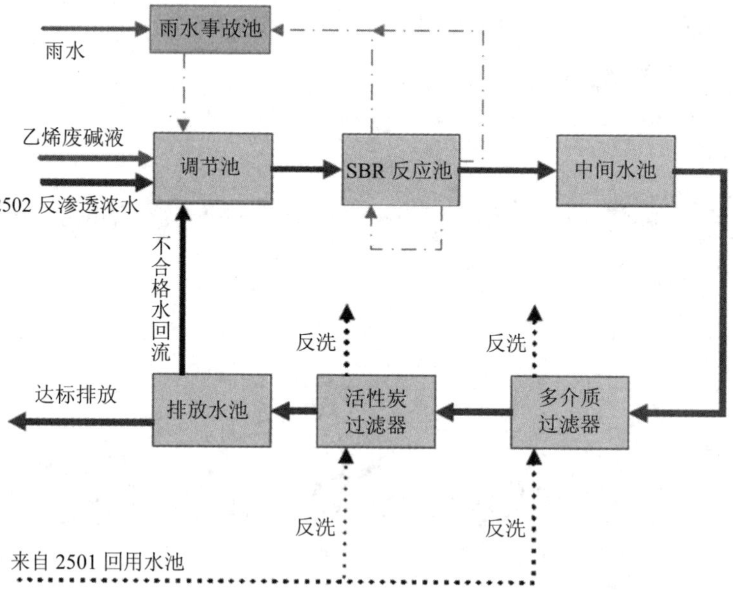

图 25-16　调整前初步设计反渗透浓水单元工艺流程示意

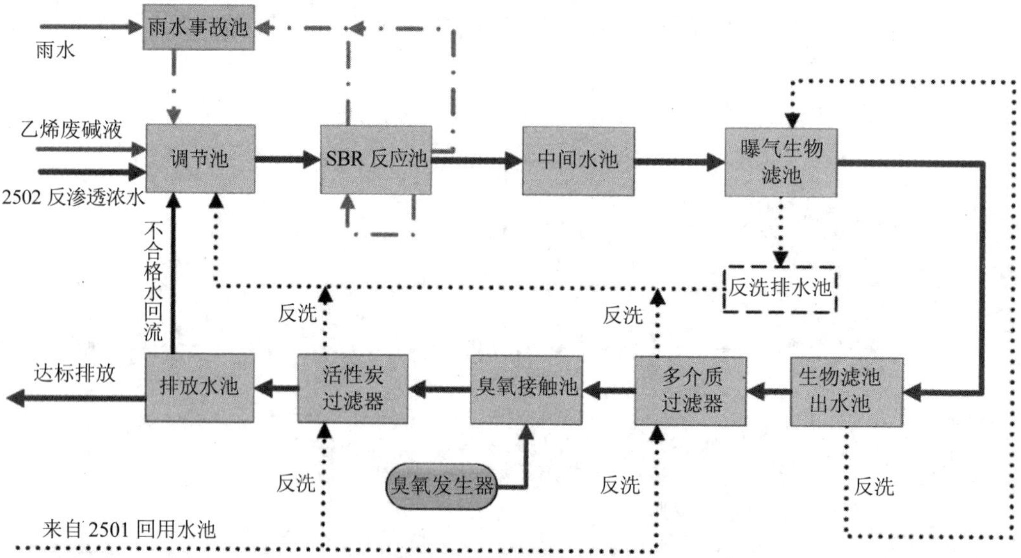

图 25-17　调整后初步设计反渗透浓水单元工艺流程示意

25.8　东北制药集团张士综合污水处理示范工程

所属课题： 浑河中游工业水污染控制与典型支流治理技术及示范研究

（2008ZX07208-003）

示范工程简介

东北制药总厂张士综合污水处理示范工程，建于东北制药集团股份有限公司张士制剂厂区，总计投资 1 600 万元。根据污水水量和水质特征、排放标准、回用要求，以及建设场地和经济指标等因素，选择水解酸化-接触氧化的工艺。同时也在装置中设置了加药系统，通过投加 NaOH 调节污水的酸碱性，以保证处理效果。具体工艺路线见图 25-18。

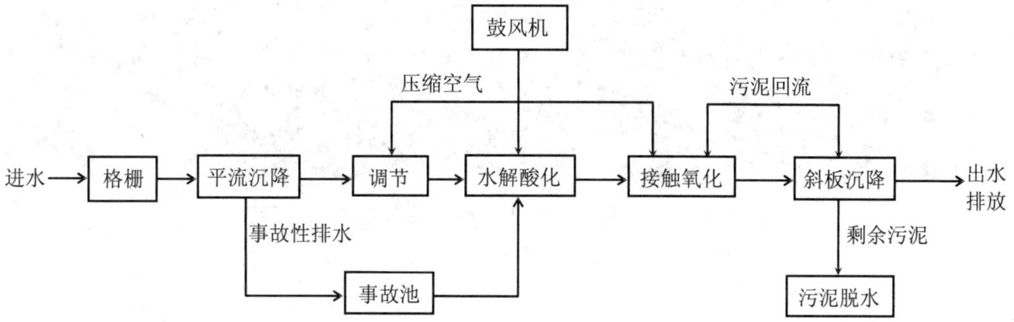

图 25-18　东北制药总厂张士综合污水处理示范工程的工艺流程

针对高浓度难降解制药废水，浑河课题组共计开发了制药废水的物化预处理和制药废水的厌氧酸化-好氧生化两类，共计 10 余项单项技术。物化预处理技术包括脉冲电絮凝、电化学氧化、臭氧/UV 催化氧化、湿式氧化、膜蒸馏，以及铁碳微电解等技术，厌氧酸化-好氧生化技术包括 UASB-MBR 生化耦合、ABR-好氧颗粒污泥生化耦合技术。

东北制药集团张士综合污水处理示范工程示范的关键技术为制药废水的厌氧酸化-好氧生化的耦合技术。考虑到东药的实际条件，在示范工程中采用水解酸化-接触氧化的工艺。通过水解酸化作用将难降解有机物进行酸化分解，提高污水的可生化性；接触氧化工艺适宜处理难生物降解物质多的污水，具有耐冲击性负荷，低温条件下效率较高且运行稳定的特点。利用填料上附着的大量微生物的代谢作用，去除污水中大部分有机物，使出水达标。

东北制药集团张士综合污水处理示范工程的工程施工已经结束，现进入试运行和运行调试阶段。示范工程建成后全厂日排水量为 1 448.88 t，污水处理能力为 2 000 t/d。示范工程进水 COD 4 000 mg/L，BOD_5 1 000～1 500 mg/L，pH 为 6～9；废水经过处理后其排放浓度能够达到《污水综合排放标准》（GB 8978—1996）三级标准。全部废水经下水管网系统收集后输送至污水处理装置进行处理后排入沈阳市西部污水处理厂，处理后排入细河，对周围水环境影响较小（图 25-19）。

图 25-19 东北制药总厂张士综合污水处理示范工程

25.9 仙女河污水处理厂达标排放升级改造示范

所属课题：浑河中游工业水污染控制与典型支流治理技术及示范研究（2008ZX07208-003）

示范工程简介

仙女河污水处理厂升级改造工程依托于沈阳市振兴环保产业集团有限公司。该污水处理厂主要处理来自铁西区的工业综合废水和生活污水，日处理水量 40 万 t，主要采用两级 BAF 工艺，设计出水为二级标准。根据课题组研究结果，BAF 运行过程中，曝气分布的均匀性对出水效果具有直接影响，在曝气量不足的区域生物膜生长缓慢，造成整体出水的水质超标。经过试验研究证明，单孔膜片式曝气较管式微孔、穿孔管和滤头曝气具有更好的曝气效果，曝气分布较为均匀，出水水质稳定，故在升级改造过程中用单孔膜片式曝气代替现有的滤头曝气方式，并用不锈钢曝气管取代 PVC 曝气管。另外，水厂目前使用的陶粒滤料堆积密度较大，反冲洗时不易膨胀松散，通过中试研究表明，当滤料堆积密度在 750～900 kg/m^3 时，反冲洗时能够取得较好的效果。因此，在升级改造过程中更换轻质的火山岩滤料，而且该滤料具有更大的比表面积，能够极大地提高微生物承载能力。根据 BAF 去除能力与滤层高度相关性的中试研究结果，在进水低负荷的条件下，好氧异养菌主要聚居于滤池底部，大部分有机物在较低滤层便予以去除，此时生物膜处于最小底物质量浓度之下的状态，过高的滤层高度与设计高度在去除率方面基本相同。而在水厂进水的高负荷条件下，异养菌遍布整个滤池，且有机物去除率与滤层高度成正比关系，为使滤池出水实现稳定达标排放，升级改造中增加 0.2 m 的滤层。目前，一期升级改造工程规模为 20 万 t/d，已投资 460 万元。

仙女河污水处理厂升级改造工程由沈阳净化控股集团有限公司建设施工，并由水厂进行运行和管理。工程规模为 20 万 t/d，采用西门子在线监测系统，保障出水稳定达标排放，成为细河的重要补充水源。

仙女河污水处理厂 40 万 t/d 工程，原出水为国家二级排放标准，升级改造 20 万 t/d 示范工程建设运行后，出水 COD 浓度约由 90 mg/L 降至 40 mg/L，达到一级 A 排放标准，每天可减少 COD 排放量 10 t，每年可减少 COD 排放量约 1 460 t。此外，氨氮浓度约从二级标准 18 mg/L 降至 13 mg/L，每天可减少氨氮排放量近 1 t，每年可减少氨氮排放量约 350 t。

仙女河污水处理厂示范工程建设是在原有一期 20 万 t/d 的基础上进行改造，对滤池的处理能力进行了深度挖掘，节省了高额的设备、人工等改造费用，对于二级污水厂的达标改造具有较好的经济性，水处理成本为 0.47 元/t。示范工程建设为辽宁省二级污水处理厂的升级改造以及一级污水处理厂的建设，提供了技术支持和示范借鉴。同时，二级污水处理厂升级改造全部完成后，随着污水和废气排放量的减少，为周边社区居住卫生条件的改善和百姓安居乐业做出积极贡献（图 25-20、图 25-21）。

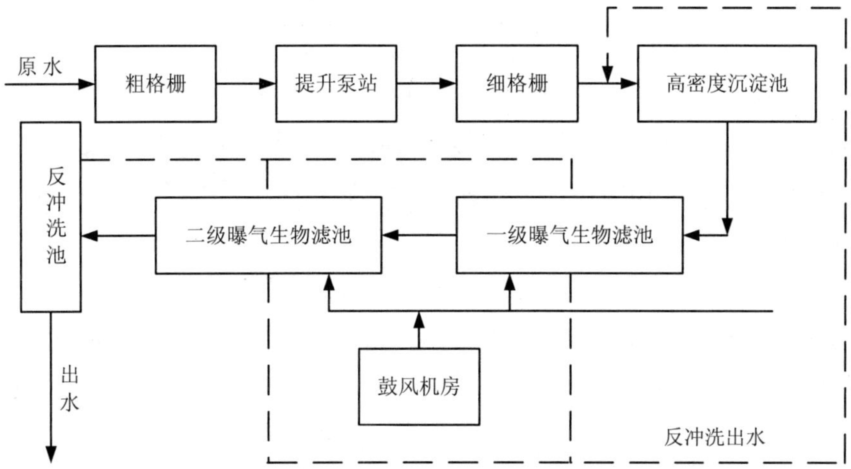

图 25-20　仙女河污水处理厂原有工艺流程

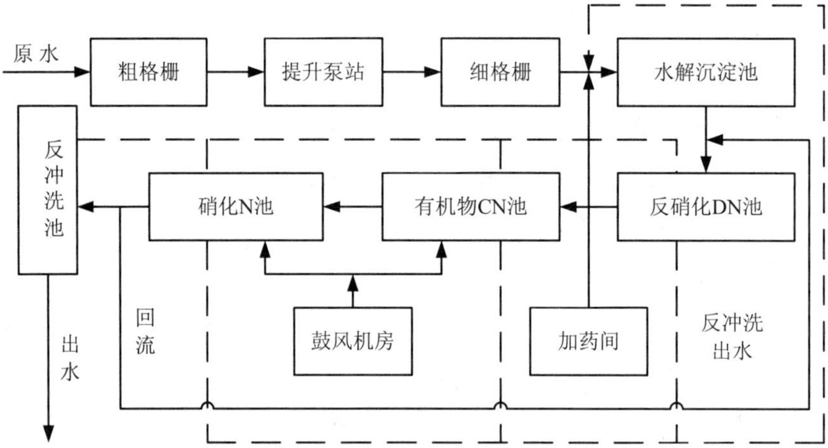

图 25-21　仙女河污水处理厂升级改造工程工艺流程

25.10　抚顺城市河道和城市综合废水治理示范工程

所属课题：浑河中游工业水污染控制与典型支流治理技术及示范研究（2008ZX07208-003）

示范工程简介

针对污染河水与废弃垃圾场相互影响、恶化城市的生态环境，课题组研发了 AS、PACl、PFS、PAM 的絮凝沉淀、人工湿地、污泥资源化利用等单元技术。该示范工程分为两个阶段：第一阶段，在海新河中下游城市段城市基础设施不完善的情况下，为解决北方地区典型城市河流河水浊度高、污染严重等问题，利用距入浑河河口 2 km、占地 12 万 m^2 的废弃榆林垃圾场场地，将 PACl 絮凝沉淀—废弃垃圾场的填埋及生态恢复—表流式人工湿地—污水处理厂污泥回收利用技术进行集成和示范，建立海新河污水处理厂和表面流人工湿地示范工程，对海新河河水进行净化，使其达到地表水功能区划标准，并将部分净化水进行回用，提高景观效果，以实现海新河和榆林垃圾场的污染综合治理；第二阶段，结合抚顺地区棚户区改造，开展城市段污染水截流工程，强化入河污染源控制，处理截流后的生产、生活污水，并对海新河污水处理设施进行提标改造，采用循环式活性污泥处理技术对海新河污水集中进行深度处理，并供给抚顺热电厂用于循环冷却补水，达到以水养水的目的，保证海新河河水全线达到地表水功能区划标准。该示范工程于 2011 年 12 月顺利通过第三方评估。

根据海新河的实际情况，在进行大量实验、保证海新河治理效果的前提下，综合考虑环境、社会、经济效益，决定采用一级处理再进入人工湿地的方法，示范工程工艺流程如图 25-22 所示。

示范工程第一阶段建设一座日处理能力 6 万 t 的一级污水处理装置和一块占地 4.6 万 m^2 的人工湿地，湿地栽植芦苇、蒲草、茭白等水生植物。海新河污水通过机械格栅、絮凝沉淀、人工湿地等工艺处理，COD 由 149 mg/L 降至 20 mg/L，年削减 COD 2 825 t。示范工程第二阶段新建海新河污水截流管道 9 380 m，对海新河沿线的污水进行截流并在污水厂内进行深度处理，出水回用至抚顺热电厂（图 25-23）。

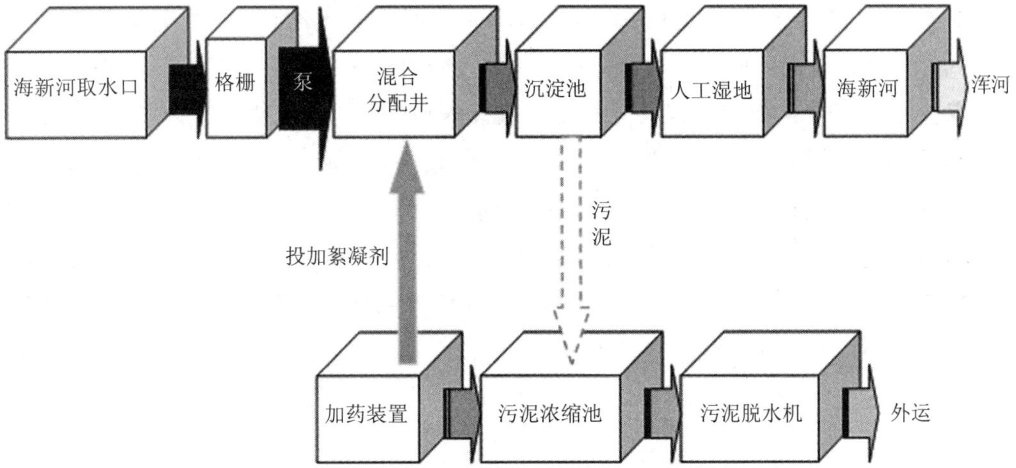

图 25-22　抚顺城市河流和城市综合废水治理示范工艺流程

图 25-23　示范工程第二阶段污水处理厂改造

25.11 细河水质改善与水环境建设示范工程

所属课题：浑河中游工业水污染控制与典型支流治理技术及示范研究（2008ZX07208-003）

示范工程简介

该示范工程针对沈阳细河补水水质差，河流自净能力低，水质/水量季节差异大，水体COD、氨氮超标严重，底泥以Cd、Cu、Zn、Pb、Cr^{6+}为代表的重金属污染严重等问题，按照“污染源控制→底泥环保清淤及安全处理处置→水环境强化改善→水体自净效能提升→水体景观化恢复→水生态系统重建”的河流综合整治思路，将课题组研发的重污染支流底泥安全处理处置及资源化集成技术和重污染支流组合生态净化技术进行集成和示范。示范工程建设实现了13 km河流的底泥环保清淤，清淤底泥150 000 m^3，改造了40 000 m^2的景观湖，构建了1 000 m^2的水体景观，年削减COD 2 046 t，实现了3 km河流水质的明显改善，为细河流域消除劣V类水体起到示范作用。该示范工程于2011年12月顺利通过第三方评估。该示范工程针对底泥和水质污染特征，按照“底泥环保清淤及安全处理处置→细河源头水体净化→细河中游水体持续净化”的工艺进行细河水质改善与水环境建设示范，具体的工艺流程如图25-24所示。

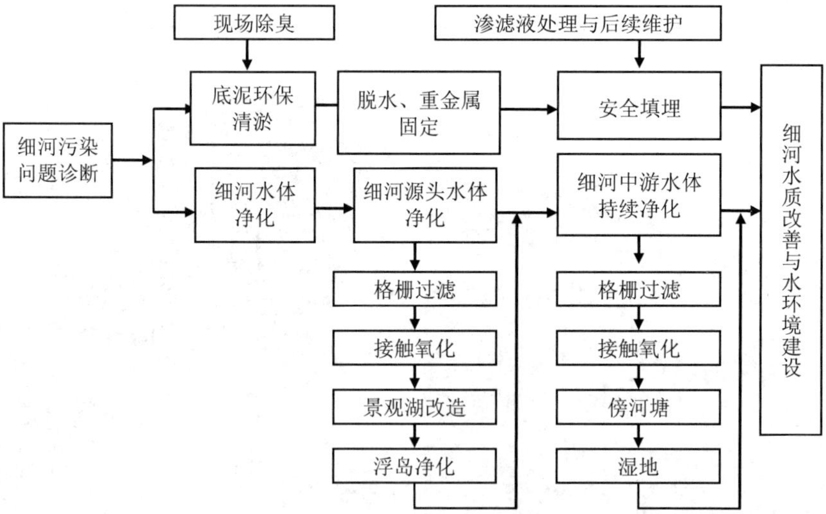

图 25-24 细河水质改善与水环境建设工艺流程

本示范工程分为两部分：

1）细河中上游底泥环保清淤示范。课题组在该部分示范工程中将药剂脱水—化学固定重金属—安全填埋技术进行集成和示范，通过对细河中游段 15 km 河段实施导流清淤工程，共清理污泥 150 000 m^3，清理污泥全部运至新建填埋场进行填埋处理，并对填埋场渗滤液进行了定期处理，处理量达 5 000 m^3。通过该示范工程的建设，清淤段水质基本达到Ⅴ类水质标准。

2）细河源头城市段组合生态净化及景观构建示范。仙女湖于 2004 年 10 月建成并对外开放，位于细河源头处，占地面积 86 000 m^2，其水面面积 40 000 m^2，补水为地下水。课题组在该部分示范工程中将生态水面扩增及景观构建技术进行集成和示范，将河水引入仙女湖，年净化河水 800 000 m^3（即节约地下水资源 800 000 m^3）之后再流回细河源头近 2 km 的生物浮岛净化区内，该净化区内有占水域面积为 1 000 m^2 的组合生物浮岛，种植水生植物 10 000 株，水面覆盖率 3.0%，以实现水面扩展和水体深度净化。通过该示范工程的运行（每年 5—11 月），细河源头水面扩增示范工程净化后水体 COD 由 39.5 mg/L 降到 25 mg/L，去除率为 36.7%；细河源头浮岛等示范工程净化后水体 COD 由 62.17 mg/L 降到 30.67 mg/L，去除率为 51.0%，可年削减 COD 252 t（图 25-25、图 25-26）。

图 25-25　细河底泥环保疏浚及安全处理处置示范

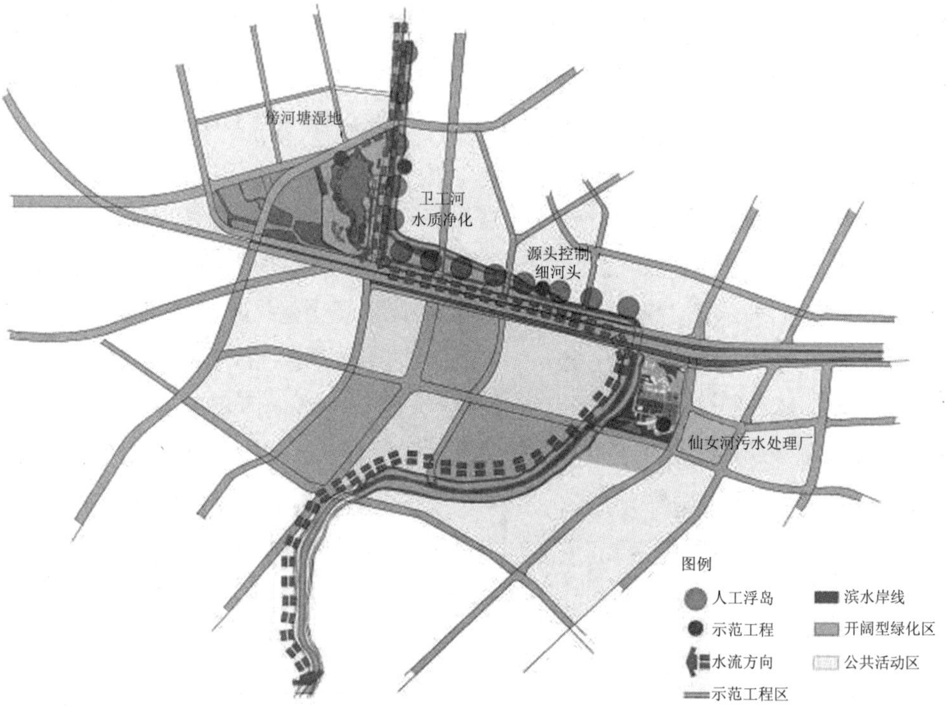

图 25-26 细河源头城市段组合生态净化及景观构建示范平面图

25.12 鞍钢焦化废水处理示范工程

所属课题：太子河流域典型工业水污染控制技术与示范研究（2008ZX07208-004）

示范工程简介

“钢铁冶金焦化废水污染控制与示范”示范工程是为鞍钢化工三期 220 万 t 焦炉配套焦化废水处理，日处理水量为 4 800 t。根据鞍钢焦化废水水质水量特点，形成焦化废水示范工程方案：首先苯分离水和焦油加工等废水进入剩余氨水的机械化澄清槽，充分利用剩余氨水的除油工艺，使废水中非溶解性有机物溶入焦油。剩余氨水、苯分离水和焦油加工等废水经过重力除油后，再经过陶瓷膜除油，进一步去除焦油，然后进行蒸氨，回收氨氮。进入调节池，和其余废水混合后进入生物系统。再分别经过混凝沉淀、复合介质过滤、臭氧催化氧化和 BAF 处理，进行回用和达标排入西大沟污水处理厂。该示范工程由中国科学院（以下简称中科院）过程工程研究所和鞍钢下属企业鞍钢矿山建设公司联合总承包，由鞍钢厂方负责运行管理，中科院过程工程研究所作为技术总负责，将所研发的抗污染陶瓷膜过滤技术、强化硝化反硝化生物处理技术、低成本臭氧多相催化氧化技术等关键技术应用于示范工程。示范工程于 2011 年建成，运行至今，处理系统与出水水质稳定，第三方检测报告表明水质全部达标。利用强化短程硝化反硝化技术对原有 A^2/O 工艺进行改造，改造后的示范工程比 A^2/O 工艺稀释水降低 50%。课题组制备的高效混凝剂 IPE-ZH 出水 COD 比传统 PFS+PAM 降低 20 mg/L，色度降低 50%，总氰去除率达到 90%以上，出水总氰低于 0.2 mg/L。臭氧催化氧化技术自 2011 年 1 月试运行，3 月底进行稳定运行。臭氧催化氧化出水 COD 去除率达到 50%，色度去除率在 90%以上，吨水成本低于 1.3 元，臭氧利用率大于 80%，显示良好技术经济性。该示范工程建设过程中，参与者们各司其职，明确责权关系，互相协作配合、共同努力，实现了焦化废水达标排放与部分回用。课题组所研发的关键技术将为钢铁冶金和焦化行业的废水污染减排提供有力的技术支撑。目前鞍钢已经立项，使用所研发的基于陶瓷膜/强化生化/温和湿式氧化技术的焦化废水处理集成技术进行剩余焦化废水处理工程的改造，攀钢、沈煤集团和内蒙古伊东集团正式采用本课题进行焦化废水改造；其他如宝钢、邯钢、威刚、宣钢等国有大型钢铁企业、众多焦化厂，以及鞍山焦耐院、化二院等工程公司对鞍钢示范工程的成功运行强烈关注，主动与课题组联系合作事宜（图 25-27、图 25-28）。

图 25-27　运行中的示范工程（生物处理）

图 25-28 鞍钢焦化废水处理示范工程现场

图 25-29 为示范工程与 A^2/O 工艺生物处理单元的出水与曝气量比较（连续监测）。由图可以看出，示范工程生物出水 COD 浓度相对于 A^2/O 工艺降低 30 mg/L，出水 COD 浓度稳定在 120 mg/L，曝气量比改造前降低 25%以上。总之，相对于 A^2/O 工艺，示范工程生物处理节水 438 000 t/a，成本降低 20%，抗冲击能力提高 30%。

图 25-30 给出了示范工程连续稳定运行 3 个月的结果。由图可见，进水 COD 在 4 000 mg/L 左右，出水 COD 稳定在 50 mg/L 以下，COD 去除率达到了 99%，色度去除率在 90%以上。苯并[*a*]芘低于 0.02 μg/L，总氰低于 0.2 mg/L，出水达到国家即将颁布的焦化行业新标准和辽宁省地方标准，能实现废水全面达标与部分回用（表 25-1）。

表 25-1 鞍钢示范工程改造前后经济性分析

序号	工艺	水处理成本	主要出水指标	
1	整改前（A^2/O）	8.81 元/t	COD：150 mg/L	氨氮：小于 25 mg/L
2	整改后的示范工程	8.99 元/t	COD：50 mg/L	氨氮：小于 8 mg/L

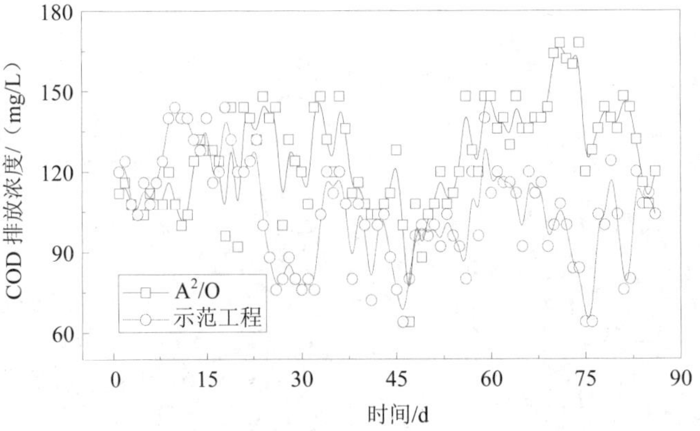

图 25-29 示范工程强化短程硝化反硝化工艺与传统 A^2/O 工艺比较

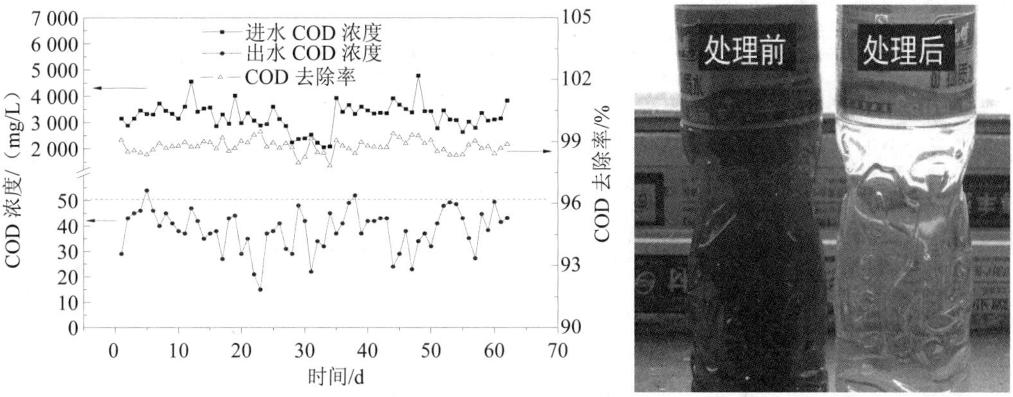

图 25-30　示范工程连续稳定运行效果

25.13　北台钢铁综合废水处理与资源化示范工程

所属课题：太子河流域典型工业水污染控制技术与示范研究（2008ZX07208-004）

示范工程简介

北台钢铁（集团）有限责任公司污水深度处理及中水回用示范工程处理规模为 13 万 t/d。原有北营公司各生产单位的污水经本单位处理后利用排水管网排入细河，工业居民区生活污水直接排入细河，共 9 个排污口，对细河的水质产生很大影响。示范工程建设后，9 个排污口的污水汇入综合污水处理厂进行处理。处理后的污水进入净水厂，进一步进行脱盐处理，后进行回用。钢铁综合污水的污染指标有 SS、COD、油、Ca^{2+}、Mg^{2+}等。针对传统处理工艺出水腐蚀性高、不能满足循环冷却水用水要求的问题，课题组研发形成了钢铁综合废水处理与回用集成技术，并将其中的钢铁废水混凝调控技术进行工程示范，该技术采用聚硅酸铝和聚铝混凝剂，絮凝物比重大，易于沉降，保障后续回用水水质稳定，大幅度降低废水的 COD、硬度、碱度等指标，降低后续脱盐工艺中离子交换树脂的反洗频率，解决了离子交换树脂永久性中毒的问题。该项目于 2010 年调试试运行，目前运行正常。该示范工程由中冶京诚工程技术有限公司和北京京诚科林环保科技有限公司联合总承包，大连理工大学作为技术支持方提供核心技术，并全程参与调试及试运行，运行稳定后由北台钢铁动力厂负责运行管理。运行至今，处理系统与出水水质稳定，第三方检测报告表明水质全部达标。示范结果表明对钢铁综合废水的 COD、硬度、碱度等指标的去除效果都有所提高，出水的 COD 浓度、硬度、碱度平均分别为 23.8 mg/L、185 mg/L、40.7 mg/L。为水的进一步软化处理创造了条件，降低了钢铁综合废水回用的成本，缓解了北钢水资源短缺的状况。企业通过示范工程及相关措施的实施，每年削减 COD 为 1 277.5 t，获得回用水 3 600 万 t。同时示范工程进水中氰化物、酚及硫化物的平均浓度分别为 1.38 mg/L、0.4 mg/L、1.0 mg/L，出水浓度分别低于 0.01 mg/L、0.2 mg/L、0.5 mg/L，因此示范工程每年可同时削减氰化物 50 t，挥发酚 15 t，硫化物 40 t。在该示范工程建设过程中，参与者们明确各自的责任，并授予相应的权力，互相协作配合，使整个系统协调地运行，从而达到缓解北钢水资源短缺的现状，解决了工业废水回用难的问题，实现了废水的循环利用，提高了废水回用率，达到了节能减排的目标，改善了太子河流域的水环境质量（图 25-31～图 25-33）。

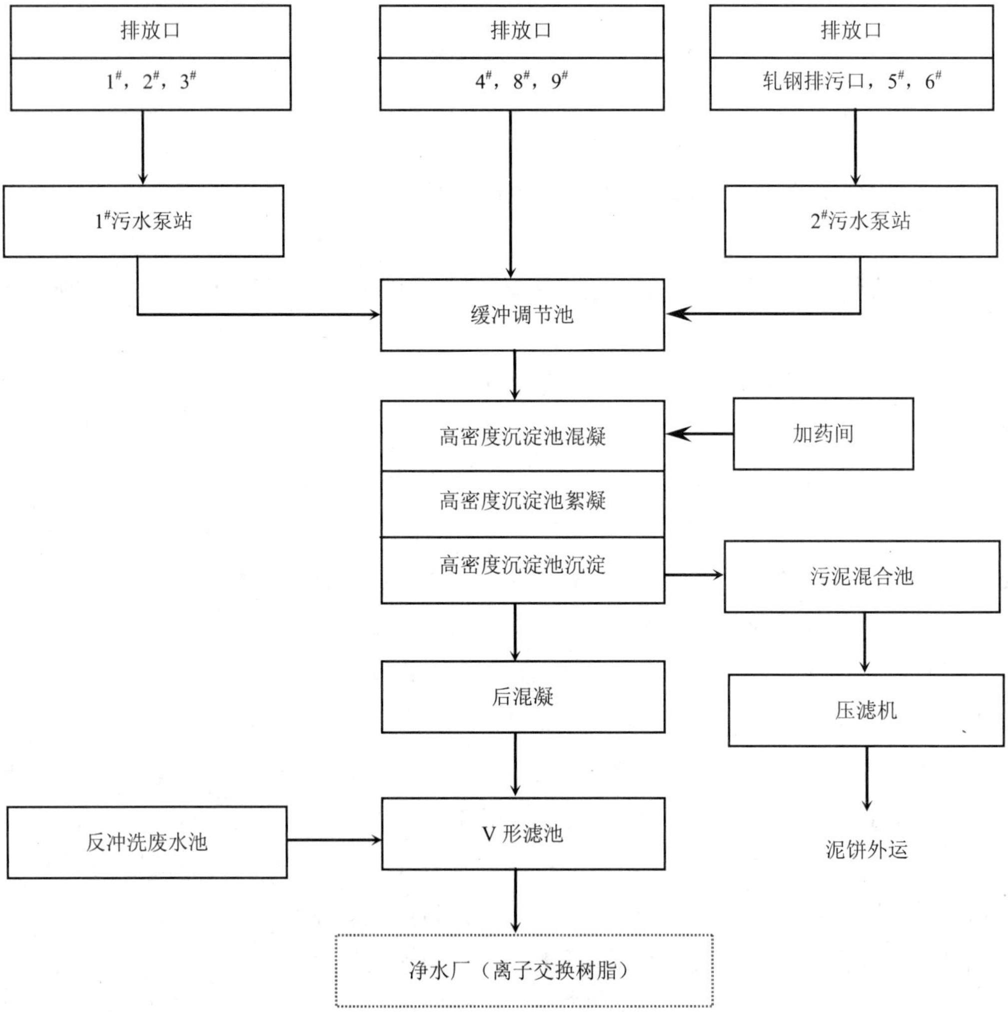

图 25-31 北台污水深度处理及回用示范工程流程

示范工程流程

调节池

高密度澄清池

V 形滤池

图 25-32 北台污水深度处理及回用示范工程现场

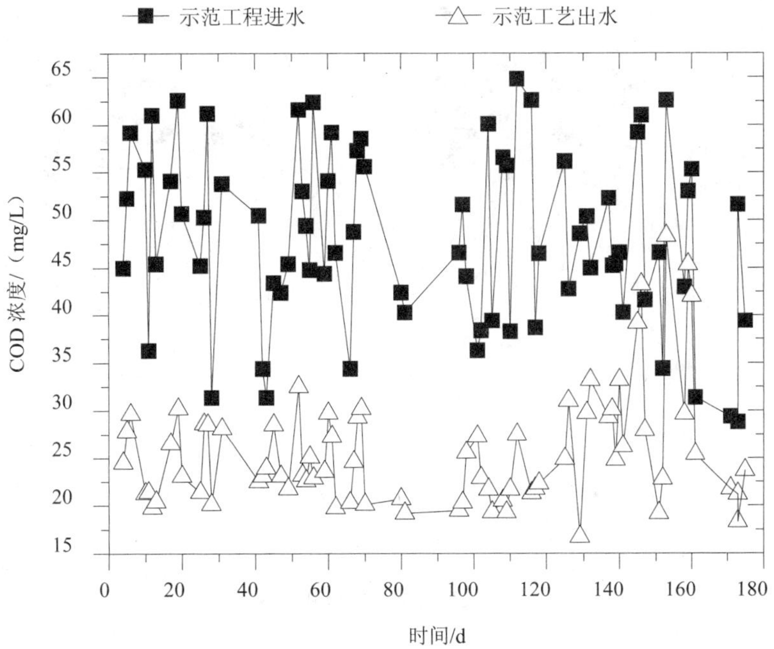

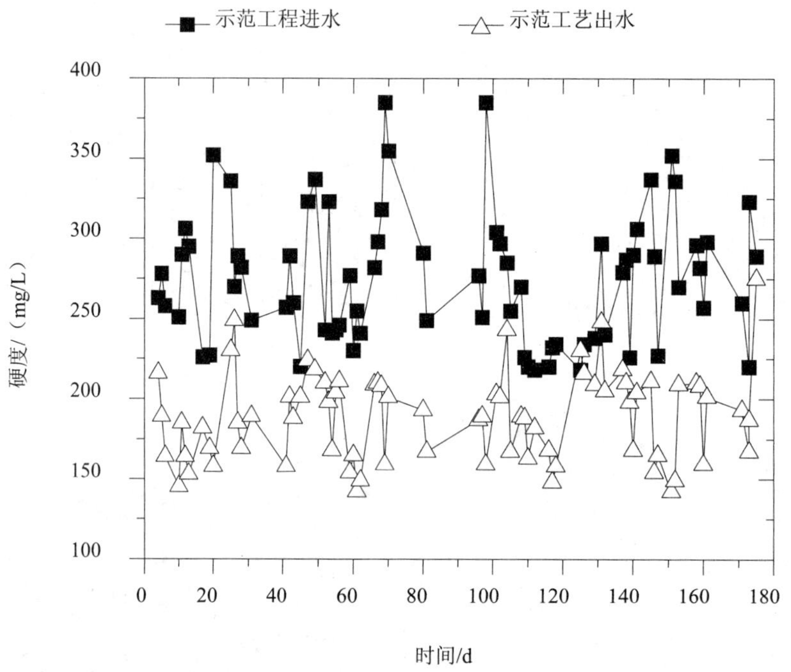

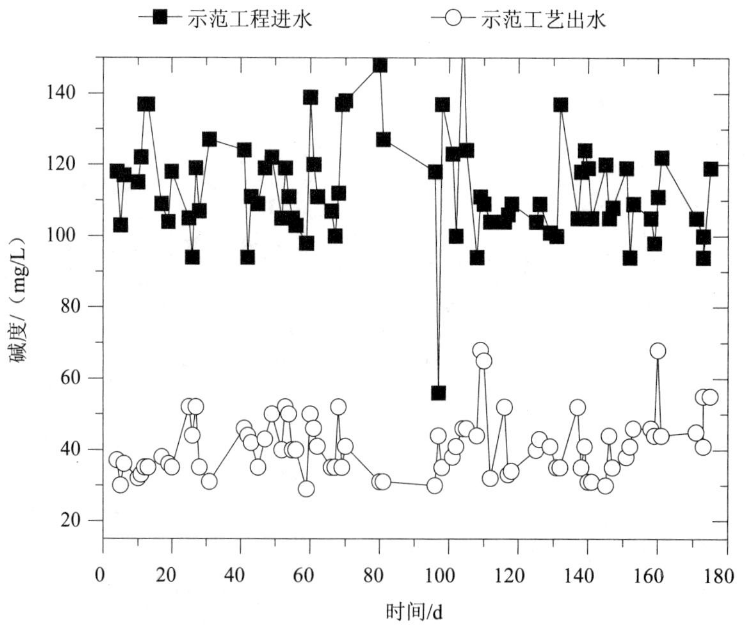

图 25-33　示范工程的出水效果

25.14　辽阳化纤废水处理示范工程

所属课题：太子河流域典型工业水污染控制技术与示范研究（2008ZX07208-004）

示范工程简介

“化纤废水处理技术”的示范工程为辽阳石化化纤废水深度处理与回用工程。中国石油辽阳石化分公司化纤综合污水处理装置，承担芳烃、PTA、聚酯厂的生产废水和辽化生活区部分生活污水的处理任务，设计流量为 24 000 m^3/d。示范工程实施前，出水水质指标超出辽宁省《污水综合排放标准》（DB 21/1627—2008）中直接排放的要求。示范工程将好氧接触氧化-活性污泥法工艺改造为 A/O 生物膜工艺，提高了脱氮功能；新建深度处理回用单元，将原二沉池排水汇集至集水池，经过絮凝-接触过滤深度处理，以此为基础构建超滤回收—A/O-MBR—高效混凝过滤技术体系（高浓度 PTA 废水中原料超滤回收技术、A/O-MBR 工艺高效去除 COD 与脱氮技术、化纤废水生化出水高效混凝过滤技术），用于处理化纤生产废水，完成生产原料的回收，解决出水中 COD 等超标的现状，实现废水的回用。辽阳石化化纤废水处理技术示范工程于 2011 年 4 月建成，由辽化动力厂负责运行管理。课题组提供技术支持，负责所研发的关键技术的调试及试运行。该项目管理运行化验人员齐备，各项操作规程和制度完善，操作和水质化验措施规范。运行至今，处理系统与出水水质稳定，第三方检测报告表明水质全部达标。辽阳化纤废水深度处理与回用工程处理规模为 24 000 m^3/d（其中回用规模为 10 000 m^3/d），深度处理后可以达标排入太子河，并部分回用于聚酯厂、芳烃厂循环水场补水、消防水和化纤综合废水二级处理装置的生产用水。通过示范工程的建立，不仅可以减少太子河的水污染负荷，还可以减少企业向太子河的取水 10 000 m^3/d。示范工程于 2011 年 4 月建成，稳定运行后年减排 COD 约为 350 t。经过调试，现已稳定运行，示范工程年减排 COD 175.2 t。在该示范工程建设过程中，参与者们责权关系明晰、互相协作配合，整个工程的设计、建设、运行顺利完成，实现了对辽阳化纤行业污染控制与废水深度处理的回用。在技术方面，化纤综合废水 A/O-MBR 强化生化工艺技术表现出高效的除碳脱氮功能，COD 去除率和脱氮效率显著提高，明显优于活性污泥工艺与接触氧化工艺，同时 PVDF 平板膜通量大、抗污染能力强；A/O 生物膜组合强化生化工艺技术表现出高效的除碳脱氮功能与较强的抗冲击负荷能力，该项关键技术应用于辽阳石化化纤废水深度处理与回用示范工程；絮凝-接触过滤技术解决了化纤综合废水生化系统出水 COD 和 TP 超标以及出水不能回用的瓶颈问题（图 25-34）。

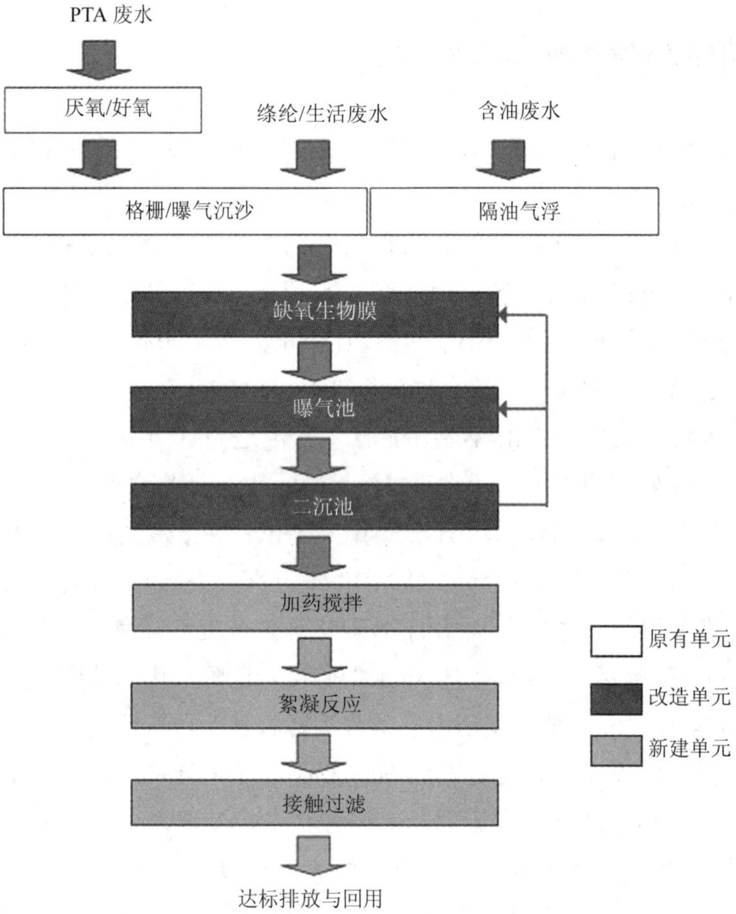

图 25-34 辽阳石化化纤废水深度处理与回用示范工程工艺流程

表 25-2 示范工程实施前后水质变化 单位：mg/L

装置	时期	COD	BOD_5	SS	TN	NH_4^+-N	磷酸盐	石油类
A/O 改造	实施前	60	15	50	20	5	1.5	1.5
	实施后	50	10	40	15	3	1	0.5
深度处理	实施前	50	10	40	15	3	1	0.5
	实施后	30	10	10	10	1	0.5	0.3

辽化示范工程生化改造 A/O 生物膜单

辽化示范工程深度处理系统加药搅拌单元

辽化示范工程深度处理系统接触过滤单元

辽化示范工程深度处理系统处理出水

图 25-35　辽阳石化化纤废水深度处理与回用示范工程现场

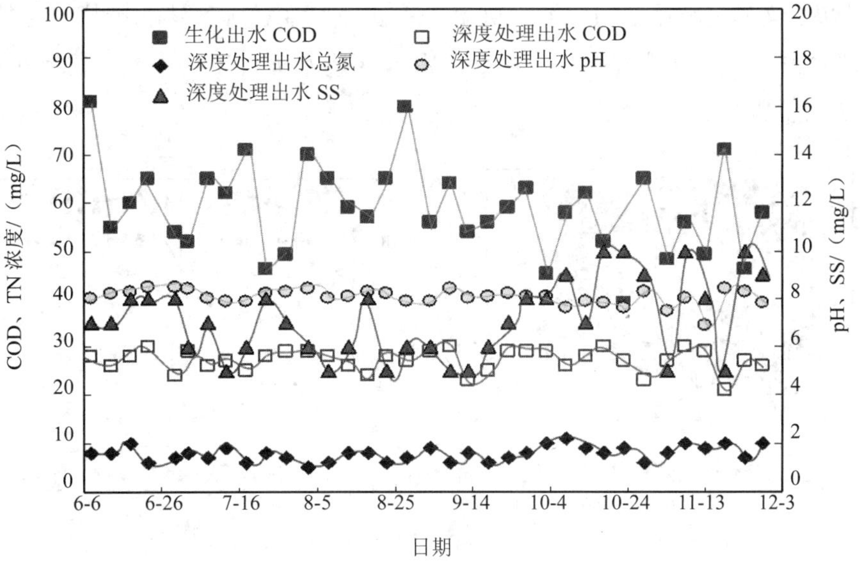

图 25-36　辽阳石化化纤废水深度处理与回用工程出水水质变化

25.15 海城印染工业园区污水处理示范工程

所属课题：太子河流域典型工业水污染控制技术与示范研究（2008ZX07208-004）

示范工程简介

印染废水属于典型难处理废水。在实际工程中，该类废水常用厌氧—好氧—絮凝处理工艺。但是，该工艺存在以下问题：①结构稳定的染料分子，对厌氧微生物产生抑制；②印染废水中含有的硫酸盐，降低厌氧的处理效率，而且厌氧还原后产生的硫化物，刺激后续好氧段污泥膨胀的发生，致使处理失败；③普通絮凝剂对印染废水的脱色和 COD 去除效率不高。针对以上问题，形成以下关键技术：①强化厌氧处理技术：将零价铁置入厌氧反应器内，利用其还原性降低厌氧的 ORP，促进甲烷菌生长，提高废水的 COD 去除效果和脱色率。②针对硫酸盐及其还原产物硫化物的危害，主要采用曝气氧化法，厌氧出水首先在适宜的 pH 值下，经氧化除去硫化物，消除其对污泥膨胀的刺激作用。③生化出水聚合铝镁复合絮凝剂，进一步压缩双电层，降低表面电位，提高絮凝效果。通过对关键技术与传统技术的系统集成，形成了“基于强化生物处理-铝镁盐混凝技术的印染废水处理集成技术”，依托海城印染园区（汇通）40 000 m^3/d 处理能力的污水处理工程完成技术应用示范，有效解决了好氧污泥膨胀的难题，维持生化段的处理稳定性。聚合铝镁絮凝剂采用 0.8‰投加量运行，出水 COD 和色度稳定达标，优于原絮凝剂 PACl 的处理效果。该工程减排 COD 约 2 190 t/a，有力支撑了流域污染物减排目标的实现。同时，研发的强化厌氧处理技术在山西仟源制药废水处理工程中成功得到推广应用（图 25-37～图 25-39）。

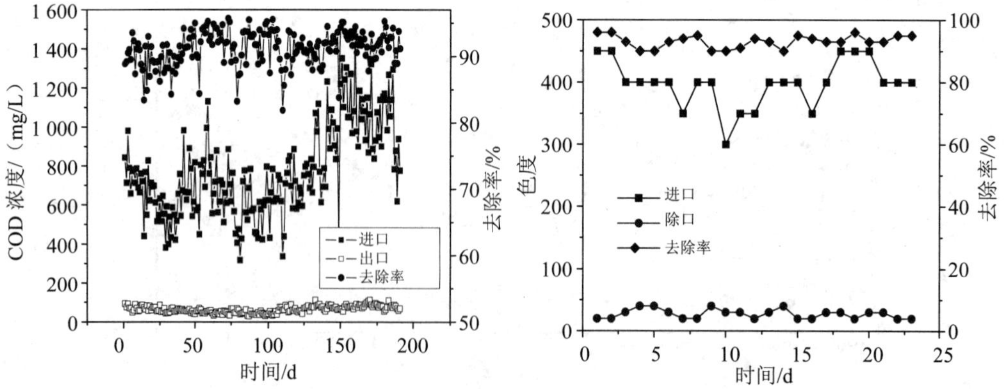

图 25-37 海城印染园区污水处理示范工程的 COD 与色度去除效果

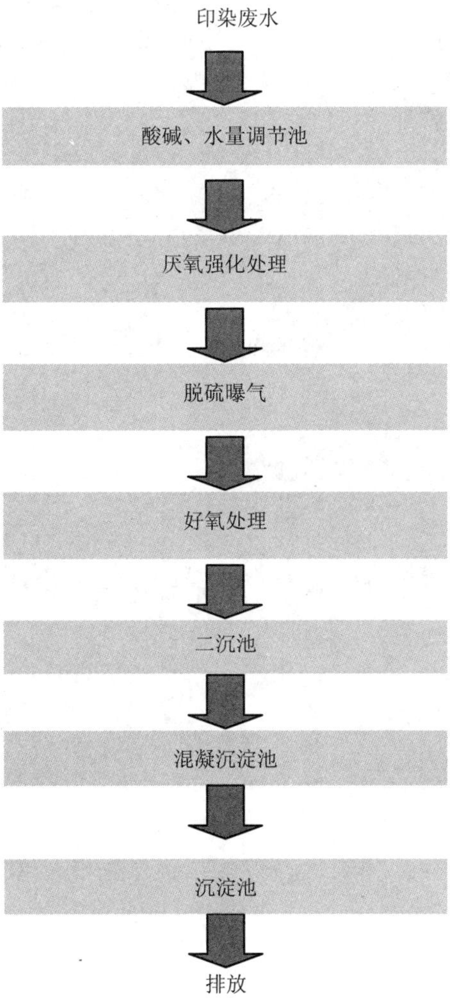

图 25-38　海城印染园区污水处理 40 000 m^3/d 的示范工程工艺流程

化学预沉淀

厌氧处理

脱硫处理

好氧处理

混凝剂投加

二沉池

图 25-39 海城印染园区 4 万 t/d 印染废水处理工程

25.16 畜禽养殖粪污资源化关键技术示范

所属课题：辽河上游水污染控制与水质改善技术及示范研究（2008ZX07208-005）

示范工程简介

“天祥鹅业有限公司畜禽粪污综合治理工程”是在国家重大水专项及辽宁省环境保护厅的支持下，打造辽宁省第一个集养殖、种植于一体，有机肥、沼气于一体的生态农业循环链条而建设的综合治理项目。项目建设以实现农业废物资源化为目标，通过厌氧发酵、好氧堆肥两种方式实现养殖粪污的资源化利用。该示范工程是由辽宁省环境科学研究院及北方环保集团独立设计、施工，在设计理念上，本着经济、实用、简约的设计理念保障了低投入高产出；在关键技术上，借鉴了德国、丹麦等欧洲发达国家的大型沼气技术、好氧堆肥技术，同时融入了国家重大水专项辽河项目“辽河上游水污染控制与水质改善关键技术研究与工程示范课题”针对北方寒冷地区畜禽粪污治理而开发的众多关键技术，保障项目在技术上的先进性。该工程占地 2 500 m^2，设有 1 000 m^3 厌氧发酵罐 1 座，200 m^3 单层气柜 1 座，240 kW·h 沼气加热器 1 套，沼气净化系统 1 套，固液分离设备 1 套，粪污预处理装置 1 套，沼液喷灌系统 1 套以及配套公用设备等，达产后年处理畜禽粪污 1.5 万 t，年沼气 36 万 m^3，沼肥 1.5 万 t。发酵原料为天祥鹅业有限公司的畜禽粪便与养殖污水，以及调兵山污水厂的剩余污泥，发酵产生的沼气作为燃料自用，剩余部分供周边农户，产生的沼液作为液肥，用于珍稀花卉、果树、玉米等经济作物的种植。目前，调兵山市天祥鹅业有限公司大型沼气工程已经正式投料运行。调试期工程运行数据和工程产品指标见表 25-3、表 25-4。

表 25-3　沼气工程调试期运行参数

温度/℃	HRT/d	进料含固率/%	进料量/m^3	容积产气率/[m^3/（m^3·d）]	甲烷含量/%	原料产气率/（m^3/kg）
30	20	3.2	50	0.75	66.4	0.47

表 25-4　沼气工程产品指标

沼气指标		
序　号	项　目	指　标
1	CH_4	55%～70%
2	CO_2	28%～44%
3	H_2S	0.034%
4	CO、H_2 等	＜0.5%
沼渣指标		
序　号	项　目	指　标
1	有机质	36%～49.9%
2	腐殖酸	10.1%～24.6%
3	粗蛋白	5%～9%
4	全氮	0.78%～1.61%
5	全磷	0.39%～0.71%
6	全钾	0.61%～1.3%
沼液指标		
序　号	项　目	指　标
1	全氮	0.03%～0.08%
2	全磷	0.02%～0.07%
3	全钾	0.05%～1.40%

示范工程组织管理方式和经验、技术推广应用情况如下：

沼气示范工程调试期运行经验：①保证发酵原料质量：粪源质量的优劣，将直接影响系统的运行状况。由于本工程除自有粪源外，还需从周边养殖小区收集畜禽粪便，因而一定要保证新鲜粪源。②保证原料输送管路通畅：由于粪源的复杂多样性，许多杂草秸秆等会对整个工艺系统产生堵塞现象，设计时应保证各设备进出料口的直径满足工艺要求，减少堵塞问题。③保证及时清理沉沙：及时清理搅拌池和沉沙井中的沙子是十分重要的。通过调试运行期间跟踪观察无轴螺旋的运行情况及沙子的走向，基本掌握了预处理运行规律。确定无轴螺旋每月清理一次，酸化池的提升泵每 3 天清理一次。④保证冬季系统的保温增温：东北地区冬季寒冷，尤其是夜间，应重视系统的保温增温问题，通过夜间观察，夜里 2 点至早上 6 点系统压力在 1 000 Pa 以下，沼气燃烧炉不能充分燃烧，通过对沼气燃烧炉气风比等进行调整，保证 24 h 运行，用沼气给系统自身升温，目前系统运行良好。好氧堆肥工程已经在 2009 年正式运行，年处理能力为 4.0 万 t，其中粪便 3.6 万 t，秸秆 4 000 t，年产有机肥 2 万 t，堆肥原料为收集处理天祥鹅业有限公司周边半径 2 km 范围内 3 个养殖小区的畜禽粪便及少量的秸秆，并为调兵山市有机食品基地提供绿色肥料，使养殖区按生态农业模式发展，取得无公害农产品认证和产地认证，实现化害为利，变废为宝。

25.17　北方地区昌图县城区 2 万 t/d 城市污水处理工程

所属课题：辽河上游水污染控制与水质改善技术及示范研究（2008ZX07208-005）

示范工程简介

示范工程位于铁岭市昌图县城区，目前已完成工程建设，通水运行。污水经二级生化处理后经人工湿地深度处理，出水排入八一水库，汇入马仲河，最终汇入辽河。八一水库是一座以防洪、灌溉、养鱼为主的综合利用小型水库，马仲河是辽河流域的主要支流，按照辽宁省环境保护厅对纳入辽河流域污水处理厂出水水质相关要求，该污水处理厂出水执行《城镇污水处理厂污染物排放标准》（GB 18918—2002）一级 B 标准，示范工程处理工艺流程如图 25-40 所示。

人工湿地主要由湿地植物、填料、微生物和水四部分组成。其中填料和植物的选取尤为重要，合适的填料和植物有利于污染物的净化去除。昌图 20 000 m^3/d 城市污水人工湿地处理工程，位于铁岭昌图县八一水库东北，污水经处理后排入八一水库，水库下游为马仲河，监测断面选择马仲河门脸断面，监测结果见表 25-5。

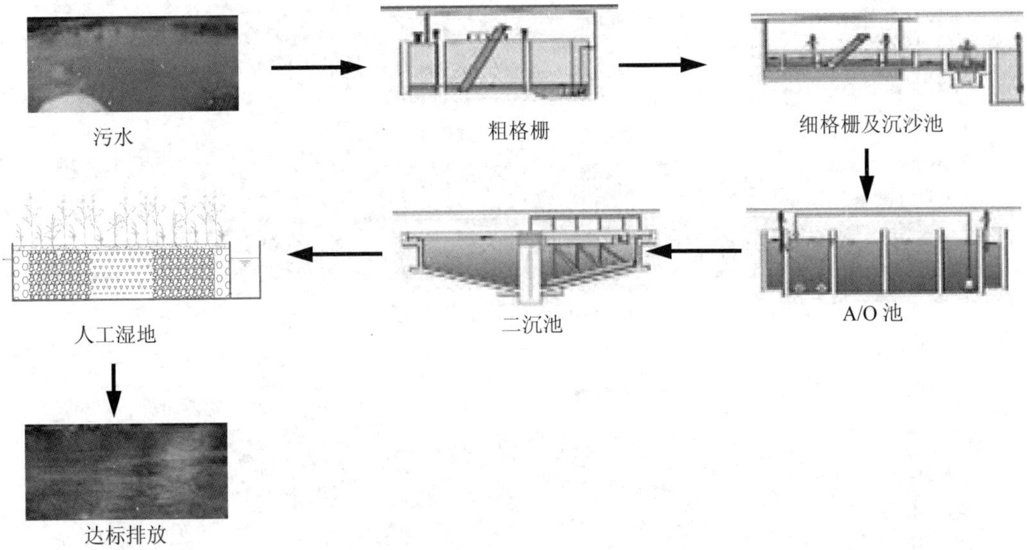

图 25-40　示范工程处理工艺流程

表 25-5　马仲河水质监测结果

监测河流	监测断面	监测项目	监测结果	
			2009 年 4 月 8 日	2010 年 8 月 9 日
马仲河	门脸	化学需氧量/（mg/L）	42	12
		生化需氧量/（mg/L）	6	5
		石油类/（mg/L）	1.74	0.07
		挥发酚/（mg/L）	0.003	0.008
		氨氮/（mg/L）	9.59	1.41
		总磷/（mg/L）	1.73	0.43
		铅/（mg/L）	0.005	0.005
		汞/（mg/L）	0.000 02	0.000 02
		电导率/（μS/cm）	54.9	54.2

以上监测结果表明，该示范工程实施后，相关地表水监测断面水质明显改善，马仲河门脸断面水质主要污染物浓度明显下降，其中化学需氧量降幅为 71.4%，氨氮降幅为 85.3%，总磷降幅为 75.1%（图 25-41～图 25-44）。

图 25-41　示范工程全景

图 25-42　示范工程铺设防渗层

图 25-43　示范工程填料铺设完成

图 25-44　示范工程调试阶段

25.18　昌图县招苏台河及条子河水体生态修复工程

（1）**所属课题**：辽河上游水污染控制与水质改善技术及示范研究（2008ZX07208-005）

示范工程简介

2008 年吉林省四平市污水处理厂正式运行，四平污水处理厂处理污水能力为 8 万 t/d，污水处理厂设计出水为二级标准，COD 排放浓度为 100 mg/L。四平市污水处理厂正式运行以来，虽然条子河上游来水水质有所好转，但总量仍不乐观，远远超过了环境容量。而且由于多年来条子河水质不断恶化，大量的有机污染物、无机污染物沉积在底泥中，虽然目前河流水质有所好转，但水质仍为劣Ⅴ类水质，河道底泥作为污染物的库和源受到吸附解吸作用的影响将大量重新释放到水中，加重水体的污染程度。更令人担忧的是条子河沿岸居民世代以河流为灌溉水源，以浅层地下水为饮用水水源。但是条子河污染最深，已影响到地下水水源 20 m 左右。16 个乡镇（场）、66 个村、203 个自然屯、24 340 户、89 659 人及 38 814 头大型牲畜出现饮水困难，约有 1.2 万亩良田失去灌溉水源。条子河的污染直接危及广大农民群众的身心健康和昌图县农业的可持续发展。本工程主要是通过河道综合整治工程建设，改善条子河污染情况，增加条子河环境容量。条子河出水执行《地表水环境质量标准》（GB 3838—2002）Ⅴ类标准。设计出水水质 COD 为 40 mg/L。2009 年年初，完成示范工程可行性研究报告。2009 年 9 月，在项目组会同昌图县环境保护局相关人员，通过对 5 个工程选址的比选和考察确定了工程建设位置。2009 年 11 月，辽宁北方环境保护有限公司依据小试实验效果完成项目设计。示范工程已经完工，目前示范工程已建成并投入运营，运行效果良好。示范工程建成后，主要污染负荷削减 20%，年 COD 削减量 1 095 t，治理河道水体满足《地表水环境质量标准》Ⅴ类水质标准。为实现辽河上游水质改善，辽河上游生态系统健康和生态安全提供了技术支撑（图 25-45）。

图 25-45　排放示范工程

（2）**所属课题：**辽河上游水污染控制与水质改善技术及示范研究

示范工程简介

本示范工程的示范单位为昌图县糠醛厂，课题组完成了对在原基础上昌图糠醛厂的废水零排放的改造，运行稳定。糠醛厂原生产工艺如图 25-46 所示，作为一种典型的污染排放严重、能耗高的低级化工生产产业，一个年产 3 000 t 的糠醛厂，年排放 COD 高达 15 000 mg/L 的高浓度含酸废水 50 万 t 以上，累计排放 COD 7 500 t，排放乙酸 60～70 t，而位于辽河中上游的糠醛厂没有实施或没有有效实施污水治理，加上由此产生的污染性烟气的排放及无法燃烧的废渣的堆积，给辽河水流域及当地居民生活环境造成了严重的污染。

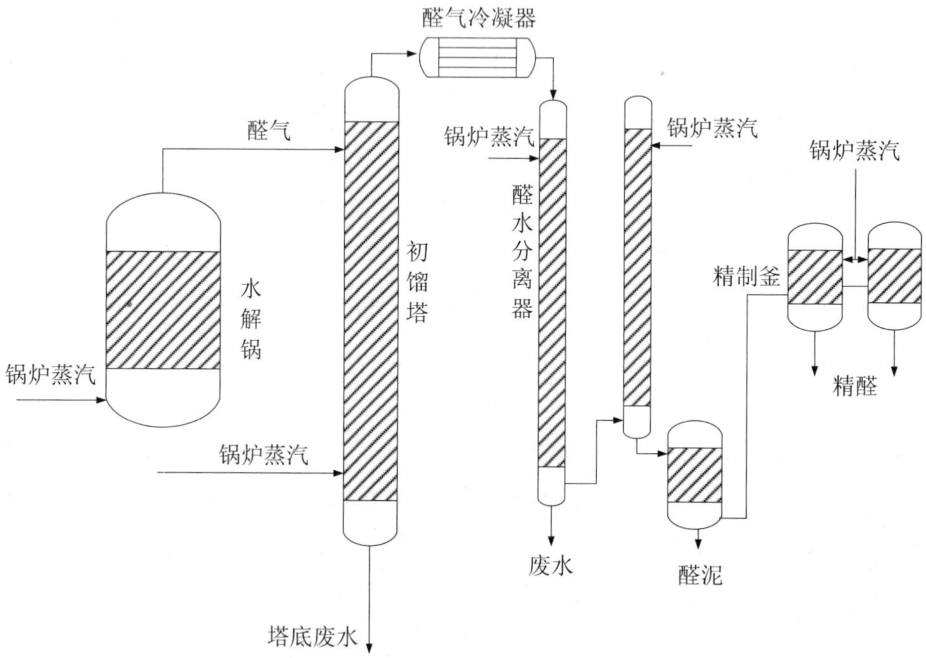

图 25-46　糠醛厂原生产工艺流程

年产 3 000 t 糠醛厂废水年减排 15 000 t 以上，减少 COD 排放 300 t 以上，实现了示范工程糠醛生产零排放的目标。条子河生态修复工程位于铁岭昌图县平安堡乡，昌图县糠醛厂污水零排放示范工程位于铁岭毛家店镇，主要涉及二道河。条子河与二道河均为招苏台河支流。监测断面选择位于以上支流汇合处下游的招苏台河通江口断面，监测结果见表 25-6。

表 25-6　招苏台河水质监测结果　　单位：mg/L

监测河流	监测断面	监测项目	监测结果	
			2009 年 1 月	2011 年 1 月 10 日
招苏台河	通江口	化学需氧量	100	26
		生化需氧量	23	6
		石油类	0.05	0.09
		挥发酚	0.007	0.012
		氨氮	14.67	1.92
		总磷	0.70	0.23
		DO	4.1	4.0
		高锰酸盐指数	6.6	3.5
		铜	0.005	0.005
		锌	0.49	0.025

根据以上监测结果，该示范工程实施后，相关地表水监测断面水质明显改善，招苏台河通江口断面水质由劣Ⅴ类提升至Ⅴ类，其中化学需氧量降幅为 74%，氨氮降幅为73.9%，总磷降幅为 67.1%。辽河上游该区域工业以农产品加工及农业废物加工为主导，糠醛厂企业众多。该成果的示范推广，可使辽河流域 26 家糠醛厂每年减排废水 39 万 t 以上，减少 COD 排放 300 t 以上（图 25-47）。

图 25-47　示范工程建设过程

25.19　中粮生化能源（公主岭）有限公司污染控制及中水回用

所属课题： 辽河源头区水质改善与生态修复技术及示范研究课题（2009ZX07208-006）

示范工程简介

在玉米深加工行业废水深度处理及回用技术的小试及中试研究的基础上，开展了玉米深加工企业污染控制和中水回用的示范工程。该工程以中粮生化能源（公主岭）有限公司污水处理站为依托，建设了整套厌氧—缺氧—好氧—膜分离组合处理工艺。示范工程总投资 814.44 万元，处理规模 1 600 t/d。示范工程进水 COD 3 000～10 000 mg/L，NH_3-N 10～300 mg/L，出水水质较为稳定，可以满足企业循环冷却系统补水要求。实现减少企业废水排放量 43.8 万 t/a，COD 减排 91 t/a、氨氮减排 0.365 t/a。示范工程相关的技术开发：①针对企业排水水质浓度高、波动大的特点，筛选不同生物强化处理方法，最终确定 MBR 为较优工艺；②优化了 MBR 处理玉米深加工废水工艺参数；③创新性地采用了 MBR-RO 组合工艺对玉米深加工废水进行深度处理后用于循环冷却系统。示范工程的建成和运行为玉米深加工行业中水回用于循环冷却水、补充水提供了技术支撑，具有广阔的应用前景。

25.20　小流域面源污染控制与重要支流生态修复示范

所属课题： 辽河源头区水质改善与生态修复技术及示范研究课题

（2009ZX07208-006）

示范工程简介

1）试验区地点的选择。经对拟实施示范区域的泉涌小流域实地踏查，确定辽河流域东辽县辽河源镇会中 2 组约 4 000 m^2 的坡耕地进行试验小区建设，中心高程 346 m，作物种植种类为玉米。

2）试验小区设计。试验小区包括三大部分内容：集流小区、集排水系统及自动气象监测系统。集流小区设计：在坡耕地上顺着坡的走向建设 5 m×30 m 的集流池，每个集流池之间等间距分隔开，间距为 1.2 m，采用红砖铺设。集流池的坡上及两侧采用水泥板隔离，防止坡上来水及两侧雨水径流渗入，坡下与集流槽相接。水泥板设计为 2.0 m×0.6 m，水泥板地下埋深 0.3 m，地上露出 0.3 m。集排水系统包括集水槽、集水桶、排水池、排水管等。集流小区下雨径流水先进入集水槽，然后排入集水桶，待水样采集及水量测定后，打开阀门放出至排水池，通过排水管线排向排水沟。自动气象监测系统：在距试验小区约 200 m 的农户院内安放自动气象站，用于监测降雨历时、降雨量、降雨强度等。

3）集流小区内试验内容布设。试验内容的布设是基于面源污染物源头及迁移过程采取的阻控措施进行设置的。共布设 8 个试验小区，其中裸地 2 处、坡地治理工程 3 处，用于研究面源污染途经治理技术；背景小区 1 处，农药减量化小区 1 处，肥料减量化小区 1 处，用于研究面源源头污染控制治理技术。

4）试验作物及耕作方式。按当地种植习惯种植玉米。其中两个裸地区块对小区内土地平整后，不再对区块内植被进行干预，由当地土著物种自行繁衍生长；农药减量化小区和肥料减量化小区内玉米作物除最大限度地降低农药和化肥使用量外，其余仍按当地习惯种植，农药减量化小区内除草采取人工除草方式。

5）结论。面源污染途径控制对污染物截留效果与各种阻控措施对降雨径流的阻控作用相似，阻控效果裸地（植被自然生长）＞地埂植物带＞水平梯田＞横垄＞顺坡垄。面源污染源头控制在农药减量和肥料减量两种措施条件下进行，污染物流失量与背景试验条件相差不太明显。污染物流失量与各阻控措施密切相关，主要受降雨流失量影响较大，为减少坡地面源对地表水系的污染影响，最佳方式是退耕还林、退耕还草，从污染途径上有利降低面源污染。若耕地难以退还，可采取地埂植物带或水平梯田措施，尽量从面源污染途径角度加以控制。同时提高化肥利用率、推广测土配方施肥技术，禁止高毒高残留农药的使用，积极实施化学农药减量使用工程，从面源污染源头控制角度加以辅助，最大限度地降低坡地面源对地表水环境的影响，使辽河源头区水环境污染现状得以改善。

25.21 典型支流污染防治与生态水系维持综合示范工程

所属课题： 浑河上游水质改善与水生态修复维系关键技术及示范（2008ZX07208-007）

示范工程简介

示范工程位于清原县大苏河乡苏子河支流，控制流域面积 5 km^2；示范区控制典型支流河道长度 6 km。应用人工落叶松水源涵养林结构优化与调控关键技术，突破了现在落叶松水源涵养林的常规培育方法与技术，将现有的保留密度 600 株/hm^2 减少到 350～400 株/hm^2，培育高效水源涵养林。应用天然水源涵养林结构优化与调控关键技术，人工伐除天然水源涵养林内的非目的树种，形成人工林窗促进天然更新，提高天然水源涵养林结构优化和生态恢复。同时还将生态学手段与工程技术措施相结合，筛选合适植物种系，构建河岸植被缓冲带，促进生态恢复。依托天然林保护工程、流域生态治理工程和浑河上游水源涵养林建设工程，在承担单位与地方配套单位的共同努力下，应用水源涵养林结构优化与调控、河岸植被缓冲带构建与恢复等关键技术开展小流域综合治理、植被生态恢复、河岸植被缓冲带构建技术与林业生态工程建设技术试验与示范，建立综合示范区 5 km^2。同时以河道生态治理为辅，采取石笼、丁坝等工程措施与栽植河岸植被缓冲带等生物措施相结合的方法，实现“防洪与生态”并举的综合目的。共实施筑堤长 5 km，砌筑三维土石笼 78 座，石笼丁坝 24 座，建立源头区不同类型河岸植被缓冲带 9 km，对维系和改善浑河上游涵养水源功能起到了较好的示范作用。该示范工程对源头区现有森林植被通过生态恢复的方式，改善树种组成，优化植被结构，增加生物多样性，提高了现有森林植被的水源涵养功能。对于源头区的河道以生态治理为主，重点地段采取石笼、丁坝治理为主、生物措施为辅；一般地段以生物措施为主，通过栽植河岸植被缓冲带，实现“防洪与生态”并举的综合目的。监测期间内，该断面各项水质理化指标均达到国家地表水Ⅱ类水标准。示范工程建设完成后，N、P 污染降低超过 20%。在承担单位、配套单位及地方政府等部门的共同管理与大力配合下，示范工程建成后运行良好，其对水质的改善效果将长期维持。其中水源涵养林结构优化与调控关键技术在浑河上游的“辽宁省浑河源自然保护区”内开展了大面积的推广，还应用到国家科技支撑课题的示范区建设中；河岸植被缓冲带构建与恢复技术应用于清原县河道生态建设工程，现已修筑堤防 20 km，其中工程防护 10 km，生物护岸 12.7 km。建立的河道生态工程在防洪减灾中发挥了巨大作用（图 25-48）。

示范区建设　　河岸植被缓冲带构建　　小流域综合治理

图 25-48 典型支流污染防治与生态水系维持综合示范工程

25.22 农村固体废物与农业面源污染控制技术综合示范工程

所属课题：浑河上游水质改善与水生态修复维系关键技术及示范（2008ZX07208-007）

示范工程简介

该示范工程依托“四位一体”生态沼气池，在解决沼气池冬季产气的基础上，对农业固体废物进行资源化、能源化利用，从根源上减少农业固体废物的入河量；对进入河道内的农业固体废物及面源污染物，在应用植被过滤带进行迁移过程阻控的基础上，通过多级生态透水坝的集成应用，拦截漂浮污染的同时，提高河流水体的自净能力，减少污染物负荷向下游输出量。示范工程依托清原县河道整治工程及农业能源工程构建，在现有工程配套及相关技术的基础上，重点突破透水坝选址、级数确定和沼气池冬季持续技术，实现示范工程的顺利进行。由于沼气池的运行以农户为单位，故在示范工程开始时，结合清原科技局的阳光工程对示范农户进行培训，并对沼气池应用过程中常遇到的问题印制了科普手册，方便农户使用，确保达到冬季持续产气的目标，同时设立了定点示范户就沼气池的温度及产气情况进行定点监测。综合采用沼气池保温措施与填料配比等技术措施的沼气池，年产气时间由不足 240 d 延长到 340 d 左右，产气量在冬季也能满足农户一日三餐的燃料所需，夏季能够实现稳定产气避免了夏季沼气池产气过剩的现象。同时通过在沼气池填料中添加秸秆这一当地主要的农业固体废物，不仅改善了沼气发酵条件、提高了产气量，也减少了秸秆等固体废物的入河量。示范区内构建“四位一体”沼气池 27 座（8 m^3/座），每座沼气池年可利用畜禽粪便等约 4.6 t，分别削减污染负荷折合总氮、总磷 1.88 t 和 0.69 t。同时通过沼渣、沼液及农业固体废物的堆腐还田，使示范区有机肥利用率提高 15%（沼渣、沼液等有机肥占投入肥料总量比），坡地农田削减以磷肥为主的化肥投入 20 kg/hm^2，示范区内减少磷肥投入 1.92 t。农民对新技术的推广具有从众心理，需先设立示范户，在取得初步示范成果的同时，加强对农民的科普教育工作（图 25-49～图 25-51）。

图 25-49　多级透水坝级河道整治前的河道状况

图 25-50　多级透水坝间形成的生态河道

图 25-51　“四位一体”沼气池内部及生产情况

25.23　红透山污水生态处理工程示范

所属课题：浑河上游水质改善与水生态修复维系关键技术及示范（2008ZX07208-007）

示范工程简介

本研究区域选择红透山镇，铜矿矿区生产、生活污水一直未经任何处理，通过红透山河排入浑河。红透山矿区产生两种典型污水：①生活污水，包括选厂卫生废水、雨水、生活及商业污水，日产生量达 3 000 t，主要污染物为生活有机物、表面活性剂及悬浮胶体；②工业选矿废水，包括精矿废水、尾矿废水。日产生量达 4 000～6 000 t，主要污染物为选矿过程中加入的浮选药剂以及矿石中的金属元素，常见的有黄药、黑药、铜、铅、锌、砷、硫等。针对矿区的生产及生活外排污水，通过采用传统工程处理和生态处理相结合的方式，解决水源地保护区最大的工业生产生活点源污染，实现污染物的削减。将生态塘光解氧化技术、生物接触氧化技术和固定化微生物技术应用于本工程示范区内，配合依托工程，进行两个方面的示范建设，分别是：红透山生活污水治理工程、红透山铜矿选矿水回用工程。实现矿区污水控制目的，解决红透山污水污染问题。示范工程于2010年建设完成，由抚顺桑德环保公司负责经营管理，目前运行稳定。示范工程建成后，监测结果表明，外排污水达到省级标准（DB 21/1627—2008），对比开展示范工程建设之前红透山河水环境有较大改善。该技术可在独立矿山的生活及生产废水处理方面进行推广（图 25-52）。

图 25-52　示范工程的出水口，回用设施及红透山河处理后水质状况

25.24　寒冷地区入库河道与生物治理综合示范工程

所属课题：浑河上游水质改善与水生态修复维系关键技术及示范（2008ZX07208-007）

示范工程简介

本示范工程通过入库河道整治工程与生物工程相结合，采用多自然型入库河道植被模式构建技术，在提高入库河道整体防洪能力的基础上，有效削减入库河道的污染负荷，为我国北方寒冷地区入库河道的污染负荷削减提供技术示范。该示范工程控制流域长度10.5 km，控制断面以上流域面积 7.15 km^2。上游来水经过浑河主干河道（沔阳段）示范区，经过北杂木村直汇入省重点水源地大伙房水库。示范工程在建设初期，进行河道植被治理的堤岸加固工程，本阶段主要工作为构建石笼丁坝、石笼护坝，同时治理河道两岸，筑堤防护长 10.5 km，砌筑三维土石笼 405 座，石笼丁坝 145 座，工程动用土石方量 13.55 万 m^3。在生态型河道改造的基础上，完成河岸带植被恢复工作。首先建造植物带长 10.8 km，植树 4.6 万株，植水生植物 5 400 墩。在植被改造完成后，对自然恢复的植被加强功能，重点是丰富河岸带的湿生、水生植物，并建设适合北方的生态浮岛，加

强示范区的植被恢复后期的污染净化功能。示范工程运行 3 年来（2010—2012 年），示范区域断面水环境经过综合治理得到了较大改善，已达到预期考核目标和任务，目前工程运行良好，河岸带防护能力较工程示范前有明显提高，植被覆盖率提高 60%以上。经过抚顺市环境监测站对水质的连续监测表明，河道净化水质功能得到逐步提高，河岸带生物多样性逐年增加，生态效益明显。目前水质较示范工程前有了较大改善，该示范工程计划在本区域外其他河道断面进一步推广和应用。成立示范工程专家咨询组，对示范工程中的建设技术、实施、质量和效益评估进行指导；对具体工作实行责任落实制，建立相应的管理和监督制度；对应用的关键技术进行一定区域的推广，对带动周边经济和生态效益提供范式（图 25-53、图 25-54）。

图 25-53 坝顶及边坡示范效果

图 25-54 河道近水域示范效果

该示范工程不仅保证了寒冷地区入库河道的结构稳定，也提高了河道水污染削减和保持水土的整体功能，从而提高了入库河道的水质净化功能。经评估，示范区域水质在 2010 年（与 2008 年相比）COD 削减了 17.8%，TN 削减了 33.2%，TP 削减了 32.5%。

25.25 大型联合化工企业综合废水处理与回用示范工程

所属课题：辽河河口区陆源污染阻控与水质改善关键技术与示范研究（2009ZX07208-008）

示范工程简介

大型联合化工企业污水处理与资源化技术示范工程主要采用隔油-气浮-厌氧/好氧生物处理（A/O）-BAF-UF/RO 联合处理工艺，核心处理单元：①厌氧/好氧生物处理（A/O）工艺调整污水水质，大幅度削减 COD；②BAF 重点保障外排出水水质，并为后续膜处理工艺奠定基础；③UF/RO 双膜法解决 TDS 等污染物的去除，实现回用锅炉或冷却水目标。大型联合化工企业污水处理与资源化技术示范工程依托华锦集团废水处理与回用工程，总设计规模为日处理量 5 万 t，回用水设计规模为日处理量 3 万 t，达标排放水设计规模日处理量为 2 万 t。该工程建成后移交给北方华锦集团，具体由集团分公司辽宁通达化工股份有限公司负责运营管理，并成立污水处理厂（处级组织机构）具体负责污水厂运行管理，由副总经理分管污水厂运行，形成了辽通公司、污水厂、班组三级环保管理网。制订了“集团公司环境保护管理规定”“集团公司环境保护各级责任”“集团公司环保治理措施实施办法”等规章管理制度。同时，该污水处理厂根据自身特点，制定了“华锦集团污水处理厂污水处理装置操作规程”“环保监测计划”等技术文件，使污水处理有章可循、有法可依，保证了装置的平稳运行。目前示范工程运行良好，外排水水质满足辽宁省《污水综合排放标准》（DB 21/1627—2008）标准；回用水水质满足中石化《炼油企业污水回用技术管理导则》中的初级再生水水质控制指标，可年减排 COD 1 825 t，氨氮 470 t，对河口区的水环境质量改善具有重要意义。本项目为国内规模最大、工艺技术最先进的综合化工废水处理及回用工程之一，对全国化工行业废水处理具有较强的示范意义。目前该技术已在中国五矿营口中板有限公司废水回用工程中进行了应用（图 25-55）。

图 25-55　华锦集团 5 万 t/d 废水处理与回用工程建设前和建设后现场

25.26　石油污染控制与资源化技术示范工程

所属课题：辽河河口区陆源污染阻控与水质改善关键技术与示范研究（2009ZX07208-008）

示范工程简介

石油污染控制与资源化技术示范工程主要采用“脱附—三相分离—深度处理”。针对含油污泥中不同族组成组分的脱附特性，采用具有强化搅浑、高效脱附的卧式回转淘洗设备及配套化学药剂进行落地油泥与罐底油泥中石油类组分的高效分离回收。针对难脱附高热值含油污泥的无害化处理问题，依据油泥中重质组分比例较高的特点，采用立式旋转焚烧方法进行含油污泥的无害化处理。示范工程依托辽河油田华油环保公司油泥处理工程，处理规模为 5 000 t/a，所在地盘锦市曙光工业园区。示范工程建成后，具体由其分公司辽河油田华油环保一公司负责运营管理，并依靠现有污水处理及油泥处理厂（处级组织机构）具体负责污水厂运行管理，由副总经理分管污水厂运行，使污水处理有章可循、有法可依，保证了装置的平稳运行。目前示范工程运行良好，实现了所在绕阳河地区的含油污泥全部收集和资源化处理。示范工程所采用的综合技术指标达到国际先进水平，于 2010 年获得“辽宁省科技进步一等奖”。目前该技术已开始向吉林油田、胜利油田进行推广应用（图 25-56）。

图 25-56 石油污染控制与资源化技术示范工程中油泥清洗分离系统和立式旋转焚烧系统

25.27 辽河口稻田面源污染生态阻控与削减技术示范

所属课题：辽河河口区陆源污染阻控与水质改善关键技术与示范研究（2009ZX07208-008）

示范工程简介

河口区河网生态修复与农业面源阻控技术示范工程主要采用基于脱氮生态基-植物床-FBBR 的 N/P/COD 协同去除等河流线内修复技术和河网区农田排水污染负荷削减面源污染物阻控技术。示范区内太平河支流经闸坝进入生物浮岛、折流式浮动生物反应器、脱氮生态基处理单元，流经稻田区，再进入自然湿地-塘联合技术修复单元，最后经闸坝出口返回太平河，汇入辽河。示范工程河网区主要采用生物浮岛、折流式浮动生物反应器、脱氮生态基和自然湿地-塘联合技术修复河网河流；稻田区主要采用水肥调控、阻控田埂和阻控沙箱控制河网稻田面源污染。各单元技术分散于示范区内。河口区河网生态修复与农业面源阻控技术示范工程位于太平河—辽河鼎翔米业区段，总控制面积 5.45 km^2，其中稻田面源阻控单元 42.4 hm^2。河口区河网生态修复与农业面源阻控技术示范工程，目前已经移交工程依托单位辽宁盘锦鼎翔农工建（集团）有限公司运行。课题相关研究人员为该公司提供为期两年的技术指导和咨询，以及重要参数测试工作。该示范工程位于辽宁省盘锦鼎翔农工建（集团）有限公司稻田周边河网中，运行良好，对河网河水污染情况具有有效的削减作用。据监测数据分析，在 2012 年稳定运行的半年内该生态工程削减示范控制区 COD 32%，削减 N、P 23%，示范区内辽河一级支流太平河入辽河断面水质得到显著改善。该示范区位于河口区有机食品基地，农业技术推广间接经济效益超过 1 000 万元，同时推动了河流修复与农业面源阻控技术领域的修复材料和成套设备产业化进程，为辽河流域水环境治理提供单元技术保障（图 25-57）。

图 25-57 河口区河网生态修复与农业面源阻控技术示范工程

25.28 河口区芦苇湿地生态恢复关键技术示范工程

所属课题：辽河河口区大型湿地生态修复关键技术与示范（2008ZX07208-009）

示范工程简介

示范工程地点位于辽宁省盘锦市东郭苇场南部，总示范面积 3.1 km^2。工程结合当地水利设施，利用上游淡水水源，恢复小河泵站的提水功能，建设提水闸，重构恢复区的淡水通道，同时根据地势将所选区域分成若干个地块，并设以边沟和格坝，以利于淡水压盐、边沟排盐和水力调配控制。同时配合保水技术、生物脱盐技术及耐盐芦苇种源及营养体选育技术，进行系统技术集成。2009 年 3—6 月，初步建立了 2 km^2 的人工芦苇湿地生态恢复示范工程区，通过重构水力通道、水力调控（年度调水量共计 600 t，分两次完成）、重整土地、实施保水措施、降低了裸滩盐度，为芦苇重植后的生长奠定了良好的基础。当年芦苇恢复效果显著，不同区域生物增长量为 5%～30%，平均达到 10%以上。2010 年 3—6 月进一步扩大示范面积至 3.1 km^2，通过对前期芦苇恢复技术的总结，对未成活部分芦苇重新栽植，并对示范工程区中的土壤、芦苇、水质等状况进行了 2 个生长周期的监测。到 2010 年 8 月，不同区域生物增长量为 10%～30%，平均达到 15%以上，芦苇恢复前后对比如图 25-58 所示。

2008 年 8 月　　2010 年 8 月

图 25-58　芦苇恢复前后对比

2008—2010 年，以植物生长最旺盛的 8 月所获取的 TM 影像资料并结合现场样方调查数据，获得恢复区内示范工程内的生物量年度变化情况。根据遥感影响结果显示，芦苇恢复区单位面积生物量由 2008 年的 0.32 kg/m^2（干重）增加到 2010 年的 0.55 kg/m^2（干重），生态恢复示范区内的生物量和生物覆盖度明显增加。

“河口湿地生态恢复关键技术”在辽宁省盘锦市东郭苇场的河口区芦苇湿地生态恢复示范工程中得到应用。在东郭苇场 2008—2010 年芦苇产量以 8.5%的速度逐年递减的情况下，示范区单位面积芦苇生物量平均增幅为 48.6%。植被覆盖率和生物量的提高，显著提高了河口湿地对来自上游和湿地自身污染物的自然净化能力。

25.29 辽河口芦苇湿地水质净化功能研究示范工程

所属课题：辽河河口区大型湿地生态修复关键技术与示范（2008ZX07208-009）

示范工程简介

示范工程地点位于辽宁省盘锦市羊圈子苇场曙光地区饶阳河西岸，围绕辽河口湿地的净化功能，结合污染负荷调控、水流漫渗和水质水量合理调配等工程技术措施，建立净化功能研究工程示范区，以削减进入地表水体污染物质的量。示范工程相关的技术开发包括污染负荷调控、水流漫渗和水质水量调配技术，水力调控与物理基质改善技术，河口湿地净化功能评估技术等。

通过建立水利调控单元，改善湿地物理基质条件；根据湿地水量调控模型计算结果建立引导水流、湿地内均匀布水的水利控制单元。建立河口区大型湿地污染物净化功能研究示范工程，示范工程面积 7.4 km^2，通过对示范区积水为期一年的监测结果表明 COD 削减量达 30%。示范工程建设过程及建成如图 25-59、图 25-60 所示。

图 25-59　净化示范区内高效净污试验区建设

图 25-60　净化示范区进水沟

25.30　太子河水量调度管理技术示范

所属课题：辽河流域水质水量优化调配技术及示范研究（2009ZX07208-010）

示范工程简介

针对水专项“十一五”期间河流水质改善目标需求，围绕流域水质水量优化调配技术体系的建立、关键技术研发和技术体系集成要求，基于流域（或子流域）完整性、与污染源控制协调一致性、兼顾全面突出重点的三项原则选择太子河观音阁水库坝下至葠窝水库入库河段作为课题研究的示范河段。示范河段全长 78 km，示范工程包含观音阁、葠窝两座大型水库，关门山、三道河两座中型水库，以及河段区间 12 座拦河闸坝（图 25-61～图 25-63）。2009 年完善了示范条件；2010 年开展了水质水量联合调度试验；2011 年 2 月示范工程正式运行，观音阁水库通过电厂下泄满足下游河流水质改善的水量，同时制定了水质水量同步监测方案，方案包括监测断面、监测频次、监测项目等内容。目前示范工程管理规范、运行稳定。在控制污染源的前提下，通过水库群和闸坝调度等水质水量联合调配技术方案的实施，示范工程运行效果与基准年相比，观音阁水库 2011 年全年共增加下泄水量 1.2 亿 m^3，流量提高 29%以上，考核断面白石砬子 COD 浓度和氨氮浓度下降了 22%以上。2011 年 3—10 月示范工程运行期间，白石砬子断面主要污染物 COD 和氨氮浓度均达到水功能区Ⅳ类水质目标的要求，实现了预期水质改善的效果。示范工程由课题承担单位组织实施，由省和当地水行政主管部门运行管理，权威水环境监测部门实施监测，形成了一套较为完善的示范工程管理体系，使课题研发的水质水量优化调配技术在示范河段推广应用。2012 年 7 月 9—14 日，由水专项辽宁省项目管理办公室组织进行，示范工程第三方评估，评估专家组听取了课题组对示范工程建设、运行、管理和示范考核指标完成情况等方面的汇报，考察了示范工程现场，查验了示范工程运行记录，形成了总体评估意见："该示范工程完成任务合同书规定的内容，达到任务合同要求，运行效果良好。"

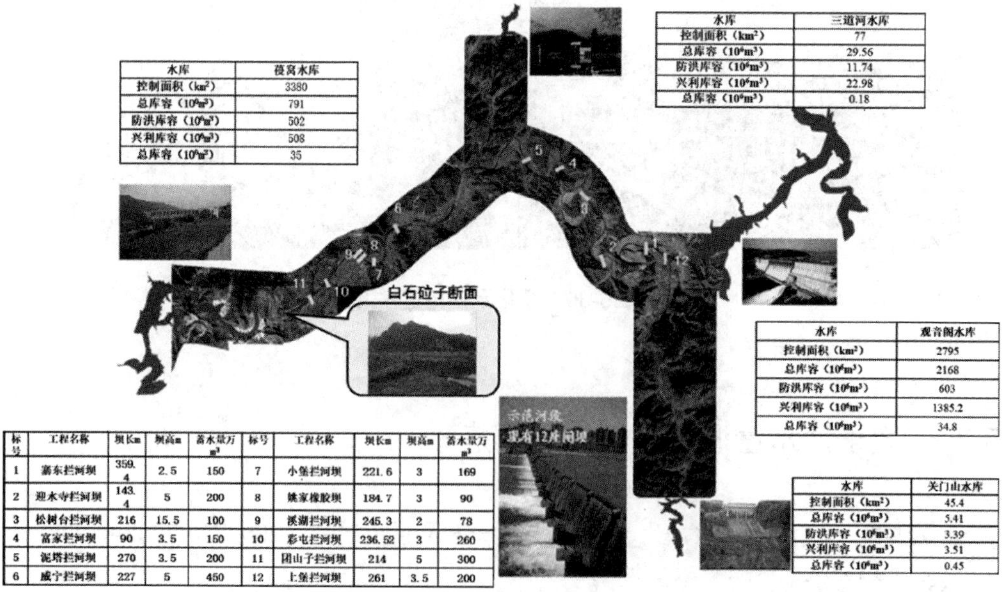

水库	葠窝水库
控制面积（km^2）	3380
总库容（10^6m^3）	791
防洪库容（10^6m^3）	502
兴利库容（10^6m^3）	508
总库容（10^6m^3）	35

水库	三道河水库
控制面积（km^2）	77
总库容（10^6m^3）	29.56
防洪库容（10^6m^3）	11.74
兴利库容（10^6m^3）	22.98
总库容（10^6m^3）	0.18

水库	观音阁水库
控制面积（km^2）	2795
总库容（10^6m^3）	2168
防洪库容（10^6m^3）	603
兴利库容（10^6m^3）	1385.2
总库容（10^6m^3）	34.8

水库	关门山水库
控制面积（km^2）	45.4
总库容（10^6m^3）	5.41
防洪库容（10^6m^3）	3.39
兴利库容（10^6m^3）	3.51
总库容（10^6m^3）	0.45

标号	工程名称	坝长m	坝高m	蓄水量万m^3	标号	工程名称	坝长m	坝高m	蓄水量万m^3
1	薪东拦河坝	359.4	2.5	150	7	小堡拦河坝	221.6	3	169
2	迎水寺拦河坝	143.4	5	200	8	姚家橡胶坝	184.7	3	90
3	松树台拦河坝	216	15.5	100	9	溪湖拦河坝	245.3	2	78
4	富家拦河坝	90	3.5	150	10	彩屯拦河坝	236.52	3	260
5	泥塔拦河坝	270	3.5	200	11	团山子拦河坝	214	5	300
6	威宁拦河坝	227	5	450	12	上堡拦河坝	261	3.5	200

图 25-61　示范工程组成

图 25-62　观音阁水库通过电厂向下游泄放生态水量

图 25-63　姚家翻板闸调度运行

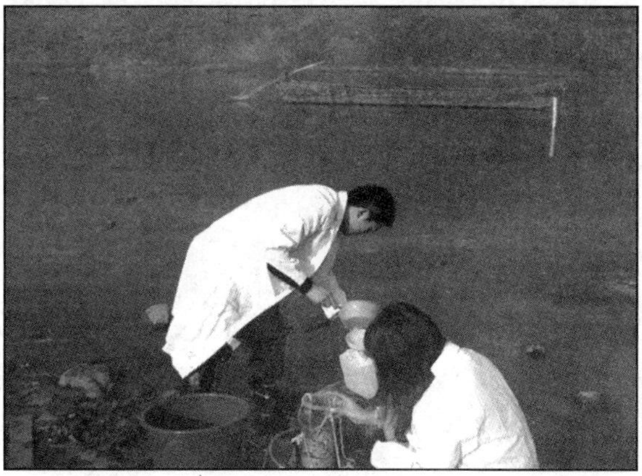

图 25-64　示范工程白石砬子考核断面监测采样

第四篇

标 准 规 范

26 技术导则、标准及规范清单

项目研究过程中，不仅突破了一批关键技术，进行了技术验证和示范，而且结合污染控制单元区域和流域治理需求，开展了技术应用和水环境管理相结合的研究，突出了目标导向、问题导向，以及长效治理和管理机制的建立，技术支持或直接产出了一批技术导则、标准、规范和方案等，主要见表 26-1。

表 26-1 项目研究制定或技术支持的导则、标准和规范

编号	导则/标准/规范名称	内容简介	适用范围	颁布状态
1	辽河流域水污染防治条例	本条例分总则、饮用水水源和水生态保护、点源污染防治、面源污染防治、监督管理、法律责任、附则，共 7 章 40 条，自 2011 年 4 月 1 日起施行	本条例适用于本省行政区域内辽河流域的河流、湖泊、水库、渠道等地表水体和地下水体的污染防治	已颁布
2	辽宁省污水处理厂运行监督管理规定	为加强污水处理厂的运行监督管理，根据《中华人民共和国水污染防治法》等有关法律、法规，结合辽宁省实际，制定了相关规定	本规定适用于辽宁省辖区内所有的污水处理厂	已颁布
3	辽宁省地方标准——污水综合排放标准	本标准规定了 25 种污染物的排放限值和部分行业最高允许排水量。同时，本标准对辽宁省执行《城镇污水处理厂污染物排放标准》（GB 18918—2002）中的水污染物排放标准，以及对各类医疗机构水污染物排放等要求，做了明确规定	本标准适用于辽宁省辖区内所有排放污水的单位和个体经营者污水排放的管理，以及建设项目的环境影响评价、建设项目环境保护设施设计、竣工验收及其投产运营后污水排放的管理	已颁布
4	辽宁省水库供水调度规定	规定了水库根据水资源的丰枯变化，为实现水库供水、防洪和保护生态等功能，有计划地控制水库蓄、泄水	本规定适用于辽宁省行政区域内大中型水库的调度工作	已颁布
5	吉林省辽河流域水污染防治条例	为了加强辽河流域水污染防治，保护和改善水质，保障饮用水安全，促进该流域水生态修复和经济社会的可持续发展，制定本条例	本条例适用于吉林省行政区域内辽河流域的河流、湖泊、水库、渠道等地表水体和地下水体的污染防治	征求意见稿

编号	导则/标准/规范名称	内容简介	适用范围	颁布状态
6	吉林省辽河流域玉米深加工行业水污染物排放标准（建议稿）	为促进吉林省辽河流域玉米深加工行业生产工艺和污染治理技术进步，加强玉米深加工行业水污染物排放控制，防治水环境污染，制定本标准	本标准适用于玉米深加工企业或生产设施的水污染物排放标准	征求意见稿
7	辽河流域水污染处理技术评估草案	为保护辽河水环境健康有序地发展，提高环境管理决策的科学性，建立健全辽河水环境综合管理地方法规，依据《中华人民共和国环境保护法》《国务院关于落实科学发展观　加强环境保护的决定》《国家环境保护技术评价与示范管理办法》有关规定，结合辽河水环境的实际情况，制定本草案	本草案适用于辽河水环境保护地方行政主管部门组织开展的辽河水环境综合管理	征求意见稿
8	辽河流域冶金行业节水减排清洁生产最佳可行性技术导则	本技术导则指明了冶金行业各工艺所产生的水资源问题，提出节水减排清洁生产备选技术，并提出最佳可行技术	本导则适用于冶金行业的现代大型联合钢铁厂及其主要生产工艺	征求意见稿
9	辽河流域草浆造纸行业清洁生产最佳可行性技术导则	提出生产过程中的节能减排以及污染物末端治理的清洁生产可行技术，最终筛选和确定出清洁生产最佳可行技术	本导则适用于草浆造纸行业碱法制浆工艺的企业	征求意见稿
10	石化行业（乙烯）清洁生产最佳可行技术导则	提出生产过程中的节能减排以及污染物末端治理的清洁生产可行技术，最终筛选和确定出清洁生产最佳可行技术	本导则适用于石油化工（乙烯）行业清洁生产技术的筛选、应用，主要涉及水循环与水污染过程控制技术	征求意见稿
11	辽河流域啤酒行业清洁生产最佳可行性技术导则	沿啤酒生产流程从原料粉碎至装瓶进行清洁生产优化，提出适用于辽河利于啤酒生产企业的清洁生产技术和方案	本导则筛选的技术适用于啤酒生产企业新建和已建项目涉及清洁生产的设计、改造和升级	征求意见稿
12	辽河流域制药行业清洁生产最佳可行技术导则——VC 生产工艺	本导则主要用于通过清洁生产和污染防治技术促进辽河流域制药行业 VC 生产工艺中的节水减排	本导则适用于制药行业 VC 生产工艺的企业，包括山梨醇发酵、古龙酸分离、VC 醪液分离、凝结水回收工艺等	征求意见稿
13	辽河流域印染行业节水减排清洁生产最佳可行性技术导则	分析印染行业的概况及各项节水减排清洁生产技术的特点、原理，提出最佳可行工艺参数，减排效果和实际应用情况	适用于印染行业棉印染工艺的企业，包括棉、棉混纺及交织产品工艺可参考执行	征求意见稿
14	辽宁省河道生态用水保障办法（草案）	提出典型水污染事件情景下的水库调度、闸坝调度方案，根据水污染事件污水团运移特点研究河流引水口的调控方案	本办法适用于辽宁省行政区域内河道生态用水的供给和管理	征求意见稿（已报政府待批）

编号	导则/标准/规范名称	内容简介	适用范围	颁布状态
15	辽宁省水库联合调度保障河道生态用水实施方案	在辽河、浑河、太子河及大凌河主要大型水库设计供水量已全部为城市生活及工农业用水分配完毕的情况下，充分利用现有水库及跨流域调水工程，利用现阶段水库设计供水能力与实际供水量的差值，供应辽河、浑河、太河及大凌河干流河道部分生态基本用水	本方案适用于辽宁省水库及跨流域调水工程及措施的管理	征求意见稿（已报政府待批）
16	辽河流域水质水量联合调度技术导则	为水库、闸坝调度，改善河流水质、生态环境，规范辽河流域水质水量联合调度方案编制的原则、要求和方法	辽河干流、浑河、太子河及大辽河区域，在利用水库及闸坝等水工建筑物调节水量改善水质的调度方案编制	征求意见稿（已报政府待批）
17	辽河流域水污染事件水力应急调度预案编制导则	本导则规定了辽河流域水污染事件水力应急调度预案编制的基本要求，使水资源管理部门能够根据法律、法规和其他要求，在企事业单位切实加强水污染风险源的监控和防范措施，有效降低事件发生概率的前提下，规定响应措施，利用水力调度手段对水污染事件及时组织有效救援，控制事件危害的蔓延，减小伴随的水污染影响	本导则适用于辽河流域内涉及沿河企业（或事业）单位风险源的水力调度，包括水库管理部门，闸坝控制部门以及各级水行政主管部门等对水污染事件进行的水力调度	征求意见稿（已报政府待批）

27 已发布导则/标准/规范简介

27.1 辽河流域水污染防治条例

《辽宁省辽河流域水污染防治条例》经 2011 年 1 月 11 日辽宁省十一届人大常委会第 21 次会议审议通过，2011 年 1 月 11 日辽宁省人民代表大会常务委员会公告第 39 号公布。

第一章 总 则

第一条 为了加强辽河流域水污染防治，保护和改善水质，保障饮用水安全，促进辽河流域水生态恢复和经济社会可持续发展，根据《中华人民共和国水污染防治法》等有关法律、法规，结合本省实际，制定本条例。

第二条 本条例适用于本省行政区域内辽河流域的河流、湖泊、水库、渠道等地表水体和地下水体的污染防治。

本条例所称辽河流域（以下简称流域），是指本省行政区域内辽河、浑河、太子河、大辽河的干流及其支流所流经的区域和集水区域。

第三条 省人民政府应当加强对流域水污染防治工作的领导。

省和流域市、县（含县级市、区，下同）人民政府环境保护部门负责对流域水污染防治实施监督管理，辽河保护区管理机构依照其职责负责对辽河保护区内的水污染防治实施监督管理。

发展改革、经济和信息化、财政、国土资源、住房和城乡建设、交通、农业、水利、林业、渔业、卫生、畜牧等部门在各自职责范围内，做好流域水污染防治的监督管理或者其他相关工作。

第四条 流域水污染防治应当坚持预防为主、防治结合、综合治理的原则，重点保护饮用水水源，从严控制工业污染和城镇生活污染，加强防治农业面源污染，保护和恢复水生态，推进生态治理工程建设。

第五条 省和流域市、县人民政府应当将流域水污染防治纳入国民经济和社会发展规划，编制水污染防治实施方案并组织实施。建立专项资金，增加治理投入，保证水污染防治目标的实现。

流域乡（镇）人民政府应当配合有关部门做好饮用水安全、农业和农村水污染防治、环境基础设施建设等相关工作。

第六条　实行流域水环境保护目标责任制和考核评价制度。上级人民政府应当将饮用水水源保护情况、重点河段（含跨市、县交界处河流断面）水质目标及重点水污染物排放总量控制指标等完成情况，作为对下级人民政府及其负责人考核评价的内容。

第七条　鼓励开展水污染防治科学研究和引进、推广防治水污染的先进技术成果；鼓励民营企业和民间团体开展水污染防治技术评估、水污染防治设施运营、生态环境恢复、固体废物集中处置等环保服务业务；鼓励有水污染物排放的工业企业办理环境污染责任保险。

第八条　任何单位和个人都有义务保护流域水环境，有权举报污染损害水环境的行为。

对防治流域水污染做出显著成绩的单位和个人，由流域县以上人民政府或者有关部门给予表彰或者奖励。

第二章　饮用水水源和水生态保护

第九条　流域饮用水水源保护区的划定方案及保护措施，由有关市、县人民政府提出，由省环境保护部门会同同级水利、国土资源、卫生、住房和城乡建设等有关部门审核、论证，报省人民政府批准后执行。

农村集中式生活饮用水水源，由流域县环境保护部门会同水利、国土资源、卫生等有关部门以及乡（镇）人民政府划定保护范围，制定保护措施，报县人民政府批准后执行。

第十条　在流域饮用水水源保护区内，应当符合水污染防治法规定的水污染防治措施，并禁止下列行为：

（一）向水体排放含有各类污染物的污水和含有放射性物质的废水；

（二）在水体内采用炸药、毒药、电击等方式捕鱼；

（三）在饮用水水源一级保护区水体行驶以油、煤做燃料的船、艇；

（四）其他污染饮用水水源的行为。

在流域饮用水水源保护区内从事水生动物养殖的，应当在规定的区域内养殖，不得污染水体。

第十一条　交通等有关部门应当加强在饮用水水源保护区内的运输管制措施，严格管理可能威胁饮用水水源安全的物资运输，避免运输过程中污染物的产生、排放或者泄漏。

第十二条 流域水生态保护，应当采取划定水生态功能区、河滨湿地建设、清淤疏浚、悬浮物拦截、人工复氧等综合治理措施，并采取退耕还林（草）等措施，建设生态保护带、生态隔离带，实施水生态修复工程。

第十三条 对流域内水利工程的利用和调节、调度水资源时，应当统筹规划，保持地表水的合理流量，维护水体的自然净化能力和生态功能。

对流域河流上的大型控制性水利工程，水行政部门应当根据城乡居民生活、生产、生态用水的需要，合理安排坝下最小泄流量。坝下最小泄流量，由省水行政部门与省环境保护部门、省辽河保护区管理机构协商后提出具体方案，报省人民政府确定。经批准的环境影响评价文件已对坝下最小泄流量提出要求的，按照文件要求执行。

第十四条 流域内河流上游市、县人民政府应当采取措施，保证出市、县界河流断面水质符合下游河流或者进入水库的水体环境功能要求。

第十五条 建立对位于饮用水水源保护区区域和河流、水库上游地区的水环境生态保护补偿机制，建立市、县交界处河流断面水质超标补偿机制。具体办法由省人民政府制定。

第三章　点源污染防治

第十六条 流域实行重点水污染物排放总量控制制度。县以上人民政府应当按照国务院对重点水污染物排放总量的控制要求，结合水质保护目标、水环境容量、污染物排放情况等因素，逐级分解重点水污染物排放总量控制指标。省人民政府组织流域市、县人民政府制订年度重点水污染物排放总量控制计划，流域市、县人民政府组织排污单位制订减排计划，确定重点水污染物排放总量，发放水污染物排放许可证，并监督执行。

第十七条 流域县以上人民政府应当按照流域水污染防治规划和城镇污水处理设施建设规划的要求，组织建设城镇污水集中处理设施和污水再生利用设施以及污泥无害化处置设施，完善城镇污水处理配套管网。

建设城镇污水集中处理设施时，配套管网应当与其同时设计、同时施工、同时投入使用。未同时建设配套管网或者建成后拖延运行的，由上级人民政府责令限期建设或者组织运行。

第十八条 县以上人民政府应当加强对城镇污水集中处理设施运营的监督管理。

排污单位应当依法缴纳污水处理费。收取的污水处理费应当用于城镇污水集中处理设施的建设和运行。污水处理费不足的，由当地人民政府筹集资金确保城镇污水集中处理设施正常运行。

第十九条 排污单位和城镇污水集中处理设施运营单位，应当按照国家有关规定向县以上环境保护部门或者辽河保护区管理机构（以下统称水污染防治主管部门）申报登记拥有的水污染物排放设施、处理设施和在正常作业条件下排放水污染物的种类、数量和浓度，并提供防治水污染方面的有关技术资料。排放水污染物的种类、数量和浓度出现异常变化的，应当及时向水污染防治主管部门报告。

排污单位的水污染物处理设施和城镇污水集中处理设施应当保持正常使用。确需拆除、闲置、检修暂停使用或者改变原有设计要求的，应当事先报县以上水污染防治主管部门批准。

第二十条 排污单位和城镇污水集中处理设施，应当依法设置便于采样的排污口，并在排污口处设立标注排放单位名称、污染物种类、应执行的排放标准等内容的标志牌。

第二十一条 重点排污单位和城镇污水集中处理设施，应当按照规定配备污水计量装置和自动监控装置，并确保装置正常运行。自动监控装置应当与水污染防治主管部门的监控设备联网。

任何单位和个人不得擅自改动、闲置或者拆除自动监控装置。确需改动、拆除或者暂停使用的，应当事先报县以上水污染防治主管部门批准，并采取其他监测方法予以补救。

第二十二条 禁止在流域内河流、水库、渠道和泄洪区毗邻地带建设垃圾处理厂、堆放场和垃圾处理设施。上述地带内的垃圾应当全部收集并异地进行无害化处理。

建设垃圾处理厂、堆放场和垃圾处理设施，应当采取防渗漏措施，防止污染河流、水库、渠道和地下水。

第二十三条 禁止在流域建设不符合国家产业政策的小型造纸、制革、印染、染料、炼焦、炼硫、炼砷、炼汞、炼铅锌、炼油、电镀、酿造、农药、石棉、水泥、玻璃、钢铁、火电、选金以及其他严重污染水环境的项目；已经建成的，由当地市、县人民政府予以关闭。

对符合国家产业政策，但布局不符合环境保护要求的企业，当地市、县人民政府应当创造条件，支持其迁入依法规划的工业园区发展。

第四章 面源污染防治

第二十四条 禁止在滩涂、岸坡、湿地堆放或者倾倒生活垃圾、建筑垃圾、工业固体废物和可能导致水污染的化学品等物品。已经堆放、倾倒的，由所在地人民政府或者有关部门责令限期清除；逾期不予清除的，由所在地人民政府或者有关部门组织代为清除，所需费用由堆放、倾倒者承担。

第二十五条 流域县以上农业行政部门和乡（镇）人民政府应当指导农业生产者科学、合理使用化肥和农药，发展生态农业，控制化肥、农药对水体的污染。因使用化肥、农药对水体造成严重污染的，流域市、县人民政府可以在一定区域内限制使用化肥、农药。

流域县以上人民政府有关部门应当采取措施，加强对生产、运输、销售、存贮农药和处置过期失效农药、毒性较强农药的监控。

第二十六条 畜禽养殖经营者应当按照环境保护的要求收集、存贮、利用或者处置养殖过程中产生的畜禽养殖污水和排泄物，并采取防渗漏、防溢流等措施，防止养殖排泄物污染环境。

流域市、县人民政府应当采取给予优惠、补贴等扶持措施，鼓励、引导实行畜禽标准化规模养殖，建立标准化养殖场（小区）。标准化养殖场（小区）应当建立完备的排水设施，实行雨水和污水分离，防止排泄物溢出，实施废弃物集中处置。

第二十七条 鼓励畜禽养殖经营者与流域乡（镇）人民政府签订削减污染物排放量或者提高资源综合利用率的协议。对履行协议取得显著成效的，由县以上人民政府有关部门给予奖励。

对畜禽养殖污染严重的畜禽散养密集区，由县水污染防治主管部门会同畜牧、农业、卫生等部门以及乡（镇）人民政府，共同协商确定整治方案并组织实施。

第二十八条 流域内县以上人民政府和乡（镇）人民政府应当对农村环境进行综合整治，在乡镇或者农业人口集中居住区加快生活污水处理设施和垃圾无害化处理工程等环境基础设施建设；加快农村改水、改厕进程，逐步实现生活垃圾和污水集中处理。

第五章 监督管理

第二十九条 流域内编制土地利用规划、工业园区开发建设规划，新建、改建、扩建建设项目，应当按照水体环境功能要求依法进行环境影响评价。

土地利用规划、工业园区建设规划未经环境影响评价的，不得开发利用；建设项目的环境影响评价文件未经审批的，有关部门不得办理征地、施工、注册登记等审批手续，建设单位不得开工建设。

第三十条 流域内新建、改建、扩建建设项目的水污染防治设施，应当与主体工程同时设计、同时施工、同时投产使用（以下简称“三同时”）。水污染防治设施经水污染防治主管部门验收合格的，方可投入使用。

不符合前款规定，已建成投产或者试生产的，由水污染防治主管部门责令停止生产或者使用。

第三十一条 对涉及饮用水水源、自然保护区、风景名胜区以及施工期环境污染和生态破坏严重等重要的排污建设项目，逐步建立环境监理制度，实施环境监理。

第三十二条 对排放水污染物不达标、超过重点水污染物排放总量控制指标或者没有完成污染防治任务的排污单位，县以上水污染防治主管部门应当暂停审批其新增有水污染物排放的建设项目的环境影响评价文件。

对超过重点水污染物排放总量控制指标的区域，县以上水污染防治主管部门应当暂停审批该区域内新增有水污染物排放的建设项目的环境影响评价文件。

第三十三条　流域县以上环境保护部门应当建立健全水环境质量监测制度，会同有关部门开展监测网络建设，建立水环境监测体系，完善水环境安全预警系统。

环境保护部门和辽河保护区管理、水行政、国土资源、农业、渔业、交通等行政部门应当建立有关水污染防治的信息通报制度。

第三十四条　省水污染防治主管部门应当加强跨市界河流断面水质监测，对污染物超过标准或者总量控制指标的，予以通报。受到通报的，市人民政府应当组织排查，责令限期治理。

第六章　法律责任

第三十五条　排污单位的污水处理设施不能满足污染防治的要求，或者排放水污染物超过规定的排放标准或者总量控制指标的，由流域县以上水污染防治主管部门按照下列权限责令限期治理，并处应缴纳排污费数额二倍以上五倍以下的罚款：

（一）国家重点监控企业的限期治理，由省水污染防治主管部门决定，报国家环境保护部门备案；

（二）省级重点监控企业的限期治理，由所在地的市水污染防治主管部门决定，报省水污染防治主管部门备案；

（三）其他排污单位的限期治理，由污染源所在地的市或者县水污染防治主管部门决定。

限期治理期间，由水污染防治主管部门责令限制生产、限制排放或者停产整治。

第三十六条　排污单位超标准排放水污染物或者排放水污染物造成严重水环境污染，治理期限届满仍未完成治理任务的，由流域县以上人民政府责令关闭；拒不执行流域县以上人民政府或者水污染防治主管部门依法采取的限制生产、限制排放、停产整治、关闭决定的，由县以上人民政府或者水污染防治主管部门组织采取强制执行措施，并由有关部门依法吊销其相关许可证照。

第三十七条　流域市、县人民政府和具有水污染防治监督管理职责的部门工作人员违反本条例规定，有下列情形之一的，对直接责任人员和有关负责人依法给予行政处分；构成犯罪的，依法追究刑事责任：

（一）不履行职责，造成重大水环境污染事故的；

（二）违反产业政策和法律、法规规定审批流域建设项目和环境影响评价文件的；

（三）城镇污水集中处理设施和配套的污水管网建成后不组织运行，造成未完成排污总量削减任务或者超出本地排污总量控制指标的；

（四）其他滥用职权、玩忽职守、徇私舞弊的。

第三十八条 违反本条例其他规定，国家有关法律、法规已有处罚规定的，依照其规定执行。

第七章 附 则

第三十九条 本条例所称点源污染，是指通过固定排放口，将工业废水及城市生活污水集中汇入受纳水体所引起的水污染。

本条例所称面源污染，是指污染物无特定源头，通过地表径流过程分散汇入受纳水体所引起的水污染。

第四十条 本条例自 2011 年 4 月 1 日起施行。1997 年 11 月 29 日辽宁省第八届人民代表大会常务委员会第 31 次会议通过的《辽宁省辽河流域水污染防治条例》同时废止。

27.2 辽宁省污水处理厂运行监督管理规定

辽宁省人民政府令 第 240 号

《辽宁省污水处理厂运行监督管理规定》业经 2009 年 12 月 15 日辽宁省第十一届人民政府第 32 次常务会议审议通过，现予公布，自 2010 年 2 月 1 日起施行。

《辽宁省人民政府关于废止和修改部分省政府规章的决定》业经 2017 年 11 月 16 日辽宁省第十二届人民政府第 147 次常务会议审议通过，对其中部分内容做了修改。

第一条 为加强污水处理厂的运行监督管理，根据《中华人民共和国水污染防治法》等有关法律、法规，结合我省实际，制定本规定。

第二条 省、市、县（含县级市、区，下同）住房城乡建设行政主管部门负责本行政区域内污水处理厂运行的监督管理。

环保、财政、发展改革等行政管理部门按照各自职责共同做好污水处理厂运行的相关工作。

第三条 市、县政府对污水处理厂运行负总责，保证污水处理厂正常运行。

第四条 污水处理厂运行经费纳入财政预算。污水处理费的拨付应当与污水处理厂运行情况挂钩，由财政部门根据住房城乡建设行政主管部门出具的审核意见决定是否削减或者暂停拨付。

第五条　污水处理厂应当安装污染物在线监测装置和符合国家要求的中控系统，对污水处理厂运行和排放进行实时监控。

污水处理厂的出水水质应当达到国家或者省规定的污染物排放标准。

第六条　污水处理厂产生的污泥应当进行综合利用或者无害化处理。属于危险废物的，应当按照危险废物管理规定进行安全处置。

第七条　污水处理厂的设备设施因维护、检修需要暂停运行的，应当事先报住房城乡建设行政主管部门批准。

第八条　污水处理厂有下列情形之一的，由上级住房城乡建设行政主管部门对所在地政府公开通报，并责令于 15 日内整改完毕；污水处理厂逾期不能正常运行的，一年内停止审批其所在地市或者县所有建设项目环境影响评价文件：

（一）超出建设期限 3 个月不交付使用的；

（二）已建成并具备运行条件而不组织运行的；

（三）已运行的污水处理厂擅自停止运行的。

第九条　污水处理厂有下列情形之一的，由住房城乡建设行政主管部门责令限期改正；逾期不改正的，按下列规定处以罚款：

（一）不设立运行记录和台账的，处 1 万元罚款；

（二）未按规定安装符合国家要求的中控系统的，处 3 万元罚款；

（三）未按规定安装污染物在线监测设备的，处 5 万元罚款；

（四）排水不符合国家或者省规定的污染物排放标准的，处 10 万元罚款；

（五）违反本规定的其他行为，按照有关法律、法规和规章的规定予以处罚。

第十条　本规定自 2010 年 2 月 1 日起实施。

27.3　辽宁省地方环保标准——污水综合排放标准（DB 21/1627—2008）

前　言

本标准规定了 25 种污染物的排放限值和部分行业最高允许排水量。同时，本标准对辽宁省执行《城镇污水处理厂污染物排放标准》（GB 18918—2002）中的水污染物排放标准，以及对各类医疗机构水污染物排放等要求，做了明确规定。

本标准是对辽宁省《辽宁省沿海地区污水直接排入海域标准》（DB 21/59—1989）和《辽宁省污水和废气排放标准》（DB 21/60—1989）的修订。

本次修订的主要内容：调整了排放标准体系和标准名称，将《辽宁省沿海地区污水直接排入海域标准》（DB 21/59—1989）和《辽宁省污水和废气排放标准》（DB 21/60—1989）合并为本标准；调整了控制排放的污染物项目，提高了污染物排放控制要求；取消了按污水排放去向分级控制的规定。

本标准对污染物排放控制的总体水平严于《污水综合排放标准》（GB 8978—1996）。

自本标准实施之日起，《辽宁省沿海地区污水直接排入海域标准》（DB 21/59—1989）和《辽宁省污水和废气排放标准》（DB 21/60—1989）废止。

本标准为强制性标准。

本标准由辽宁省环境保护局提出并归口。

本标准由辽宁省人民政府批准。

本标准起草单位：大连理工大学。

本标准由辽宁省环境保护局解释。

1 适用范围

本标准规定了25种污染物的排放限值和部分行业最高允许排水量。

本标准适用于辽宁省辖区内所有排放污水的单位和个体经营者污水排放的管理，以及建设项目的环境影响评价、建设项目环境保护设施设计、竣工验收及其投产运营后的污水排放的管理。

2 规范性引用文献

本标准内容引用了下列文件中的条款。凡是未注日期的引用文件，其有效版本适用于本标准。

（1）GB 3097—1997　海水水质标准

（2）GB 3552　船舶污染物排放标准

（3）GB 3838—2002　地表水环境质量标准

（4）GB 8978　污水综合排放标准

（5）GB 16889　生活垃圾填埋场污染控制标准

（6）GB 18466　医疗机构水污染物排放标准

（7）GB 18918　城镇污水处理厂污染物排放标准

3 术语和定义

下列术语和定义适用于本标准

（1）污水 waste water

在生产、经营与生活活动中排放的水的总称。

（2）排水量 amount of drainage

在完成全部生产过程之后最终排出生产系统之外的总水量。

（3）城镇污水处理厂 municipal wastewater treatment plant

对进入城镇污水收集系统的污水进行净化处理的污水处理厂。

（4）工业园区（开发区）污水处理厂 industrial park wastewater treatment plant

对进入各类开发区、工业园区、高新技术园区等污水收集系统的污水进行净化处理的污水处理厂。

（5）污水处理厂 wastewater treatment plant

城镇污水处理厂和工业园区污水处理厂的统称。

（6）医疗机构污水 medical organization wastewater

医疗机构门诊、病房、手术室、各类检验室、病理解剖室、放射室、洗衣房、太平间等处排出的诊疗、生活及粪便污水。当医疗机构其他污水与上述污水混合排出时一律视为医疗机构污水。

（7）其他污水 other wastewater

除污水处理厂排水和医疗机构污水以外的污水。

4 污水排放控制要求

4.1 污水排放区控制要求

4.1.1 禁止排放区

《地表水环境质量标准》（GB 3838—2002）中的Ⅰ类、Ⅱ类水域及Ⅲ类水域中的饮用水水源二级保护区、游泳区和《海水水质标准》（GB 3097—1997）中规定的一类海域、二类海域中的珍稀水产养殖区、海水浴场区为禁止排放区。禁止排放区水域禁止新建排污口和直接排入污水。

已有排污口的排水必须满足受纳水域功能类别的水质标准。

4.1.2 允许排放区

《地表水环境质量标准》（GB 3838—2002）中的Ⅲ类（划定的饮用水水源二级保护区和游泳区除外）、Ⅳ类、Ⅴ类水域和《海水水质标准》（GB 3097—1997）中规定的二类（珍稀水产养殖区、海水浴场区除外）、三类、四类海域为允许排放区。允许排放区水域允许设置污水排污口。

4.1.3 污水排放区划定

省辖市环境保护行政主管部门负责根据本辖区内各类地表水执行的水质标准类别（Ⅰ～Ⅴ类）和近岸海域海水执行的水质标准类别（一～四类），提出本辖区内的禁止排放区、允许排放区划分方案，报省环境保护行政主管部门批准。未划定类别的，禁止直接排入污水。

4.2 污水排放标准分级和限值

4.2.1 污水处理厂排水

省辖市规划城市中心区的城镇污水处理厂及国家、省、市级的各类工业园区（开发区）污水处理厂的出水执行《城镇污水处理厂污染物排放标准》（GB 18918）中一级标准的 A 标准。省辖市郊区、县级（含县级市）城镇污水处理厂及其所属的各类工业园区（开发区）污水处理厂的出水执行《城镇污水处理厂污染物排放标准》（GB 18918）中一级标准的 B 标准。

4.2.2 医疗机构污水

医疗机构污水直接排放的执行本标准表 1 的规定，排入污水处理厂的执行《医疗机构水污染物排放标准》（GB 18466）的相关规定。

4.2.3 其他污水

直接排入允许排放区受纳水体的污水，执行表 1 的规定。

表 1 直接排放的水污染物最高允许排放浓度 单位：mg/L

序号	污染物或项目名称	最高允许排放浓度
1	色度（稀释倍数）	30
2	悬浮物（SS）	20
3	五日生化需氧量（BOD_5）	10
4	化学需氧量（COD_{Cr}）	50
5	总氮	15
6	氨氮	8（10）[(1)]
7	磷酸盐（以 P 计）	0.5
8	石油类	3.0
9	挥发酚	0.3
10	硫化物	0.5
11	总氰化物（按 CN^- 计）	0.2
12	总有机碳（TOC）	20
13	氯化物（以氯离子计）[(2)]	400
14	硼	2.0
15	总钼（按 Mo 计）	1.5
16	总钒	1.0
17	总钴	0.5
18	苯乙烯	0.2
19	乙腈	2.0
20	甲醇	3.0
21	水合肼	0.2
22	丙烯醛	0.5
23	吡啶	0.5

序号	污染物或项目名称	最高允许排放浓度
24	二硫化碳	1.0
25	丁基黄原酸盐	0.1

（1）括号外数值为水温＞12℃时的控制指标，括号内数值为水温≤12℃时的控制指标。

（2）氯化物（按氯离子计）只针对排放于淡水水域，海域不受限制，排水用于农田灌溉的排放标准为250 mg/L；污水回用处理反渗透膜浓水排放标准为1 000 mg/L。

4.2.4　排入设置污水处理厂的收集管网系统的污水，执行表2的规定。

表2　排入污水处理厂的水污染物最高允许排放浓度　　单位：mg/L

序号	污染物或项目名称	限值
1	色度（稀释倍数）	100
2	悬浮物（SS）	300
3	五日生化需氧量（BOD_5）	250
4	化学需氧量（COD_{Cr}）	450/300 [1]
5	总氮	50
6	氨氮	30
7	磷酸盐（以P计）	5.0
8	石油类	20
9	挥发酚	2.0
10	硫化物	1.0
11	总氰化物（按CN^-计）	1.0
12	氯化物（以氯离子计）	1 000
13	硼	10
14	总钼（按Mo计）	3.0
15	总钒	2.0
16	总钴	1.0
17	苯乙烯	3.0
18	乙腈	5.0
19	甲醇	15.0
20	水合肼	0.3
21	丙烯醛	3.0
22	吡啶	3.0
23	二硫化碳	4.0
24	丁基黄原酸盐	0.5

（1）粮食加工、食品加工、啤酒、饮料、酒精、味精等行业排入污水处理厂的COD最高允许排放浓度为450 mg/L；其他行业排入污水处理厂的COD最高允许排放浓度为300 mg/L。

4.2.5　部分行业的污水排水量必须符合表3中所限定的行业最高允许排水量的要求。对本标准未列入的行业污水排水量的限值，从严执行已颁布的国家行业标准、国家清洁生产标准或《污水综合排放标准》（GB 8978）中的排水量限值。

表3　部分行业最高允许排水量

序号	行业类别			最高允许排水量
1	矿山工业	黑色金属选矿	铁矿选矿	1.5 m^3/t 产品
			锰矿	0.8 m^3/t 产品
		有色金属选矿	铅锌矿	2.0 m^3/t 产品
			镁矿	0.1 m^3/t 产品
			钼矿	30 m^3/t 产品
		选煤		废水零排放
		非金属选矿	硼矿	0.1 m^3/t 产品
			玉石	20 m^3/t 产品
2	钢铁、铁合金、钢铁联合企业	烧结	烧结	0.01 m^3/t 产品
			球团	0.005 m^3/t 产品
		炼钢	电炉	1.0 m^3/t 产品
			转炉	1.2 m^3/t 产品
		炼铁		2.0 m^3/t 产品
		连铸		0.5 m^3/t 产品
		轧钢	钢坯	1.0 m^3/t 产品
			型钢	2.0 m^3/t 产品
			线材	2.0 m^3/t 产品
			热轧板带	3.0 m^3/t 产品
			钢管	2.0 m^3/t 产品
			冷轧板带	2.0 m^3/t 产品
		钢铁联合企业		3.0 m^3/t 产品
3	电镀行业			0.3 m^3/m^2 镀件
4	焦化企业	钢铁厂		2.5 m^3/t 焦碳
		煤气厂		1.0 m^3/t 焦碳
5	有色金属冶炼及金属加工	电解铜		1.5 m^3/t 产品
		粗铜		10 m^3/t 产品
		电解锌		5 m^3/t 产品
		蒸馏锌		10 m^3/t 产品
		电熔镁		1.0 m^3/t 产品
		钛		60 m^3/t 产品
		电解铝+氧化铝		10 m^3/t 产品
		钨		500 m^3/t 产品
6	石油开采	原油		1.5 m^3/t 产品
		油页岩		3.0 m^3/t 产品
7	石油炼制工业			1.0 m^3/t 原油
8	合成洗涤剂工业			10 m^3/t 产品
9	合成脂肪酸工业			150 m^3/t 产品
10	湿法生产纤维板工业			20 m^3/t 板

序号	行业类别			最高允许排水量
11	铬盐工业			3.0 m^3/t 产品
12	制浆、制浆造纸、造纸企业	制浆企业		40 m^3/t 浆
		制浆和造纸企业		30 m^3/t（浆、纸）
	造纸企业（指单纯进行造纸的企业）			10 m^3/t 纸
13	食品加工（水果、水产品、蔬菜）			10 m^3/t 产品
14	皮革工业	猪盐湿皮		40 m^3/t 原皮
		牛干皮		80 m^3/t 原皮
		羊干皮		100 m^3/t 原皮
15	发酵酿造工业	酒精工业	发酵酒精	40 m^3/t 酒精
			白酒	30 m^3/t 酒精
		味精工业		120 m^3/t 产品
		啤酒工业（排水量不包括麦芽水部分）		6.0 m^3/t 啤酒
16	烧碱工业	隔膜电解法		3.5 m^3/t 产品
		离子交换膜电解		1.0 m^3/t 产品
17	纯碱工业	氨碱法		15 m^3/t 产品
		联碱法		25 m^3/t 产品
18	硫酸工业			10 m^3/t 硫酸
19	合成氨工业	大型尿素硝氨		8 m^3/t 氨
		中型尿素硝氨碳氨		40 m^3/t 氨
20	染料及纺织印染工业	染料工业		30 m^3/t 产品
		纺织印染工业		2.0 m^3/百米布
21	黏胶工业(单纯纤维)	短纤维		150 m^3/t 纤维
		长纤维		200 m^3/t 纤维
22	肉类联合加工工业	畜类屠宰加工		4.0 m^3/t 活重或原料肉
		肉制品加工		3.0 m^3/t 原料肉
		禽类屠宰加工		10 m^3/t 活重或原料肉
23	有机磷农药工业	亚磷酸二甲酯、亚磷酸三甲酯		120 m^3/t 产品
		二甲基硫代磷酰氯（以黄磷、三氯化磷为原料）		450 m^3/t 产品
		二乙基硫代磷酰氯		450 m^3/t 产品
		一硫代磷酸酯类农药	以有机磷中间体为原料	300 m^3/t 产品
			以黄磷为原料	750 m^3/t 产品
		草甘膦 敌敌畏	以亚磷酸二甲酯或亚磷酸三甲酯为原料	120 m^3/t 产品
			以黄磷、三氯化磷为原料	250 m^3/t 产品

序号	行业类别		最高允许排水量
23	有机磷农药工业	敌百虫	80 m^3/t 产品
		其他磷酸酯类农药	500 m^3/t 产品
		二硫代磷酸酯类农药（以五硫化二磷为原料）	1 000 m^3/t 产品
		其他	320 m^3/t 产品
24	铁路货车洗刷		3.0 m^3/辆
25	感光材料		0.1 m^3/m^2 感光材料
26	糠醛（以玉米芯为原料）		工艺废水零排放

4.3 标准值实施时段

自本标准实施之日起，新建、改建、扩建项目［以环境影响报告书（表）的批准之日期为准］以及现有造纸、糠醛、印染企业，执行本标准；本标准实施之日已建成（含在建）的排放污水企业，自 2009 年 7 月 1 日起执行本标准。

4.4 其他规定

4.4.1 本标准未包括的水污染物项目，从严执行《污水综合排放标准》（GB 8978）或对应国家行业标准及国家清洁生产标准。

4.4.2 严禁船舶向 4.1.1 规定的禁止排放区水域排放污水。向其他水域排放污水须执行《船舶污染物排放标准》（GB 3552）。

4.4.3 生活垃圾填埋场渗滤液的排放执行《生活垃圾填埋场污染控制标准》（GB 16889）的相关规定和水污染物排放浓度限值。

5 污染物检测要求

5.1 采样点

5.1.1 含《剧毒化学品目录（2002 年版）》中的化学物质的污水，不分行业和污水排放方式，也不分受纳水体的功能类别，一律在车间或车间处理设施排放口采样。

5.1.2 其他污水在排污单位排放口采样。

5.1.3 污水排放口应设置环境保护图形标志。

5.1.4 所有污水处理厂的污水进水口、排放口和重点水污染企业排污口，应安装在线实时监测仪器设备及污水水量计量装置。

5.2 采样频率

建设项目竣工环境保护验收监测，采样频率按《污水综合排放标准》（GB 8978）中的规定执行。各级环保部门对排放污水企业进行现场监督检查时，按《关于环保部门现场检查中排污监测方法问题的解释》（国家环境保护总局公告 2007 年第 16 号）

的有关规定。

5.3 样品采集和保存

5.3.1 污水样品采集应符合《水质采样方案设计技术规定》（GB 12997）的规定。

5.3.2 样品保存应符合《水质采样样品的保存和管理技术规定》（GB 12999）的规定。

5.4 统计

企业的原辅材料使用量、产品产量等以法定月报表或年报表为准。

5.5 分析方法

分析方法应采用国家方法标准，见表4。

表4 测定方法

序号	项目	测定方法	方法来源
1	色度	稀释倍数法	GB/T 11903—1989
		铂钴比色法	GB/T 11903—1989
2	悬浮物	重量法	GB/T 11901—1989
3	生化需氧量（BOD_5）	稀释与接种法	GB/T 7488—1987
4	化学需氧量	重铬酸钾法	GB/T 11914—1989
		氯气校正法（高氯废水）	HJ/T 70—2001
		碘化钾碱性高锰酸钾法	HJ/T 132—2003
5	总氮	碱性过硫酸钾-消解紫外分光光度法	GB 11894—1989
6	氨氮（NH_3-N）	钠氏试剂比色法	GB 7479—1987
		蒸馏和滴定法	GB 7478—1987
7	磷酸盐	钼酸铵分光光度法	GB/T 11893—1989
8	石油类	红外光度法	GB/T 16488—1996
9	挥发酚	蒸馏后用4-氨基安替比林分光光度法	GB/T 7490—1987
10	硫化物	亚甲基蓝分光光度法	GB/T 16489—1996
		碘量法	HJ/T 60—2000
11	总氰化物	硝酸银滴定法	GB/T 7486—1987
12	总有机碳（TOC）	非色散红外线吸收法	GB 13193—1991
13	无机氯化物（以氯离子计）	硝酸银滴定法	GB 11896—1989
		硝酸汞滴定法（试行）	HJ/T 343—2007
		离子色谱法	HJ/T 84—2001
14	硼	姜黄素分光光度法	HJ/T 49—1999
		甲亚胺-H分光光度法	GB/T 5750.1～13—2006
15	总钼	无火焰原子吸收分光光度法	GB/T 5750.1～13—2006
16	总钒	钽试剂（BPHA）萃取分光光度法	GB/T 15503—1995
		无火焰原子吸收分光光度法	GB/T 5750.1～13—2006
17	总钴	无火焰源自吸收分光光度法	GB/T 5750.1～13—2006

序号	项目	测定方法	方法来源
18	苯乙烯	气相色谱法	GB/T 5750.1～13—2006
19	乙腈	气相色谱法	HJ 789—2016
20	甲醇	气相色谱法	GB 7917.4—87
21	水合肼对二甲氨基甲醛	分光光度法	GB/T 15507—1995
22	丙烯醛	气相色谱法	HJ/T 73—2001
		吹脱捕集气相色谱法	GB/T 5750.1～13—2006
23	吡啶	气相色谱法（氢火焰）	GB/T 14672—93
24	二硫化碳	二乙胺乙酸铜分光光度法	GB/T 15504—1995
25	丁基黄原酸盐	铜试剂亚铜分光光度法	GB/T 5750.1～13—2006

6 实施要求

6.1 本标准由县级以上人民政府环境保护行政主管部门负责监督实施。

6.2 在任何情况下，企业均应遵守本标准的污染物排放控制要求，采取必要措施保证污染防治设施正常运行。各级环保部门在对设施进行监督检查时，可依据现场即时采样或监测的结果，作为判定排污行为是否符合排放标准以及实施相关环境保护管理措施的依据。

6.3 本标准颁布后，新颁布或新修订的国家（综合或行业）水污染物排放标准严于本标准的污染物控制项目，执行新颁布或新修订的国家（综合或行业）水污染物排放标准。

27.4 辽宁省水库供水调度规定

辽宁省人民政府令　第 254 号

《辽宁省水库供水调度规定》业经 2011 年 2 月 24 日辽宁省第十一届人民政府第 46 次常务会议审议通过，现予公布，自 2011 年 4 月 1 日起施行。

第一条 为了加强水库调度管理，保证防洪和供水安全，兼顾生态用水需要，根据《中华人民共和国水法》和其他有关法律、法规，结合我省实际，制定本规定。

第二条 本规定所称水库调度，是指以水库为调蓄中枢，根据水资源的丰枯变化，为实现水库供水、防洪和保护生态等功能，有计划地控制水库蓄水、泄水的行为。

第三条 本规定适用于本省行政区域内大中型水库的调度工作。

第四条 省、市、县（含县级市、区，下同）水行政主管部门负责本行政区域内所属水库的调度工作。

第五条 水库调度应当坚持安全第一、统一调度，综合利用、保障重点、兼顾一般的原则。

第六条 水行政主管部门应当根据下列资料编制防洪调度、兴利调度和生态用水调度计划（以下统称水库年度调度计划）：

（一）经批准的水资源规划；

（二）水库规划设计报告；

（三）水库运行状况和主要技术参数及指标；

（四）当年来水量预测结果；

（五）水库管理单位编制的年度用水计划；

（六）环境保护、城市建设等有关部门编制的生态保护用水计划。

水库管理单位提交的年度用水计划应当以与用水户签订的用水合同为依据。

有关部门提交的生态保护用水计划应当以科学的技术数据和基础资料为依据。

第七条 市、县水行政主管部门应当将编制的水库年度调度计划报上一级水行政主管部门备案。

第八条 水行政主管部门可以根据用水量变化情况调整水库年度调度计划。

第九条 水行政主管部门编制水库年度调度计划，应当首先满足城乡居民生活用水，并兼顾农业、工业、生态环境用水等需要。

编制生态用水调度计划时，应当充分考虑水库下游河道最低水位和生态用水流量。

第十条 财政部门应当根据生态用水调度计划安排生态供水资金，并按照实际用水量向供水管理单位拨付。

第十一条 水库管理单位应当根据水库年度调度计划编制灌溉供水期、汛期、枯水期的水库调度实施方案，报有管辖权的水行政主管部门批准。

水库管理单位应当按照批准的实施方案，做好水库调度准备工作。

第十二条 水行政主管部门根据水库年度调度计划和实施方案以及供水、防汛、抗旱等实际情况，下达水库实时调度命令。

紧急防汛期的泄水调度命令，由防汛指挥机构下达。

第十三条 水库管理单位应当按照水行政主管部门下达的实时调度命令，实施水库调度运行，并按照省水行政主管部门规定的时间，向有管辖权的水行政主管部门报告水库调度命令的执行情况。

第十四条 水库管理单位实施水库泄水，应当提前向受影响地区的水行政主管部门报告泄水量及泄水期，并通过水行政主管部门向受影响地区发出公告。

第十五条 水库管理单位对水库工程设施应当进行养护，对水库工程设施的安全运行进行监测，并对水库库区范围内的取水口控制设施实施管理。

禁止拦河闸、坝截留水库向下游地区供给的生活、生产和生态用水。

第十六条 水灾、旱灾发生时所必须采取的应急调度，按照《中华人民共和国防洪法》和《中华人民共和国抗旱条例》等有关规定执行。

第十七条 违反本规定，拦河闸、坝截留水库供水量的，由有管辖权的水行政主管部门责令改正，并责令其按照截留水量的 2 倍向水库管理单位缴纳水利工程水费；给下游地区造成损失的，依法予以赔偿。

第十八条 水库管理单位违反本规定，不执行水行政主管部门下达的实时调度命令，泄水前未向受影响地区水行政主管部门报告泄水量、泄水期的，由有管辖权的水行政主管部门责令改正，对负有责任的主管人员和其他直接责任人员按照人事管理权限给予行政处分；构成犯罪的，依法追究刑事责任；造成损失的，依法承担赔偿责任。

第十九条 水行政主管部门违反本规定，未依法编制水库年度调度计划、未依照年度调度计划和实施方案下达实时调度命令，或者有其他滥用职权、玩忽职守、徇私舞弊行为的，按照人事管理权限给予行政处分；构成犯罪的，依法追究刑事责任；造成损失的，依法承担赔偿责任。

第二十条 本规定自 2011 年 4 月 1 日起施行。